高分子学会 編

基礎高分子科学
演習編

東京化学同人

序

　演習は，学習の理解度をチェックする最も効果的なプロセスです．本書は，これから高分子科学を学ぼうとする人だけでなく，すでに高分子科学に携わりながらもう一度基本に戻って学び直したいという人を対象にした自習用演習書です．本書は，2006年発行の教科書，"基礎高分子科学"（高分子学会編）を補完し，より一層の学習効果の向上を目的に編集しました．

　高分子科学は，基礎から応用，身近な生活からさまざまな産業，そして最先端の科学技術に至るまで，これまでにめざましい発展を遂げ，今なお有機，無機・金属，バイオほか，多くの分野と融合しながら広く深く進化しています．それに伴い，高分子科学に携わる人やこれから参入する人はますます増えていくでしょう．しかしながら，高分子科学の取扱いは，高校化学においてはわずかで，大学教育においても高分子科学に直接関係する学科は別として，物質・材料科学の視点に立つと，標準的な科目になり得ていないのが現状です．高分子科学が身近な生活から，さまざまな研究分野・産業まで取扱うのに，その教育システムは脆弱です．

　高分子学会は，1978年に"高分子科学の基礎"を初代教科書として発刊し，多くの大学で高分子科学の標準テキストとして高い評価を得てきました．1985年には，これを補完する演習書として本書の前身となる"高分子科学演習"を発刊し，これも根強い支持を得てきました．初代演習書から四半世紀，進展著しい高分子科学が物質・材料科学においてますます大きな領域を占めるに至り，教育現場はもとより産業界からも将来の高分子"人"を育てるための最新の演習書が待望されていました．

　本書は，前述の"基礎高分子科学"と対をなす2代目の演習書として編集しました．教科書は，過去数十年にわたる科学技術の紆余曲折を歴史的に評価して体系的にまとめ，膨大な"知"を凝縮させたもので，講義や輪講を通じて早足で効率よく勉強するための教材です．一方，演習書は，教科書で学んだ考え方や知識の理解度を確認するだけでなく，研究現場での

課題解決の練習にもなる教材です．両者は，車の両輪のように対をなしますが，勉強や仕事に追われる現代において後者の能動的な学習がますます重要になっています．

　本書は，"親しみやすく，学びやすい演習書"を編集方針に据えました．自習書として長年の競争から最適化された高校の参考書の編集方法を参考に，短時間でもリズム良く自習できるように学習項目を整理し，各項目を原則的に2ページまたは4ページにまとめました．各項目は，"要点"で概略を把握したのち，例題で解き方と解説を読むことにより，基本知識を得て演習に備えるようにしました．演習問題は，基礎問題（Aレベル），応用問題（Bレベル），発展問題（Cレベル）の3段階に分け，初学者から大学院を目指す人，また研究現場で実践課題に臨んでいる人まで，レベルに応じて学習できるようにしました．再学習となる大学院生や研究現場の方には，本書単独でも日々の基本的な疑問の解決に役立つ自習教材になると思います．問題には，できるだけ丁寧な解答や解説をつけるよう心がけました．

　上記を実現するため，執筆は，高分子科学の最先端研究に従事し，さらに教育現場で日々工夫されている若い世代の高分子"人"を中心にお願いしました．また，本書を利用される先生方や勉強会のチューターの方のために，高分子学会のホームページに教師用ウェブサイトを開設し，本書に収めきれなかった演習問題などを公開し，教育現場で役立てていただくようにしました（詳しくは2ページあとの"本書の利用法"参照）．

　演習こそ学習の本質です．本書が，将来の高分子科学を担う若い世代の学習に役立ち，高分子科学のさらなる発展の一助になることを期待します．

2011年6月

「基礎高分子科学 演習編」編集委員会

謝　辞

本書の編集にあたり，多くの大学の大学院入試問題を参考にし，利用させていただきました．また，下記の方々には，日頃，大学の授業や企業の研修でお使いの演習問題を数多くご提供いただき，その一部を利用させていただきました．ここに厚く御礼申し上げます．編集委員会では，本書に収めきれなかった演習問題を教育現場で役立てていただくために，教師用ウェブサイトを高分子学会のホームページに開設し，問題を公開することにしました．これにも多くの方々のご賛同をいただきました．厚く御礼申し上げます

池原飛之（神奈川大学工学部），猪股克弘（名古屋工業大学大学院工学研究科），今井眞一郎（(株)三菱化学科学技術研究センター），上田一恵（ユニチカ(株)中央研究所），及川英俊（東北大学多元物質科学研究所），奥　淳一（名古屋工業大学大学院工学研究科），鬼村謙二郎（山口大学大学院理工学研究科），角五　彰（北海道大学大学院理学研究院），金藤敬一（九州工業大学大学院生命体工学研究科），上垣外正己（名古屋大学大学院工学研究科），川口正剛（山形大学大学院理工学研究科），木原伸一（広島大学大学院工学研究科），木村邦生（岡山大学大学院環境学研究科），熊木治郎（山形大学大学院理工学研究科），栗山　晃（東亞合成(株)），佐藤敏文（北海道大学大学院工学研究科），佐藤守彦（東ソー(株)），陣内浩司（(独)科学技術振興機構），杉本　裕（東京理科大学工学部），鈴木隆之（東京電機大学工学部），鈴木将人（名古屋工業大学大学院工学研究科），須藤　篤（近畿大学理工学部），高原　淳（九州大学先導物質化学研究所），竹内大介（東京工業大学資源化学研究所），竹澤由高（日立化成工業(株)筑波総合研究所），田代孝二（豊田工業大学大学院工学研究科），田中敬次（三洋化成工業(株)），田中千秋（東レ(株)），田中利明（東レ(株)），田中　均（徳島大学大学院ソシオテクノサイエンス研究部），塚原安久（京都工芸繊維大学大学院工芸科学研究科），鶴田明治（東ソー(株)），寺本直純（千葉工業大学工学部），戸木田雅利（東京工業大学大学院理工学研究科），長崎幸夫（筑波大学大学院数理物質科学研究科），中野　環（北海道大学大学院工学研究院），英　謙二（信州大学大学院総合工学系研究科），古屋秀峰（東京工業大学大学院理工学研究科），堀　豊（アイカ工業(株)），増田俊夫（福井工業大学工学部），松本章一（大阪市立大学大学院工学研究科），真鍋健二（住友化学(株)），八島栄次（名古屋大学大学院工学研究科），山元公寿（東京工業大学資源化学研究所），米澤宣行（東京農工大学大学院工学系），渡邉正義（横浜国立大学大学院工学研究院）［敬称略］

最後に，本書中の楽しいイラストを描いてくださったイラストレーターの

たはら ともみ氏，編集委員会のお世話をいただいた高分子学会事務局の三原隆志氏と中島由恵氏，東京化学同人の田井宏和氏に感謝いたします．

「基礎高分子科学 演習編」編集委員会

本書の使い方

- 本書は，"高分子学会 編，基礎高分子科学"に沿った演習書です．同書を併用すると最も学習効果がありますが，併用しなくても，効率的に学べるように構成しました．
- 自分のペースに合わせてリズムよく学べるように，各節は1日で学習できる分量にまとめました．
- 各節には重要語を"Keywords"として示しました．
- 各節の学習内容の概略をまとめた"要点"を読んだあと，例題を解き，解答と照らし合わせてから，演習問題を解いてください．
- 演習問題は，基礎問題（問題A），応用問題（問題B），発展問題（問題C）に分かれています．まずは問題Aを解き，終えたら次の節に進み，実力がついてから問題B，問題Cに挑むのも学習法の一つです．
- 問題A，問題Bの問題にはなるべく詳しい解答をつけました．問題Cにはヒントだけのものもいくつかありますが，ぜひ挑戦してください．
- 章によって補足的な事項をBox（囲み記事）として入れました．
- 本書を教科書として使う教師の方や企業の方のために，補助教材として追加問題を利用できるウェブサイトを開設しました．高分子学会のホームページ（http://www.spsj.or.jp/）に入り，"出版物"の中の本書の項をクリックすると，ウェブサイトの利用手続きが示されます．手続きは簡単なので，教師の方々は，ぜひ，ご利用ください．このウェブサイトが演習問題の相互利用，提供，改訂などを通して，教育現場の方々の意見交換や交流の場として発展することを願っています．

目　次

1. **高分子の特徴と高分子科学の歴史** …………………………………………1
   - 1・1 高分子：その特徴 …………2
   - 1・2 高分子科学の歴史 …………8

2. **高分子の化学構造** ……………………………………………………………11
   - 2・1 線状高分子の一次構造 ……12
   - 2・2 共重合体の一次構造 ………16
   - 2・3 分岐高分子 …………………18
   - 2・4 高分子の分子量 ……………20

3. **高分子鎖の特性** ………………………………………………………………27
   - 3・1 線状高分子鎖の両端間距離 …28
   - 3・2 高分子鎖の回転半径 ………34
   - 3・3 高分子鎖の排除体積効果 …38
   - 3・4 屈曲性高分子と剛直性高分子 …41
   - 3・5 高分子溶液の熱力学的性質 …46
   - 3・6 高分子溶液の相平衡 ………51
   - 3・7 高分子鎖からの光散乱 ……56
   - 3・8 高分子鎖の溶液中での流体力学的性質 …60
   - 3・9 分子量測定法 ………………64

4. **高分子の構造** …………………………………………………………………69
   - 4・1 回折・散乱実験 ……………70
   - 4・2 顕微鏡観察 …………………76
   - 4・3 ポリオレフィン ……………80
   - 4・4 エンジニアリングプラスチック …………82
   - 4・5 結晶の熱的性質 ……………84
   - 4・6 結晶化現象 …………………86
   - 4・7 ブロック共重合体の構造と相転移 …………88
   - 4・8 平均場近似 …………………92

5. **高分子の物性** …………………………………………………………………95
   - 5・1 高分子の弾性率 ……………96
   - 5・2 高分子の粘弾性現象論 ……98
   - 5・3 高分子の非線形粘弾性 …100
   - 5・4 高分子の粘弾性の分子論 …102
   - 5・5 ゴムの物性 …………………104
   - 5・6 誘電率，圧電性，焦電性，強誘電性 …………106
   - 5・7 高分子の電子状態 …………110
   - 5・8 高分子の導電性 ……………112
   - 5・9 高分子の屈折率 ……………114
   - 5・10 高分子の複屈折 …………117
   - 5・11 光伝送 ……………………120
   - 5・12 ゲル ………………………122
   - 5・13 高分子ゲルの膨潤理論 …124

6. 高分子の合成 ……………………… 127

- 6・1 高分子生成の基礎様式：重合の基礎 …………… 128
- 6・2 重縮合の基礎 ………… 130
- 6・3 重縮合の方法 ………… 134
- 6・4 重付加 ………………… 136
- 6・5 付加縮合 ……………… 138
- 6・6 ラジカル重合 ………… 140
- 6・7 ラジカル重合の方法 … 144
- 6・8 ラジカル共重合 ……… 146
- 6・9 アニオン重合 ………… 150
- 6・10 カチオン重合 ………… 152
- 6・11 配位重合 ……………… 154
- 6・12 開環重合 ……………… 158
- 6・13 リビング重合 ………… 162
- 6・14 ブロック共重合体 …… 164
- 6・15 非線状高分子 ………… 166

7. 高分子の反応 ……………………… 169

- 7・1 官能基変換 …………… 170
- 7・2 架橋形成 ……………… 176
- 7・3 高分子触媒 …………… 182
- 7・4 分解とリサイクル …… 184

8. 生体高分子 ………………………… 189

- 8・1 タンパク質, ペプチド … 190
- 8・2 核酸 …………………… 195
- 8・3 糖 ……………………… 200

演習問題の解答 ……………………… 203

コラム

- Box 1 種々の統計分布 …………… 15
- Box 2 分布関数（確率密度関数）… 24
- Box 3 いくつかの数学関数について …… 25
- Box 4 極座標 ……………………… 32
- Box 5 級数および級数展開 ……… 33
- Box 6 振動の複素数表示 ………… 68
- Box 7 ポリマーの環化 …………… 133

1

高分子の特徴と高分子科学の歴史

●**学習目標**● まず高分子とは何かと，代表的な高分子を学ぼう．また，現代の高分子工業の繁栄に至る歴史を学ぼう．

1・1 高分子：その特徴

Keywords モノマー，ポリマー，重合，重合度，分子量分布，平均分子量，結晶性高分子，非晶性高分子，ガラス転移温度

1・1・1 高分子とは

要点 高分子（macromolecule または polymer）とは，分子量の大きな化合物で，およそ分子量が1万以上の分子である．これくらいの分子量になると，融点などの物性値の鎖長依存性がなくなり，フィルム形成などの高分子の特性が現れるからである．macromolecule の意味は macro（大きな）molecule（分子）である．polymer の意味は，poly（多い）mer（part：部分）で，低分子化合物がたくさん連なった分子であることを意味する．

モノマー（monomer）とは，重合反応により高分子の基本構造単位となりうる化合物であり，単量体とも呼ばれる．したがって，ポリマーは重合体とも呼ばれる．

重合（polymerization）とはモノマーからポリマーが生成する反応をいう．したがって，ポリマーは基本的にはモノマーの構造単位の繰返しから成り立っている．その繰返しの数を重合度（degree of polymerization）という．重合度 n のポリマーは n 量体と呼び，モノマー単位の化学式を X とすると，n 量体の化学式は $-(\text{X})_n-$ で表される．重合で得られるポリマーは重合度が異なった分子の集まりで，分子量分布（molecular weight distribution）をもっている．したがって，ポリマーの分子量は平均分子量（average molecular weight）である．

モノマーにスチレンを用いた重合例で上記の定義を見てみよう．

$$n\,CH_2=CH\text{–}C_6H_5 \longrightarrow -(CH_2-CH(C_6H_5))_n-$$

スチレン　　　　　　　　　ポリスチレン

モノマーはスチレンで，その重合によりポリマーであるポリスチレンが生成する．繰返し構造単位は括弧の中の単位であり，重合度は n である．

高分子の形状は，図1に示すように，いろいろとある．線状（linear）高分子，枝分かれ構造をもつ分岐（branched）高分子，網目構造をもつ網目（network）高分子，さらには，分岐からさらに分岐がある樹枝状（dendritic）高分子，一つの分岐点から多くの分岐点をもつ星型（star）高分子，1本の主鎖から多くの分岐が出ている櫛型（comb）高分子，二本鎖が多くの点で結合されたはしご型（ladder）高分子など，多く

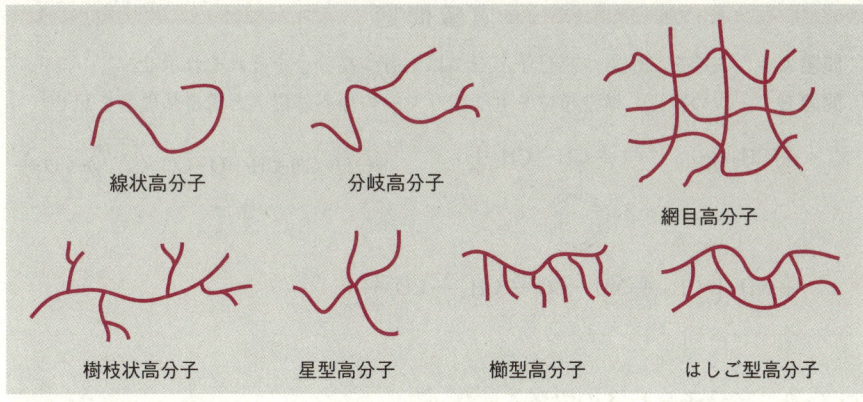

図1　高分子の形状

の形状をもつ高分子が合成されている．

> **例題1**　高分子とは何か．

■解答例■　1）分子量の大きな化合物で，およそ分子量が1万以上の分子である．
2）モノマーの構造単位の繰返しから成り立っている．
3）重合度が異なった分子の集まりで分子量分布をもっている．

> **例題2**　重合度とは何か．

■解答例■　ポリマー中の繰返し構造単位の数である．

> **例題3**　下記のモノマーの繰返し構造単位を示し，重合度100のそれぞれのポリマーの分子量を記せ．
> 　1）メタクリル酸メチル
> 　2）アクリロニトリル
> 　3）酢酸ビニル
> 　4）塩化ビニリデン

■解　答■

1) $\displaystyle +CH_2-\underset{\underset{OCH_3}{\overset{\displaystyle C=O}{|}}}{\overset{CH_3}{\underset{|}{C}}}\!\!+_n$　　2) $\displaystyle +CH_2-\underset{C\equiv N}{CH}\!\!+_n$　　3) $\displaystyle +CH_2-\underset{\underset{CH_3}{\overset{\displaystyle C=O}{|}}}{\overset{}{\underset{O}{CH}}}\!\!+_n$　　4) $\displaystyle +CH_2-\underset{Cl}{\overset{Cl}{C}}\!\!+_n$

分子量：10,000　　分子量：5,300　　分子量：8,600　　分子量：9,700

演習問題

問題A1 末端を二つもつ高分子，三つ以上もつ高分子をそれぞれ示せ．

問題B1 次の繰返し構造単位をもつポリマーの原料基礎名と構造基礎名を記せ．

1) $-(CH_2)_n-$ 2) $-(CH-CH_2)_n-$ (フェニル基付き)   3) $-(O-CH_2CH_2-O-CO-\bigcirc-CO)_n-$

4) $-(NH-(CH_2)_6-NH-CO-(CH_2)_4-CO)_n-$

1・1・2 高分子らしさの本質

要点 高分子は，ポリマー鎖が不規則に並んだ**非晶性高分子**（amorphous polymer，無定形高分子ともいう）と分子間相互作用や分子内相互作用でポリマー鎖が秩序だって配列した結晶になった**結晶性高分子**（crystalline polymer）に分類できる．

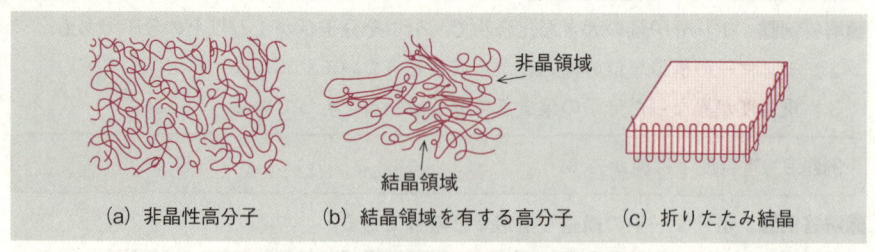

(a) 非晶性高分子 (b) 結晶領域を有する高分子 (c) 折りたたみ結晶

図2 ポリマー中の分子形態の概念図

これらの分子形態をもつ高分子は低分子と異なる性質がある．

●**熱的挙動** 分子の動きが少なくなって分子運動が止まったように見える状態（ガラス状態）から温度を上昇させると，ある温度で非晶領域にある分子が部分的に運動を始める．この分子鎖の部分運動をミクロブラウン運動という．非晶領域（無定形領域）におけるこの運動を始める温度を**ガラス転移温度**（glass transition temperature, T_g）という．さらに温度を上昇させると分子鎖の運動は活発になるが，分子鎖の絡み合いのために固体のままである．この状態をゴム状態という．

●**力学的強度** 非晶性高分子や結晶性高分子の特徴を生かすと，非常に柔らかい性質から力学強度の高い物性までを発現させることができる．

●**ゴム弾性** 非晶性高分子であるゴムの分子間にところどころに結合（架橋）をつくると外力により変形しても，外力を除くともとの状態に復元する．

●**透明性** 非晶性高分子は光学的に等方的であるので，ガラスに匹敵する透明度

をもち，さらにガラスに比べて軽く，耐衝撃性があり，加工性がよいので光学材料として幅広い展開がなされている．

●**溶 解 性**　高分子鎖の分子間相互作用や分子内相互作用を化学的な修飾で変えることができるので，高分子の溶解性を任意に制御できる．

●**吸 水 性**　上記と同様に高分子の相互作用を化学的な修飾で変えることができるので，たとえば親水性ポリマーに架橋構造を導入すると高分子の吸水性を任意に制御できる．

> **例題1**　高分子の熱的性質について低分子と比較せよ．

■**解答例**■　低分子は一般に加熱とともに，固体，液体，気体の三つの状態を示す．高分子は低分子に比べて，分子間相互作用が強いため気体になるものはほとんどない．高分子をガラス状態から加熱すると非晶領域が可動化するガラス転移が起き，さらに昇温すると，流動性のあるゴム状態へ変わる．

――――――**演 習 問 題**――――――

問題A1　高分子らしさはどこから発現するか述べよ．
問題B1　セルロースとアミロースは構造異性体の関係にある．前者は熱水に不溶であるが後者は可溶である．その理由を述べよ．

1・1・3　高分子の種類

要点　高分子は自然界の産物としての天然高分子，人工的に合成した合成高分子，天然高分子から化学的に誘導された半合成高分子に分類される．

```
          ┌─ 天然高分子：多糖，タンパク質，核酸，天然ゴム，無機高分子など
高分子 ──┼─ 合成高分子：ポリエチレン，ポリアミド，ポリエステルなど
          └─ 半合成高分子，酢酸セルロース，硝酸セルロースなど
```

> **例題1**　1）天然高分子，2）合成高分子，3）半合成高分子の例をそれぞれ1例ずつ化学構造式で示せ．

■**解答例**■　1）天然高分子

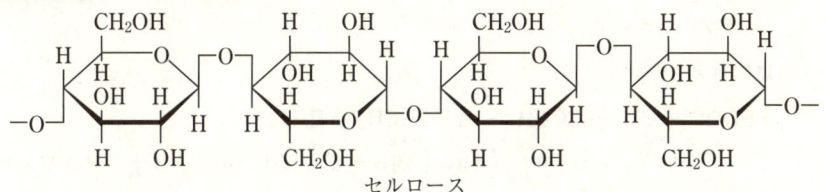

セルロース

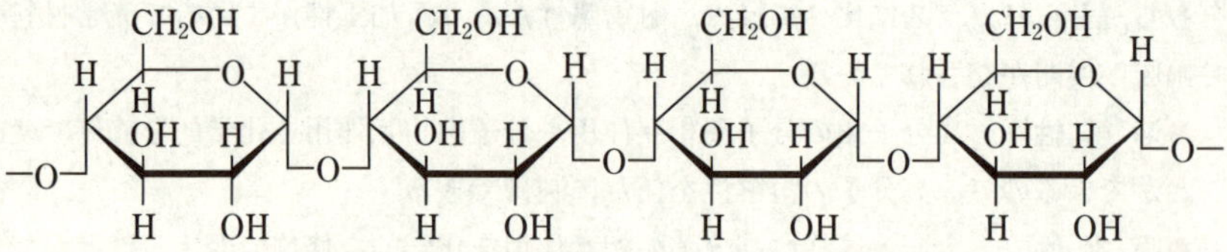

アミロース

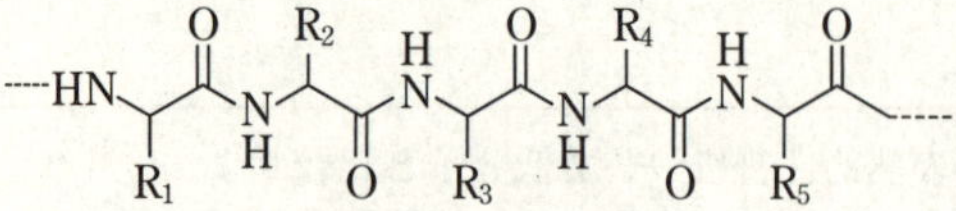

タンパク質の一般式

2）合成高分子

$-(CH_2-CH_2)_n$ ポリエチレン　　$-(CH_2-CH)_n$ ポリアクリロニトリル
　　　　　　　　　　　　　　　　　　　　$|$
　　　　　　　　　　　　　　　　　　　C≡N

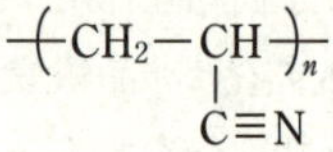

3）半合成高分子

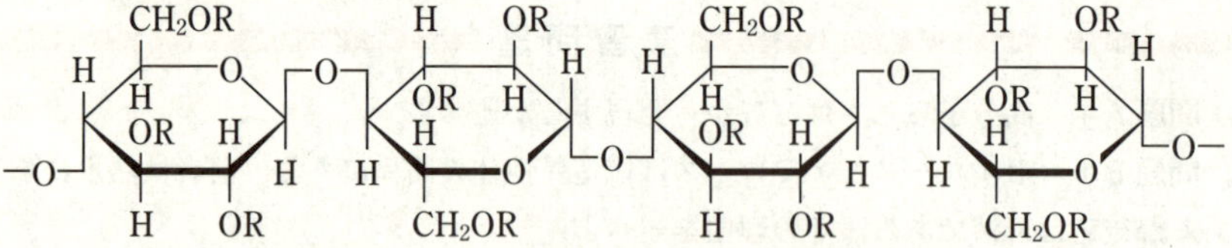

R=COCH₃　　三酢酸セルロース

例題2 1）連鎖重合，2）逐次重合で得られる合成高分子の例をそれぞれ2例ずつ化学構造式で示せ．

■解答例■

1）連鎖重合

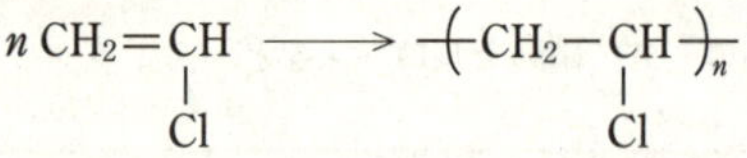

$n\ CH_2=CH \longrightarrow -(CH_2-CH)_n$
　　　$|$　　　　　　　　　　　$|$
　　　Cl　　　　　　　　　　　Cl
塩化ビニル　　　　　　ポリ塩化ビニル

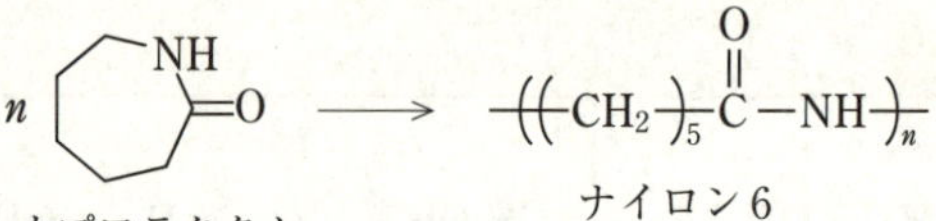

n (ε-カプロラクタム) ⟶ $-((CH_2)_5-C(=O)-NH)_n$　ナイロン6

2）逐次重合

$n\ HOOC-(CH_2)_4-COOH + n\ H_2N(CH_2)_6NH_2$
$\longrightarrow -(OC-(CH_2)_4-CO-NH(CH_2)_6NH)_n$　ナイロン66

$$n\text{ HO(CH}_2)_4\text{OH} + n\text{ O=C=N(CH}_2)_6\text{N=C=O}$$

$$\longrightarrow -\!\!\left(\!\text{O(CH}_2)_4\text{O}-\overset{\overset{\text{O}}{\|}}{\text{C}}-\text{NH(CH}_2)_6\text{NH}-\overset{\overset{\text{O}}{\|}}{\text{C}}\!\right)\!\!_n$$

ポリウレタン

> **例題 3** 重合反応は1種類のモノマーに限られず，複数のモノマーが関与することがある．そのような重合を共重合，生じるポリマーは共重合体（コポリマー）という．共重合体にはどのような種類が存在するか．○と●を異なるモノマー単位として模式的に表せ．また，構造上どのような特徴があるか．

■**解答例**■

ランダム共重合体：モノマーの配列がランダムである．

交互共重合体：モノマーの配列が交互である．

ブロック共重合体：それぞれのモノマーが配列したものが1点で結合している．

グラフト共重合体：それぞれのモノマーが配列したものが数箇所で結合し，分岐している．

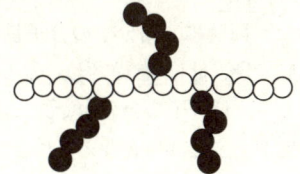

演習問題

問題 A 1 天然ゴムの主成分は何か．構造式で示せ．また，硫黄と反応させて分子間を架橋（加硫ともいう）するとどのような構造が得られるか．

問題 B 1 以下のモノマーの工業的製法を記せ．
1）スチレン　2）塩化ビニル　3）メタクリル酸メチル　4）ε-カプロラクタム

関連項目 　2・1節，6・1節，6・6節，6・12節，7・2節

1·2 高分子科学の歴史

Keywords　天然高分子，合成高分子，高分子説，粘度律

要点　高分子と人類のかかわりは有史以前から始まっている．植物繊維や動物繊維などの**天然高分子**を衣料（綿，麻，絹，羊毛，毛皮など）として利用し，また，タンパク質や多糖などを食料として得てきた．**合成高分子**の歴史的な背景を眺めると，1839年に C. Goodyear（米）はゴムの加硫法を発見し，C. Schönbein（スイス）が1846年に硝酸セルロースの紡糸に成功した．さらに，H. de Chardonnet（仏）は1884年に人造絹糸（レーヨン）の製造を開始し，1905年に L. Baekeland（米）はベークライトを発明，そして1931年にナイロンが W. Carothers（米）によって発明された．

　この間，高分子は小分子の物理的な会合体と考えられていた．これに対して，H. Staudinger（独）は1920年に**高分子説**に関する最初の論文を発表し，その後この説を証明する多くの論文を出した．彼は分解を伴わない化学反応を用いた等重合度反応，たとえば，セルロースをアセチル化して酢酸セルロースに変え（分子間水素結合がなくなる），さらに加水分解してセルロースに戻し，反応前後で重合度に変化がないことを示した．また，同時に，高分子の分子量測定方法として，**粘度律**（$(\eta_{sp}$（比粘度）$/c$（濃度））$= k_m M$（分子量））を提案し，先の等重合度反応で分子量が変わらないことを示した．すなわち，低分子の会合体であれば，たとえ誘導体に変え，溶媒が変わったとしても，会合度が一定とは到底考えられないからである．多くの論争を経て高分子の概念が市民権を得たのは1930年代初期である．高分子が共有結合でつながった巨大分子であることを示した Staudinger は1953年にノーベル賞を受賞した．

　高分子の概念が確立して後，1933年に E. Fawcett（英）と R. Gibson（英）によるポリエチレンの製造が始まり，1940年にポリエステル繊維の発明が J. Whinfield（英）と J. Dickson（英）によってなされた．さらに，1953年に K. Ziegler（独）がエチレンの低圧重合，そして1954年に G. Natta（伊）が立体規則性ポリプロピレンの重合に成功している．彼らはこの功績で1963年にノーベル賞を受賞した．1950年ごろに高分子科学の基礎理論が確立され，これに大きな貢献をした P. Flory は1974年にノーベル賞を受賞している．1960年以降はさらに多くの高分子が開発され，私たちの生活を豊かにしている．

例題 1　高分子説を否定した考えを説明せよ．

■解答例■　1890～1900年にかけて，沸点上昇，氷点降下，浸透圧法の測定でセル

ロース，デンプン，ゴムなどの分子量測定が行われた．分子量の大きな化合物が存在するというデータが得られているにもかかわらず，これらの測定結果はコロイド状態のものには適用できないと考え，ファンデルワールス力や水素結合などの分子間力の影響で，低分子化合物が物理的に会合したためであると解釈した．

> **例題 2** Staudinger が高分子説を証明するために用いた等重合度反応について説明せよ．

■**解答例**■ ポリ酢酸ビニルを加水分解し，得られたポリビニルアルコールを，再度，アセチル化してポリ酢酸ビニルに戻す．

セルロースをアセチル化して三酢酸セルロースにし，次に加水分解し，セルロースに戻す．

上記の例で，分子間の相互作用をなくしたり，弱めたりしても重合度の変化は観察されなかった．これらの等重合度反応の結果は会合説が間違いであることを示した．

> **例題 3** 1939 年，桜田一郎らはポリビニルアルコールをホルマリン処理して日本最初の合成繊維ビニロンを開発した．その化学構造式を記せ．

■解 答■

演習問題

問題 A1 Carothers のナイロン，ポリエステルなどの合成研究は Staudinger の高分子説を強力にサポートした．その理由を述べよ．

問題 A2 1930年前半に Carothers は高分子量のポリエステルの合成に成功していたが，工業化に至らなかった．それから約10年後，Whinfield と Dickson によってポリエステル繊維，ポリエチレンテレフタレート（PET）が発明され，実用化された．この理由を述べよ．

関連項目　2・4節，7・1節

2

高分子の化学構造

●**学習目標**● この章では分子レベルでの高分子の構造を学ぶ．この基礎的部分は，高分子科学を新たに学習する人にとっては容易ではないかもしれない．内容が化学と物理の広い範囲に及んでおり，しかも独特の概念が導入されているからである．それゆえ，その難しい部分を飛ばして，応用問題に進んでしまいがちだが，同様な道をたどって，後悔している研究者も多い．じっくりと基礎から学ぼう．

2・1 線状高分子の一次構造

Keywords 一次構造, モノマー単位, 立体規則性, イソタクチック, ヘテロタクチック, シンジオタクチック

要点 線状高分子の一次構造を決める第一の因子が, モノマー単位（繰返し単位）の化学構造である. 環状モノマーの開環重合のように, 原料のモノマーの化学構造から一義的にモノマー単位の構造が決まる場合も多いが, 共役ジエン類のように, 1,2-付加, 3,4-付加, 1,4-付加（この場合, 主鎖に二重結合が残るのでシス-トランス異性が生じる）によって異なる構造のモノマー単位が生成する場合や, アクリルアミドのアニオン重合のように水素移動によるモノマー単位の異性化を伴ってポリマーが生成する場合, ジアリルアミンのラジカル重合のように, 環化したモノマー単位が形成される場合などもある.

モノマー単位の並び方まで考慮すると, モノマー単位の向きの違い, すなわち, 頭-尾結合, 頭-頭結合, 尾-尾結合の違いによって差異が生じる. また, モノマー単位の主鎖に立体異性の中心（あるいは要素）がある場合は立体規則性の違いによっても一次構造に差異が生じる. 立体規則性の連鎖の解析は, 重合反応の立体特異性についての情報を得る手段の一つである. 上述したモノマー由来の構造単位以外に, 開始剤由来の末端基, 停止反応や連鎖移動反応で生成する末端基, 成長反応以外の副反応で生成する異種構造が一次構造に含まれる.

例題1 シクロヘキサ-1,3-ジエンの付加重合で生成しうるモノマー単位の構造をすべて書け.

■解答■

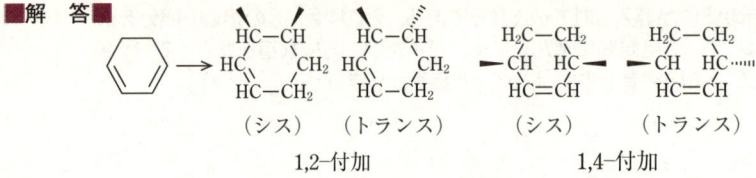

■解説■ ブタジエンやイソプレンの場合と異なり, 1,4-付加で生成する二重結合はシスに限定される. また, 図中の括弧内に示すように主鎖を構成するシクロヘキサン環にシス-トランス異性が存在する.

例題2 アクリルアミドのラジカル重合およびアニオン重合で得られる重合体の構造を示せ.

■解　答■
ラジカル重合：$-(CH_2-CH)_n-$ 　　アニオン重合：$-(CH_2-CH_2-C-NH)_n-$
　　　　　　　　　　$|$　　　　　　　　　　　　　　　　　　　　$\|$
　　　　　　　　　　$C=O$　　　　　　　　　　　　　　　　　　　O
　　　　　　　　　　$|$
　　　　　　　　　　NH_2

アニオン重合では NH_2 基の水素が移動した構造単位が生成する．

> **例題3**　臭化ジアリルジメチルアンモニウム $(CH_2=CH-CH_2)_2(CH_3)_2N^+Br^-$ は二重結合を二つもつが，そのラジカル重合で可溶性のポリマーが生成する．その構造を示せ．

■解　答■　環化構造のポリマーが生成する．

$CH_2=CH-CH_2\ \ CH_2-CH=CH_2 \longrightarrow -(CH_2-CH-CH-CH_2)_n-$
　　　　　　　　　$\searrow\ \ \ \swarrow$　　　　　　　　　　　　　　　　$\searrow\ \ \ \swarrow$
　　　　　　　　　　N^+　　　　　　　　　　　　　　　　　　　　　　N^+
　　　　　　　　$\swarrow\ \ \ \searrow$　　　　　　　　　　　　　　　　$\swarrow\ \ \ \searrow$
　　　　　　　$CH_3\ \ \ CH_3$　　　　　　　　　　　　　　　　$CH_3\ \ \ CH_3$

熱力学的には六員環構造が有利であるが，速度論支配で五員環が優先して生成するとされる．

> **例題4**　ビニルモノマーで，隣り合う二つの繰返し単位（2連子と呼ぶ）を考えると，相対的な立体配置が同じメソ2連子（m）と立体配置の異なるラセモ2連子（r）がある．モノマー $CH_2=CH-X$ のポリマーを例にそれぞれを表示せよ．また，m と r を用いてすべての3連子を表記せよ．

■解　答■

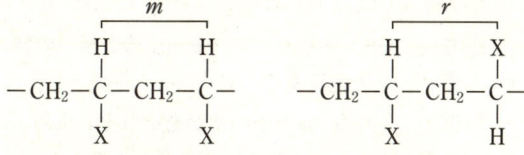

メソ2連子（meso diad）　　　　ラセモ3連子（racemo diad）

3連子は，mm, mr, rr の3種類ある（mr と rm は区別されないことに注意）．

■解　説■　便宜上，モノマー単位二つで2連子を表したが，二つの立体異性の中心の相対的な配置が問題であるので左端の $-CH_2-$ は省いて考えてよい．メソ2連子の中央の二つのメチレン水素はNMRでは磁気的に非等価で，ラセモ2連子のそれは等価であるので，NMRで識別できることがある．mm, mr, rr はそれぞれ，**イソタクチック**（isotactic），**ヘテロタクチック**（heterotactic），**シンジオタクチック**（syndiotactic）3連子とも呼ばれ，これらの3連子で構成される立体規則性ポリマーはイソタクチックポ

リマー，ヘテロタクチックポリマー，シンジオタクチックポリマーと呼ばれる．ただし，ヘテロタクチックポリマーは mr の繰返し，…$mrmrmr$…で構成され，次の mr 3連子の構造を繰返して得られるポリマーとは異なることに注意．

$$-CH_2-\underset{X}{\overset{H}{C}}-CH_2-\underset{X}{\overset{H}{C}}-CH_2-\underset{H}{\overset{X}{C}}-CH_2-\underset{H}{\overset{X}{C}}-CH_2-\underset{X}{\overset{H}{C}}-CH_2-\underset{X}{\overset{H}{C}}-CH_2-\underset{H}{\overset{X}{C}}- \quad (1)$$

また，この構造をもってアタクチック（atactic）ポリマーと称するのは誤りである．

> **例題 5** ビニルポリマーの立体規則性連鎖がメソ 2 連子の存在割合（確率）P_m のみで記述できる（ベルヌーイ統計に従う）場合，3 連子のモル分率 $[mm]$，$[mr]$，$[rr]$ を P_m で表せ．

■**解　答**■　$[mm]=P_m^2$，$[mr]=2P_m(1-P_m)$，$[rr]=(1-P_m)^2$
$[mr]$ には，識別されない mr と rm が含まれるので，係数 2 が必要である．
　3連子分率がわかっているとき，2連子分率は以下の式で与えられる．

$$[m]=[mm]+\frac{1}{2}[mr], \quad [r]=[rr]+\frac{1}{2}[mr](=1-[m])$$

$P_m=[m]$ であるので，$[mm]=[m]^2$ であれば，ベルヌーイ統計（Box 1 参照）に従うことが確かめられる．なお，$[m]=[mm]^{1/2}$ として P_m を求めるのはベルヌーイ統計を前提としているので，検証にはならない．

――――― **演習問題** ―――――

問題A1　ビニルモノマー $CH_2=CHX$ の重合で生成するモノマー単位，$-CH_2-CHX-$，において，CH_2 を尾，CHX を頭として，主鎖中の3種類の結合様式を書け．

問題A2　例題4の解説に記した部分構造（1）を m と r で表し，この連鎖の繰返しで得られるポリマーの2連子，3連子，4連子の割合をそれぞれ求めよ．

問題B1　無水アクリル酸（$CH_2=CH-CO)_2O$ のラジカル重合を 130 ℃ で行うと，五員環構造と六員環構造を 9 : 1 の割合で含むポリマーが得られる．それぞれの構造単位を記せ．また，このポリマーを加水分解したときに得られる構造単位はどのような特徴をもつか述べよ．

問題B2　ビニルポリマーに関する立体規則性の5連子は何種類あるか．それらを m と r で表せ．

問題B3　ポリプロピレンを過酸化物存在下で加熱（過酸化ジクミル，リン酸トリス (2,3-ジブロモプロピル）とともに 200 ℃ で加熱）すると，メチン炭素の立体配置のラセミ化が起こる（エピ化）．いま，100 ％ イソタクチックなポリプロピレンのごく一部

メチン炭素をエピ化させたとき，新たに発生する5連子とそれらの存在割合を示せ．100％シンジオタクチックなポリプロピレンの場合はどうか．

問題B4 メソ2連子 (m) の存在割合（確率）がとなりの2連子が m か r に依存して変わる場合は1次マルコフ統計に従い，条件付確率 $P_{m/r}$（一つ前が m のとき r が生成する確率）などで記述する．独立なパラメーターは二つで，通常 $P_{m/r}$ と $P_{r/m}$ を用いる（$P_{m/m}+P_{m/r}=1$, $P_{r/r}+P_{r/m}=1$）．$P_{m/r}$ と $P_{r/m}$ が3連子分率 [mm], [mr], [rr] で表せることを示せ．

問題C1 一般に，ビニルポリマーの立体規則性の n 連子は何種類あるか．
（ヒント：単純計算では 2^{n-1} だが，鎖の前後を入れ替えて重なる連子を除外する必要がある．すべての n 連子に前後入れ替えで重なる別の連子があるならば，$2^{n-1}/2=2^{n-2}$．ただし，前後入れ替えで自分自身と重なる連子は二重に数えていないので，それらを 2^{n-2} に加える必要がある．）

関連項目 4・2節，6・1節，6・6節，6・9〜6・12節

Box 1　種々の統計分布

たとえば，硬貨を振って表か裏が出るような，二つの事象のどちらかが起こる試行の繰返しを考える．片方の事象が起こる（たとえば表が出る）確率を p，試行の繰返し回数を n とする．各試行が独立に起こるとき，片方の事象が起こる回数 x は，二項分布あるいは**ベルヌーイ分布**と呼ばれる次の分布関数 P_x に従う．

$$P_x = {}_nC_x p^x (1-p)^{n-x}$$
$$_nC_x = n!/x!(n-x)!$$

たとえば，ランダム共重合体の組成分布は，このベルヌーイ統計に従う．確率 p を一定にして，繰返し回数 n を大きくしていくと，ベルヌーイ分布は正規分布あるいは**ガウス分布**と呼ばれる次の分布に近づく．

$$P_x = [2\pi np(1-p)]^{-1/2} \exp[-(x-np)^2/2np(1-p)]$$

一次元の酔歩鎖の両末端間距離は，このガウス統計に従う．また，積 np を一定にして，繰返し回数 n を大きくしていくと，ベルヌーイ分布は**ポアソン分布**と呼ばれる次の分布に漸近する．

$$P_x = e^{-np}(np)^x/x!$$

理想的なリビング重合における分子量分布は，このポアソンの統計に従う．さらに，各試行が直前の試行の結果に依存する繰返し試行が従う統計を，**1次マルコフ統計**と呼ぶ．ラジカル共重合でできる統計共重合体の組成分布は，この統計に従う．

2・2 共重合体の一次構造

Keywords 共重合体, 共重合組成, モノマー連鎖, モノマー反応性比

要点 2種以上のモノマーからつくられたポリマーを共重合体(コポリマー)という. 共重合体の構造は, 2・1節で線状高分子について述べた一次構造に加えて, モノマー単位(繰返し単位)の割合(共重合組成)と, その配列(モノマー連鎖)を考慮する必要がある. たとえば, 同じ組成の共重合体でも, モノマー単位の並び方の違いによって性質の異なる共重合体が存在しうる. 2種のモノマーから合成される二元共重合体の場合, モノマー単位の並び方の特徴によって, 統計共重合体, ランダム共重合体, 交互共重合体, ブロック共重合体などに分類される. このうち, ランダム共重合体は, 成長末端モノマー単位の種類によらずにそれぞれのモノマーが一定の比率で消費される共重合で生成し, モノマー連鎖はベルヌーイ統計に従う(Box 1参照). ラジカル共重合では多くの場合, 1次マルコフ統計(ターミナルモデル)に従う統計共重合体が得られ, モノマー反応性比 r_1, r_2 でその連鎖の特徴を予測する(6・8節参照).

ジエン類のように1種のモノマーから複数のモノマー単位が生成する場合や, ポリ酢酸ビニルの部分加水分解物のように単独重合体から高分子反応で複数種のモノマー単位が生成する場合も, 共重合体と同様の構造的な特徴があり, これらは擬共重合体(pseudo-copolymer)と呼ばれる.

例題 1 ビニルモノマーA, Bから得られる共重合体について, モノマー連鎖の2連子および3連子はそれぞれ何通りあるか. これらのうち, 交互共重合体に見られる連鎖はどれか. ブロック共重合体ではどうか.

■解 答■ 2連子:AA, AB, BBの3通り.
3連子:AAA, AAB, ABA, ABB, BAB, BBBの6通り.
交互共重合体に見られる連鎖:AB, ABA, BAB.
ブロック共重合体に見られる連鎖:AA, BB, AAA, BBB(ブロックの継ぎ目ではAB連鎖が存在するが, 重合度が高い場合は無視できる).

■解 説■ ビニルポリマーではモノマー連鎖の方向性は識別できず, AB 2連子とBA 2連子, AAB 3連子とBAA 3連子, およびABB 3連子とBBA 3連子は区別されない. 2連子に着目すると, AB連鎖が多いほど交互的で, 少ないほどブロック的であることが了解される.

2・2 共重合体の一次構造　17

> **例題2**　二元共重合体中のすべての3連子中のAB2連子の分率をx_{AB}，Aモノマー単位とBモノマー単位のモル分率を，それぞれx_Aとx_Bとするとき，
>
> $$\eta = \frac{x_{AB}}{2x_A x_B} \qquad (1)$$
>
> で定義されるパラメーター（ブロックキャラクター）が共重合体の連鎖分布の指標として用いられる．完全ブロック共重合体，完全交互共重合体，およびランダム共重合体のηを求めよ．

■**解　答**■　完全ブロック共重合体では，（十分重合度が高いときに）$x_{AB}=0$なので，$\eta=0$，完全交互共重合体では，$x_{AB}=1$，$x_A=x_B=1/2$であるので$\eta=2$となる．また，ABが生成する過程にはAの後にBが続く場合とその逆があり，これらがランダムに起こると，$x_{AB}=2x_A x_B$となるので，$\eta=1$となる．

■**解　説**■　ブロックキャラクターηは，0から2までの間の値をとり，値が小さいほどブロック的，大きいほど交互的な共重合体である．

―― **演習問題** ――

問題A1　2種類のモノマー単位A，Bからなる重合度が10および100の共重合体には，それぞれ何通りの高分子が存在するか．ただし，高分子鎖の頭と尾は区別できるものとせよ．

問題A2　天然に存在するタンパク質は，20種類のアミノ酸の共重合体で，平均の重合度は100程度である．重合度が100のタンパク質分子は全部で何種類あるか．また，それらすべてを1分子ずつ集めると何gになるか．ただし，アミノ酸残基の平均モル質量を100とする．この質量を地球の質量（6×10^{24} kg）と比較せよ．

問題B1　モノマー単位A，Bがそれぞれ50個ずつからなる，重合度が100の共重合体鎖は全部で何種類存在するか．また，その数を問題A1の重合度が100の場合の数と比較せよ．

問題B2　モノマー単位A，Bからなり，モノマー単位Aの含量（モル分率）がxの無限に長い二元ランダム共重合体について，モノマー単位Aがk個連続する確率を求めよ．また，その結果を利用して，モノマー単位Aの平均連鎖長を求めよ．

問題C1　r種類のモノマー単位からなる，重合度がnの共重合体鎖は，全部で何種類存在するか．ただし，共重合体鎖の頭と尾が区別できないとする．（**ヒント**：2・1節の問題C1と同様に考えよ．）

関連項目　4・1節，6・8節

2·3 分岐高分子

Keywords 分岐点, 星型高分子, 櫛型高分子, グラフトポリマー, ハイパーブランチポリマー, デンドリマー

要 点　エチレンのラジカル重合では, ポリマー鎖への連鎖移動反応で主鎖中にラジカルが生成し, これにモノマーが順次付加して長い枝分れ（長鎖分岐）が生じる. ポリエチレンではこのほかに, エチル基, ブチル基などの短鎖分岐も生成する.

　枝が分子鎖と接する点を**分岐点**と呼ぶ. 分岐点が一つでそこから線状分子鎖が出ている高分子を**星型高分子**という. 3官能性分岐点（3官能性モノマーによってできる分岐点）を主鎖に多数もつ高分子を**櫛型高分子**といい, マクロモノマー（側鎖に高分子鎖がついているビニルモノマー）の単独重合で得られる. マクロモノマーを低分子量のモノマーと共重合すると, マクロモノマーの構造をそのまま反映した枝（グラフト鎖）をもつ**グラフトポリマー**が得られる.

　枝部分にさらに枝分れがある分岐高分子で特にその密度の高いものには, **ハイパーブランチポリマー**や**デンドリマー**がある. デンドリマーは, 一つの分岐点に3官能性のモノマーがついて二つの枝が伸びたのち, それぞれの枝の端に3官能性モノマーがついてさらに二つに分岐するという過程を繰返してできる樹状の規則性分岐高分子である. ハイパーブランチポリマーの分岐構造はそれほど規則的ではないが, 3官能性モノマーから1段階の合成反応（重合）で樹状のポリマーを得ることができる.

> **例題 1**　ポリエチレンの炭素数4の短鎖分岐が生成する過程を示せ.

■**解　答**■　成長末端ラジカルが六員環遷移状態を経て端から5番目の CH_2 の水素を引抜くとブチル基が発生する.

$$-CH_2-\overset{H}{\underset{|}{CH}}-CH_2-CH_2-\overset{\cdot}{CH_2} \longrightarrow -CH_2-\overset{\cdot}{CH}-CH_2-CH_2-CH_3$$

$$\longrightarrow -CH_2-CH-CH_2-CH_2-CH_2-CH_3 \quad (\text{ブチル基})$$

■**解　説**■　分岐の末端は CH_3 基となるので, ^{13}C NMR で大半を占める CH_2 の吸収と区別でき, 定量測定モードで全炭素吸収に占める CH_3 炭素の強度の割合を求めれば, 分岐数の目安とすることができ, 通常, 1000炭素当たりの分岐数で表示される. より簡便には IR スペクトルで 1378 cm^{-1} 付近の CH_3 対称変角振動の吸収を用いる方法もある.

2・3 分岐高分子　19

例題2 AB_2 型の3官能性モノマーが官能基 AB 間で重縮合して，重合度 n の重縮合体を形成したとする．この重縮合体の構造異性体は全部で何種類あるか．ただし，各モノマー中の二つの B 官能基は区別できるとし，ループ構造は無視せよ．

■**解　答**■　問題の n 量体は，n 個の官能基 A と $2n$ 個の官能基 B をもち，それらのうち $n-1$ 個の A と B が反応している（ループ構造は考えないので，1 個の未反応官能基 A が存在する）．まず，すべてのモノマーが区別できるとする．$2n$ 個の B から $n-1$ 個の反応したものを選ぶ場合の数は ${}_{2n}C_{n-1}$．選ばれた B と順次 A とを反応させる．同じモノマーに属する A と B は反応できないので，最初の B と反応する A は $n-1$ 通り，2 番目の B と反応する A は $n-2$ 通りで，$n-1$ 個の B と反応する場合の数は $(n-1)!$．異なる反応のさせ方のすべての場合の数は，${}_{2n}C_{n-1} \times (n-1)!$．実際には，モノマーは区別できないので，各結合様式に対して，モノマー単位の入れ替え（$n!$ 通りある）は同一異性体である．最終的に構造異性体数は，${}_{2n}C_{n-1} \times (n-1)!/n! = (2n)!/(n+1)!n!$ となる．

―――― **演習問題** ――――

問題 A1　アンモニアに 3 分子のアクリル酸メチルを反応させ，過剰のエチレンジアミンとのエステル-アミド交換反応で得られる分岐分子にはアミノ基（$-NH_2$）は何個あるか．この反応をさらに 3 回繰返すと何個のアミノ基をもつデンドリマーが生成するか．このとき，アクリル酸メチル由来のモノマー単位は何個あるか．

問題 A2　AB_2 型の3官能性モノマーから合成される重合度 100 の縮重合体の構造異性体数を計算せよ．

問題 B1　メタクリル酸メチル（MMA）と以下の構造のマクロモノマー（Mac, 分子量 = 3,200, 重合度 $n=30$）を，アニオン重合開始剤として 1,1-ジフェニルヘキシルリチウム（$C_5H_{11}CPh_2Li$）（**A**）を用いて共重合し，右下に示す ^1H NMR スペクトルをもつグラフトポリマーを得た．

すべてのポリマーが開始剤（**A**）からの反応で生成し，連鎖移動などの副反応は起こらなかったものとして，図中に示した帰属と信号強度比（[　] 内の数値）をもとに，1 分子当たりの枝の数，共重合組成比（Mac/MMA），および共重合体の分子量を求めよ．ただし，アニオン重合反応は水素で停止したとする．

関連項目　4・3 節，6・15 節

2·4 高分子の分子量

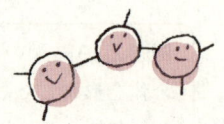

Keywords 平均分子量，分子量分布，重合度，数平均分子量，重量平均分子量

要 点 低分子化合物では，化合物ごとにその分子量が決まっているが，高分子では，たとえばポリエチレンといっても分子量は定まっていないうえ，その物性は分子量によって異なる．したがって，高分子試料の分子量を決定することは，高分子研究では不可欠である．高分子の合成反応では，鎖の成長はモノマーが高分子鎖の活性末端（ラジカル，アニオン，カチオン種など）に確率的に衝突することによって起こる．したがって，最終的に生成した高分子の分子量は均一ではなく分布がある．そのため，高分子試料の分子量は，平均分子量あるいは分子量の分布関数を用いて表す必要がある．

高分子試料の分子量分布は，重合反応の様式によって決まる．重合様式ごとの分子量分布と平均分子量については，6, 7章で取扱うので，本節では一般的な平均分子量と分子量分布について考える．

x 個のモノマーが重合してできた高分子鎖を x 量体といい，そのモノマーの個数 x を重合度と呼ぶ．高分子鎖に組込まれたモノマー単位の分子量を M_0（重縮合などではモノマーの分子量とは一致しない），開始末端と停止末端の部分の分子量をそれぞれ M_i と M_e とすると，x 量体の分子量 M は，$M_0 x + M_i + M_e$ で与えられる．重合度が十分大きい高分子では，両末端部分が無視できて，

$$M = M_0 x \tag{1}$$

と書ける．AとBの2種類のモノマーから合成される共重合体の場合には，鎖中のAモノマー単位のモル分率を y_A とし，2種類のモノマー単位のモル質量をそれぞれ $M_{0,A}$ と $M_{0,B}$ とすると，平均のモノマー単位のモル質量は，$M_0 = y_A M_{0,A} + (1-y_A) M_{0,B}$ で与えられる．この M_0 を用いて，末端部分を無視すれば，共重合体に対してもやはり (1) 式が成立する．

いま，ある高分子試料が，単量体を N_1 分子，二量体を N_2 分子，…，m 量体を N_m 分子含むと考える．この試料中の全高分子鎖の数は $\sum_{x=1}^{m} N_x$，全重量は $\sum_{x=1}^{m} (xM_0/N_A) N_x$ で表され（N_A はアボガドロ定数），x 量体のモル分率 n_x と重量分率（質量分率）w_x は，それぞれ次式で与えられる．

$$n_x = N_x \Big/ \sum_{x=1}^{m} N_x, \qquad w_x = xN_x \Big/ \sum_{x=1}^{m} xN_x \tag{2}$$

これらの分率 n_x と w_x を用いて計算される平均重合度は次式で与えられ，

$$x_\mathrm{n} = \sum_{x=1}^{m} xn_x, \qquad x_\mathrm{w} = \sum_{x=1}^{m} xw_x \qquad (3)$$

x_n を数平均重合度，x_w を重量平均重合度という．これらに M_0 を掛けると，**数平均分子量** M_n と**重量平均分子量** M_w となる．

一般に高分子試料は，非常に多数の分子量の異なる成分を含む．(1) 式より分子量 M は M_0 の整数倍で，とびとびの値をとるが，数学的には連続的な実数とみなし，分子量分布はゼロ以上の実数 M を変数とする確率密度関数（分布関数）で表すほうが便利である（確率密度関数については Box 2 を参照）．たとえば重量分率に関する確率密度関数を $w(M)$ とすると，分子量が M と $M+\mathrm{d}M$（$\mathrm{d}M$ は微小量）の間にある高分子成分の重量分率は $w(M)\mathrm{d}M$ で与えられ，(3) 式の 2 番目の式に対応して重量平均分子量 M_w は次式から計算される．

$$M_\mathrm{w} = \int_0^\infty M w(M)\,\mathrm{d}M \qquad (4)$$

数平均分子量に関する表式については，例題 2 で考察するので，それを参照してほしい．さらに，次式で定義される z 平均分子量 M_z もしばしば利用される．

$$M_z = M_\mathrm{w}^{-1} \int_0^\infty M^2 w(M)\,\mathrm{d}M \qquad (5)$$

分子量分布の広さを表す指標として，平均分子量の比である $M_\mathrm{w}/M_\mathrm{n}$ や M_z/M_w が用いられる．1 種類の分子量 M のみを含む単分散試料では，$M_\mathrm{n}=M_\mathrm{w}=M_z=M$ であり，$M_\mathrm{w}/M_\mathrm{n}=M_z/M_\mathrm{w}=1$ となる．これに対して，分子量分布をもつ試料では，$M_\mathrm{w}/M_\mathrm{n}$ や M_z/M_w は 1 より大きく，分布が広いほどこれらの比の値は大きくなる．

3 章で述べるように，M_n は浸透圧法や末端基定量法などによって，M_w は光散乱法や沈降平衡法などによって，そして M_z は沈降平衡法によって実測される．さらに，サイズ排除クロマトグラフィー（SEC）や質量分析法によって重量分率やモル分率に関する分布関数が実測される．

なお，分子量は着目している 1 分子の質量と $^{12}\mathrm{C}$ 原子 1 個の質量の比に 12 をかけた値として定義されているので，無次元量で単位をもたない．これに対して，モル質量は着目している分子 1 mol 当たりの質量なので，分子量と数値は同じだが g mol^{-1} という単位をもつ．この g mol^{-1} は Da（=dolton）と記されることもある．

> **例題 1** あるホモポリマー試料を，サイズ排除クロマトグラフィーによって分子量ごとに分取したとしよう．計算の簡便さのために，この試料には 6 種類の異なる分子量の成分のみが含まれ，各成分の分子量 M_i と質量 W_i（$i=1\sim6$）を適当な方法で測定して，次ページの表の二重線より上の結果を得たとする．
> 1）各高分子成分の重量分率 w_i を求めよ．

2）この試料の重量平均分子量 M_w を求めよ．
3）各高分子成分の物質量（mol）N_i を求めよ．
4）各高分子成分のモル分率 n_i を求めよ．
5）この高分子試料の数平均分子量 M_n を求めよ．
6）サイズ排除クロマトグラフィーの分解能が悪く，成分1と2，成分3と4，成分5と6がそれぞれ同じ区分として分取されたとする．このとき各区分の分子量はそれぞれの2成分の重量平均分子量で与えられ，表の下3行のようになったとしよう．このデータを使い，M_w と M_n を求めよ．

i	M_i	W_i/g
1	9,000	0.10
2	16,000	0.15
3	28,000	0.21
4	50,000	0.24
5	90,000	0.20
6	160,000	0.10
1+2	13,000	0.25
3+4	40,000	0.45
5+6	11,000	0.30

■解 答■　1）下表参照　2）$M_w = \sum_{i=1}^{6} w_i M_i = 55,000$　3）下表参照，ただし $N_i = W_i/M_i$　5）$M_n = \sum_{i=1}^{6} n_i M_i = 28,000$　6）$M_w = 55,000$, $M_n = 31,000$

i	M_i	W_i/g	w_i	$w_i M_i$	$N_i/10^{-5}$ mol	n_i	$n_i M_i$
1	9,000	0.10	0.10	900	1.1	0.31	2,800
2	16,000	0.15	0.15	2,400	0.94	0.26	4,200
3	28,000	0.21	0.21	5,900	0.75	0.21	5,900
4	50,000	0.24	0.24	12,000	0.48	0.13	6,500
5	90,000	0.20	0.20	18,000	0.22	0.062	5,600
6	160,000	0.10	0.10	16,000	0.063	0.018	2,900
1+2	13,000	0.25	0.25	3,300	1.9	0.58	7,700
3+4	40,000	0.45	0.45	18,000	1.1	0.34	14,000
5+6	11,000	0.30	0.30	34,000	0.26	0.080	9,100

■解 説■　紫外可視吸収や屈折率検出器を備えたサイズ排除クロマトグラフィーでは，各区分の質量濃度（すなわち重量分率）を測定する．この場合，問5）と6）の答を比較するとわかるように，数平均分子量は分子量別の分解能に依存する．

例題2　数平均分子量 M_n を，重量分率に関する分布関数 $w(M)$ を使って表せ．

■解 答■　重量 W の高分子試料に含まれる，分子量が M と $M+dM$ の間にある成分の重量は $Ww(M)dM$，物質量（mol）は $Ww(M)dM/M$ で与えられるので，その成分のモル分率は，

$$n(M)dM = \frac{[Ww(M)/M]dM}{\int_0^\infty [Ww(M)/M]dM} = \left[\int_0^\infty \frac{w(M)}{M}dM\right]^{-1} \frac{w(M)}{M}dM \quad (6)$$

で与えられる．したがって，(3) 式の第一式に対応させて，M_n は次式で与えられる．

$$M_n = \int_0^\infty Mn(M)\,dM = \left[\int_0^\infty \frac{w(M)}{M}dM\right]^{-1} \int_0^\infty w(M)\,dM = \left[\int_0^\infty \frac{w(M)}{M}dM\right]^{-1} \quad (7)$$

確率密度関数 $w(M)$ は規格化されているので，すべての M にわたって積分すると 1 になることに注意．

■解 説■ この式に対応して，高分子の成分数が可算個ある場合は，M_n は次式から計算される．

$$\frac{1}{M_n} = \sum_{x=1}^{m} \frac{w_x}{xM_0} \quad (8)$$

> **例題 3** 次の Cauchy-Schwartz の不等式を利用して，$M_w/M_n \geq 1$ が成立することを証明せよ．
>
> $$\left(\sum_{x=1}^{m} a_x^2\right)\left(\sum_{x=1}^{m} b_x^2\right) \geq \left(\sum_{x=1}^{m} a_x b_x\right)^2 \quad (9)$$

■解 答■ (2) と (3) 式，および上記の不等式より，

$$\frac{M_w}{M_n} = \frac{\sum_{x=1}^{m} xw_x}{\sum_{x=1}^{m} xn_x} = \frac{\left(\sum_{x=1}^{m} x^2 N_x\right)\left(\sum_{x=1}^{m} N_x\right)}{\left(\sum_{x=1}^{m} xN_x\right)^2} \geq \frac{\left(\sum_{x=1}^{m} \sqrt{x^2 N_x}\sqrt{N_x}\right)^2}{\left(\sum_{x=1}^{m} xN_x\right)^2} = 1 \quad (10)$$

■解 説■ 不等式 (9) の等号が成立するのは，$m=1$ のとき，すなわち単分散のときに限られる．

─── **演習問題** ───

問題 A1（提出用）次の 1)〜3) の場合の M_w と M_n を計算せよ． 1) 分子量が 1×10^5 と 1×10^4 の単分散高分子試料を等しい重量で混合した場合， 2) 分子量が 1×10^5 の単分散高分子試料に，分子量が 1×10^4 の低分子量不純物が 1 重量%含まれている場合， 3) 分子量が 1×10^4 の単分散高分子試料に，分子量が 1×10^5 の高分子量不純物が 1 重量%含まれている場合．

問題 A2 3・2 節に出てくる平均二乗回転半径 $\langle S^2 \rangle$ は，しばしば分子量 M の累乗に比例する．特に，やはり 3 章に出てくるガウス鎖（3・1 節参照）と呼ばれる高分子鎖の場合には M に比例する．すなわち，K を定数として，$\langle S^2 \rangle$ は次式で表される．

$$\langle S^2 \rangle = KM \quad (11)$$

分子量分布をもつガウス鎖に対する $\langle S^2 \rangle$ の重量平均量 $\langle S^2 \rangle_w$ と z 平均量 $\langle S^2 \rangle_z$ を求めよ．ただし，後者は $Mw(M)/M_w$ を重率とする平均量のことで，散乱実験（3・7 節参照）から得られる平均二乗回転半径はこの $\langle S^2 \rangle_z$ である．

問題 B1 重量分率に関する分布関数が次式で与えられる分子量分布を Schulz-

Zimm 分布と呼び，一般的な高分子試料の分子量分布を表すのによく用いられる．

$$w(M) = \frac{h+1}{\Gamma(h+1)M_\mathrm{w}}\left(\frac{h+1}{M_\mathrm{w}}M\right)^h \exp\left(-\frac{h+1}{M_\mathrm{w}}M\right) \qquad (12)$$

ただし，h は分布の広さを表す定数，$\Gamma(h+1)$ はガンマ関数（Box 3 参照）を表す．

1）(4) 式から計算される平均分子量が (12) 式中の M_w に一致することを確かめよ．
2）この分布に対する数平均分子量 M_n を求めよ．
3）この分布に対する z 平均分子量 M_z を求めよ．
4）この分布関数が極大値をとる分子量を求めよ．

問題 B 2 ある天然高分子が，25℃の溶液中では二重らせんとして存在するが，50℃に加熱すると，二重らせんの一部が単量体に解離するとする．25℃と50℃の溶液中におけるこの高分子の重量平均分子量 M_w が，それぞれ4万と3万であるとき，以下の問に答えよ．ただし，この二重らせん高分子は単分散とする．

1）50℃の溶液中における二重らせんの解離度（単量体の重量分率）を求めよ．
2）50℃の溶液中における数平均分子量 M_n はいくらか．
3）もし，この二重らせん高分子が単分散でなかったら，上の問1）および2）の結果は単分散のときの結果と一致するか．ただし，一旦，解離した異なる分子量の単量体が二重らせんを再形成することはないとする．

関連項目　3・9節，6・1節，6・2節

Box 2　分布関数（確率密度関数）

高分子科学では，分子量分布や共重合体の組成分布，線状高分子の両末端間ベクトルの分布関数など，統計学的取扱いが必要なことがしばしば現れる．
　例として，100人のクラスで100点満点の試験をして，右図のような成績の分布になった場合を考えよう．無作為に選んだ学生が61〜70点の間の得点をとっている確率は，その得点をとっている人数（27人）を全受講者数（100人）で割って計算される．ただし，この確率は点数の幅（今の場合10点）を増やすと増加する．そこで，この確率を点数の幅で割った量を確率密度

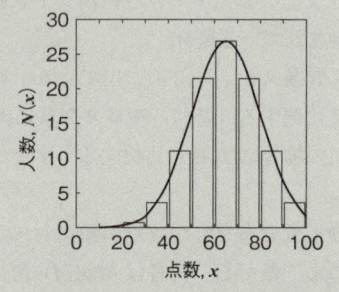

と定義する．全得点領域を m 個（今の場合 10 個）の幅 Δx（今の場合 10 点）の領域に等分割し，i 番目の得点領域にいる人数を N_i とすると，対応する確率 W_i および確率密度 P_i は次のように表される．

$$W_i = N_i \Big/ \sum_{i=1}^{m} N_i, \quad P_i = W_i/\Delta x \tag{A1}$$

N_i は受講者数と点数幅に依存し，W_i は点数幅に依存するが，確率密度 P_i は受講者数にも点数幅にも依存しない．よって P_i はこの成績分布を表す統計学的基本量となる．

数学的には，Δx を無限に小さくし，人数 $N(x)$，確率 $W(x)$，確率密度 $P(x)$ を連続変数 x の関数と見なすほうが取扱いやすい．(A1) 式に対応させて，

$$W(x) = N(x) \Big/ \int N(x) \mathrm{d}x, \quad P(x) \mathrm{d}x = W(x) \tag{A2}$$

という関数関係が成立し，$N(x)$ は上図の棒グラフの代わりに実線で示すような連続曲線で表される．(A2) 式より，$P(x)$ は規格化されており，平均値 $\langle x \rangle$ は，

$$\langle x \rangle = \int x P(x) \mathrm{d}x \tag{A3}$$

から計算される（積分範囲は，上の例では 0 から 100 までである）．確率密度関数 $P(x)$ は，単に x の分布関数とも呼ばれる．

Box 3　いくつかの数学関数について

1）ガンマ関数　階乗 $x!$ を x が実数あるいは複素数まで拡張した関数で次で定義される．

$$\Gamma(x) = \int_0^\infty t^{x-1} \mathrm{e}^{-t} \mathrm{d}t$$

$\Gamma(x+1) = x\Gamma(x)$ なる関係が成立する．x が自然数の場合は，$\Gamma(x) = (x-1)!$ が成立する．

2）ガウス関数　a, b, c を定数として次の式で与えられる関数をガウス関数という．

$$G(x) = a \exp\left[-\left(\frac{x-b}{c}\right)^2\right]$$

$a=1, b=0$ と置いたガウス関数に関して次のような積分公式が成立する．

$$\int_0^\infty \exp[-(x/c)^2] \mathrm{d}x = \frac{\sqrt{\pi}}{2}|c|, \quad \int_0^\infty x \exp[-(x/c)^2] \mathrm{d}x = \frac{c^2}{2},$$

$$\int_0^\infty x^2 \exp[-(x/c)^2] \mathrm{d}x = \frac{\sqrt{\pi}}{4}|c|^3, \quad \int_0^\infty x^3 \exp[-(x/c)^2] \mathrm{d}x = \frac{c^4}{2}$$

$$\int_0^\infty x^4 \exp[-(x/c)^2] \mathrm{d}x = \frac{3\sqrt{\pi}}{8}|c|^5, \quad \int_0^\infty x^5 \exp[-(x/c)^2] \mathrm{d}x = c^6$$

$$\int_0^\infty x^6 \exp[-(x/c)^2] \mathrm{d}x = \frac{15\sqrt{\pi}}{16}|c|^7, \quad \int_0^\infty x^7 \exp[-(x/c)^2] \mathrm{d}x = 3c^8$$

3

高分子鎖の特性

●学習目標● 複雑な分子である高分子がかかわる現象は，定性的な議論ではらちが明かず，定量的な議論がものをいう場合が多い．この章では，その定量的な議論の基礎を学ぶ．数式が多いため，内容が高度にみえるかもしれない．しかし，ただ読んで難しいと思うのではなく，数式や模式図を自身で紙に書きながら読み進んでほしい．数式はできるだけ省略せずに，一歩一歩導出できるように記述しているので，数式を書いていくと，話の筋が見えてくるはずである．

3・1 線状高分子鎖の両端間距離

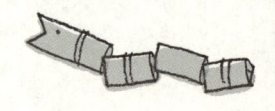

Keywords 結合長，結合角，内部回転角，平均二乗両端間距離，特性比，ガウス鎖，R の分布関数

要点 C–C 単結合のみからなる線状高分子の主鎖の構造は，図 1 (a) に示すように，隣接原子間の距離である**結合長**，隣接結合がなす角度で定義される**結合角**，および連続する 3 本の結合で定義される 2 面角で与えられる**内部回転角**によって決まる．これらのうち，結合長と結合角はほぼ一定値（それぞれ 0.154 nm，109.5°）をとるが，内部回転角は一つのトランスと二つのゴーシュの 3 状態のうちのいずれかになるので，多数の結合でできた高分子鎖は，結合ごとの内部回転角の違いによって，さまざまな形態をとる．したがって，実際には，高分子鎖がある特定の形態をとったときの大きさではなく，とりうるすべての形態についての平均的な大きさ，すなわち高分子鎖の広がりが重要になる．

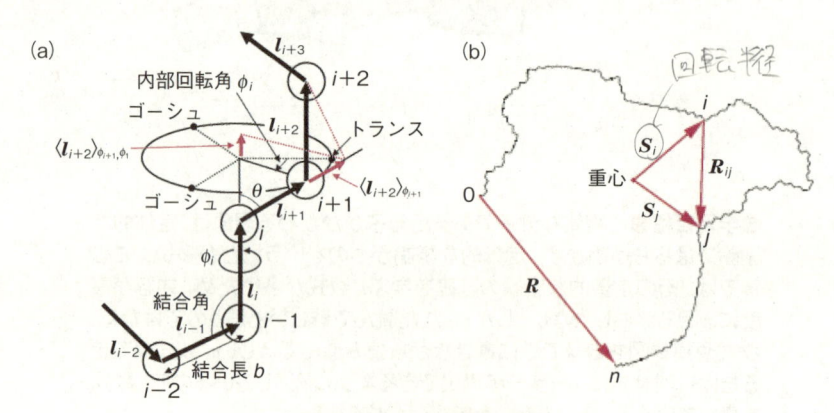

図 1　線状高分子鎖の骨格

高分子鎖の広がりを表すのに，**平均二乗両端間距離** $\langle R^2 \rangle$ が用いられる．図 1 (b) は $n+1$ 個の主鎖原子からなる高分子鎖の骨格を描いたものである．その両端を結んだベクトルを $\boldsymbol{R}$ とすると，その大きさ R の二乗をとりうるすべての形態について平均したもの（統計平均）が $\langle R^2 \rangle$ である（以下，$\langle \cdots \rangle$ は括弧内の物理量の統計的平均量を表す）．$n+1$ 個の主鎖原子に一端から順に 0, 1, $\cdots$, n と番号を付け，$i-1$ 番目の原子から i 番目の原子への結合ベクトルを $\boldsymbol{l}_i$ とすると，$\boldsymbol{R}$ は $\boldsymbol{l}_i$ を用いて次のように表すことができる．

$$\boldsymbol{R} = \boldsymbol{l}_1 + \boldsymbol{l}_2 + \cdots + \boldsymbol{l}_n = \sum_{i=1}^{n} \boldsymbol{l}_i \tag{1}$$

その二乗平均である $\langle R^2 \rangle$ は次のように表すことができる．

$$\langle R^2 \rangle = \langle \boldsymbol{R} \cdot \boldsymbol{R} \rangle = \left\langle \left(\sum_{i=1}^{n} \boldsymbol{l}_i \right) \cdot \left(\sum_{j=1}^{n} \boldsymbol{l}_j \right) \right\rangle = \sum_{i=1}^{n} l_i^2 + 2 \sum_{i=1}^{n-1} \sum_{j=i+1}^{n} \langle \boldsymbol{l}_i \cdot \boldsymbol{l}_j \rangle \quad (2)$$

ここで，$\boldsymbol{a} \cdot \boldsymbol{b}$ は二つのベクトル $\boldsymbol{a}$ と $\boldsymbol{b}$ の内積を表し，l_i は $\boldsymbol{l}_i$ の大きさである．

主鎖結合数 n が十分に大きくなると，いずれの高分子鎖に対する $\langle R^2 \rangle$ も漸近的に次式に従う．

$$\langle R^2 \rangle = Cnl^2 \quad (3)$$

ここで，C は**特性比**と呼ばれるパラメーターで，高分子の種類ごとに固有の値をとる．また，ここでは排除体積効果（後述）がないとする．(3) 式に従う n の非常に大きい高分子鎖を**ガウス鎖**と呼ぶ．このとき，$\boldsymbol{R}$ の**分布関数** $P(\boldsymbol{R})$ が次のようなガウス関数（Box 3 参照）に従うからである．

$$P(\boldsymbol{R}) = \left(\frac{3}{2\pi Cnl^2} \right)^{3/2} \exp\left(-\frac{3R^2}{2Cnl^2} \right) \quad \text{ベンダン効果} \quad (4)$$

> **例題1** 主鎖結合数が 100 のポリエチレン鎖が全トランス状態（すべての内部回転角 ϕ が 0° のトランス状態）をとるとき，両端間距離 R を求めよ．ただし，結合長を 0.154 nm，結合角を 109.5° とする．

■**解　答**■　全トランス状態のポリエチレン鎖は，下図のようなジグザグ鎖となり，R は次のように計算される：$R = 0.154 \text{ nm} \times \sin(109.5°/2) \times 100 = 12.6 \text{ nm}$．$R$ は結合数 n に比例する．

結合長 0.154 nm　結合角 109.5°　両端間距離 R

> **例題2** 前問のポリエチレン鎖のすべての内部回転角が 0° から 360° までの値を同じ確率（等確率）でとると仮定したとき，特性比 C はいくらになるか．また，このときの平均二乗両端間距離の平方根 $\langle R^2 \rangle^{1/2}$ は，前問の全トランス状態よりどれくらい縮んでいるか．（ヒント：たとえば，(2) 式の右辺に現れる $\langle \boldsymbol{l}_i \cdot \boldsymbol{l}_{i+2} \rangle$ を計算するには，図 1 (a) に赤の矢印で示したように，結合ベクトル $\boldsymbol{l}_{i+2}$ を結合 $i+1$ の内部回転角について平均化すると $\langle \boldsymbol{l}_{i+2} \rangle_{\phi_{i+1}}$，それをさらに結合 i の内部回転角について平均化すると $\langle \boldsymbol{l}_{i+2} \rangle_{\phi_{i+1}, \phi_i}$ となる．結合角の補角を θ とすると，それぞれのベクトルの大きさは $l\cos\theta$ と $l\cos^2\theta$ であるので，$\langle \boldsymbol{l}_i \cdot \boldsymbol{l}_{i+2} \rangle = l^2 \cos^2\theta$ となる.）

■**解　答**■　(2) 式は，$l_i = l$，$k = j - i$ とおくと，次のように書ける．

$$\langle R^2 \rangle = nl^2 + 2\sum_{i=1}^{n-1}\sum_{k=1}^{n-i} \langle \boldsymbol{l}_i \cdot \boldsymbol{l}_{i+k} \rangle \tag{5}$$

ここで，結合角の補角を θ とすると，$\langle \boldsymbol{l}_i \cdot \boldsymbol{l}_{i+1} \rangle = l^2 \cos\theta$，$\langle \boldsymbol{l}_i \cdot \boldsymbol{l}_{i+2} \rangle = l^2 \cos^2\theta$，…，$\langle \boldsymbol{l}_i \cdot \boldsymbol{l}_{i+k} \rangle = l^2 \cos^k\theta$ となり，上式右辺の二重和は次のように計算される（Box 5の等比級数の計算法参照）．

$$\sum_{i=1}^{n-1}\sum_{k=1}^{n-i} \langle \boldsymbol{l}_i \cdot \boldsymbol{l}_{i+k} \rangle = l^2 \sum_{i=1}^{n-1}\sum_{k=1}^{n-i} \cos^k\theta = l^2 \sum_{i=1}^{n-1} \frac{\cos\theta - \cos^{n-i+1}\theta}{1-\cos\theta}$$

$$= nl^2 \frac{\cos\theta}{1-\cos\theta} - l^2 \frac{\cos\theta - \cos^{n+1}\theta}{(1-\cos\theta)^2} \tag{5'}$$

これを (5) 式に代入し，かつ n が十分大きいとして n^0 の項を無視すると次式を得る．

$$\langle R^2 \rangle = nl^2 \frac{1+\cos\theta}{1-\cos\theta} \tag{6}$$

したがって，自由回転鎖と仮定したときのポリエチレンの $C = (1+\cos 68°)/(1-\cos 68°) = 2.20$．また，$n=100$ のポリエチレン鎖が自由回転鎖として振舞うならば，$\langle R^2 \rangle^{1/2} = 0.153\text{ nm} \times \sqrt{100 \times 2.20} = 2.27\text{ nm}$ で，全トランス状態の R の 0.18 倍．

■解　説■ 結合角が一定で，内部回転角が0°から360°までの値を等確率でとる高分子鎖を自由回転鎖と呼ぶ．

例題 3 ポリエチレン鎖の内部回転角が，トランス状態（$\phi=0$）と二つのゴーシュ状態（$\phi=\pm120°$）のみをとり，ゴーシュ状態の内部回転ポテンシャルがトランス状態より（1モル当たり）E_g だけ高いとき，特性比 C は次式より計算される（導出法については，P. J. フローリー著，安部明廣訳 "鎖状分子の統計力学"，培風館 (1971) 参照）．

$$C = \left(\frac{1+\cos\theta}{1-\cos\theta}\right)\left(\frac{1+\langle\cos\phi\rangle}{1-\langle\cos\phi\rangle}\right), \quad \langle\cos\phi\rangle = \frac{\cos 0° + 2\cos(120°)e^{-E_g/RT}}{1+2e^{-E_g/RT}} \tag{7}$$

ここで，RT は気体定数と絶対温度の積で，$e^{-E_g/RT}$ はトランス状態を1としたときのゴーシュ状態の出現確率，$\langle\cos\phi\rangle$ は $\cos\phi$ の統計平均である．$E_g = 2\text{ kJ mol}^{-1}$（$n$-ブタンに対する実測値），$T=300\text{ K}$ として，この内部回転の束縛条件によりポリエチレン鎖の C は自由回転鎖モデルと比べてどれくらい増加するか．

■解　答■

$$\langle\cos\phi\rangle = \frac{\{1+2\times(-1/2)\exp[-2000/(8.31\times 300)]\}}{\{1+2\exp[-2000/(8.31\times 300)]\}} = 0.29$$

より，$C=4.00$．自由回転鎖モデルに対する C の 1.8 倍となる．

■解　説■ ポリエチレンの実測の C は約 6.7 であり，(7) 式の計算結果よりも 1.7 倍ほど大きい．このずれは，おもにペンタン効果（"基礎高分子科学"，p. 63 参照）に起

因する.

演習問題

問題 A1 主鎖結合数 n が 100 のポリエチレン鎖の各内部回転角が一つのトランス状態と二つのゴーシュ状態を独立にとれるとするとき，全部で何通りの異なる分子形態をとるか．ただし，開始末端によりポリエチレン鎖の頭と尾は区別できるとし，ペンタン効果などは無視する．

問題 A2 n 個の主鎖結合を自由に動く継手でつないだ自由連結鎖，すなわち各結合 l_i $(1 \leq i \leq n)$ が他の結合にかかわりなく，すべての立体角を等確率でとれる鎖の特性比 C を求めよ．

問題 B1 (4) 式で与えられる分布関数を用いて，(3) 式を導け (Box 3 の積分公式参照).

問題 B2 (4) 式で与えられる分布関数を用いて，$\langle R^4 \rangle$ と $\langle R^{-1} \rangle$ を求めよ (Box 3 の積分公式と Box 4 の標座標を参照).

問題 B3 $\langle R^2 \rangle^{1/2} = 20$ nm のガウス鎖に対する分布関数 $P(\boldsymbol{R})$ の横軸を $|\boldsymbol{R}| = R$ とするグラフを描け．また，$\boldsymbol{R}$ の向きにかかわらず絶対値が R となる確率密度 $4\pi R^2 P(R)$ の横軸を $|\boldsymbol{R}| = R$ とするグラフを同じグラフ用紙に描け．さらに，$\langle R^2 \rangle^{1/2}$ がどの位置にあるかを示せ．

問題 C1 両端間距離ベクトルが $\boldsymbol{R}$ の状態の 1 本のガウス鎖のヘルムホルツエネルギー A が，$\boldsymbol{R}$ の分布関数 $P(\boldsymbol{R})$ を用いて次のように書かれるとする．

$$A(\boldsymbol{R}) = -k_B T \ln[Q(T) P(\boldsymbol{R})] \tag{8}$$

k_B はボルツマン定数，T は絶対温度であり，$Q(T)$ は $\boldsymbol{R}$ に依存しない T のみの関数である．ガウス鎖の両端に働く張力 f と R の関係を導け (5・4 節の例題 1 も参照).

問題 C2 主鎖結合数が n_1 と n_2 の 2 本のガウス鎖（部分鎖）が，右図に示すように結合した鎖を考える．2 本の部分鎖の両端を結んだベクトルを $\boldsymbol{R}_1$ と $\boldsymbol{R}_2$，結合鎖のそれを $\boldsymbol{R}(=\boldsymbol{R}_1+\boldsymbol{R}_2)$ とする．このとき，部分鎖の末端間ベクトルの分布関数 $P_1(\boldsymbol{R}_1)$ と $P_2(\boldsymbol{R}_2) = P_2(\boldsymbol{R}-\boldsymbol{R}_1)$ を用いて結合鎖に対する分布関数 $P(\boldsymbol{R})$ を表し，$P(\boldsymbol{R})$ がガウス分布に従うことを証明せよ．また，平均二乗両端間距離が l_s^2 の m 本のガウス鎖を結合した鎖の $P(\boldsymbol{R})$ と $\langle R^2 \rangle$ を書き下せ．

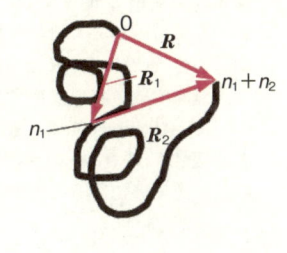

問題 C3 線分，正方形，立方体の各辺を 2 等分したとき，もとの線分は二つの線分から，正方形は四つの正方形から，そして立方体は八つの立方体から構成されている．一般に，ある図形が，全体を $1/a$ に縮小した相似図形 a^d 個によって構成されているとき，この指数 d を相似性次元と呼ぶ．この相似性次元は必ずしも整数である必要は

ない．自己相似性をもつフラクタル図形の典型例であるコッホ曲線は，下図からわかるように，もとの図形を 1/3 にした相似図形 4 個から構成されており，$3^d = 4$，すなわち $d = 1.26\cdots$ となる．問題 C2 の結果を利用して，ガウス鎖の相似性次元を評価せよ．

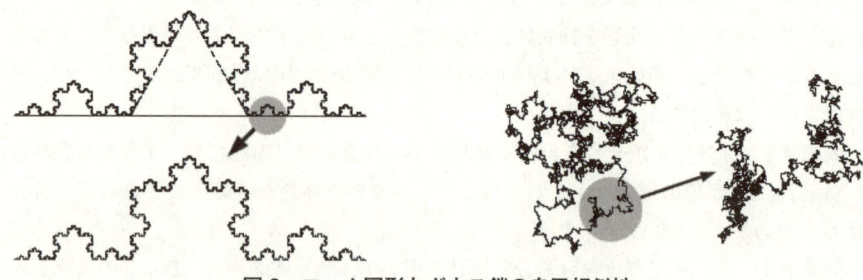

図 2　コッホ図形とガウス鎖の自己相似性

関連項目　4・1 節

Box 4　極座標

三次元空間中のベクトル $\boldsymbol{R}$ を表すのに極座標を用いると便利なことがある．右図のように，直交座標系の原点 O にベクトルの始点を置き，適当に選んだ z 軸と $\boldsymbol{R}$ とがなす角（極角）を $\tilde{\theta}$，$\boldsymbol{R}$ を xy 平面に投影した線分 OP と x 軸とがなす角（方位角）を ϕ，そして $\boldsymbol{R}$ の絶対値を R として，$\boldsymbol{R}$ を $(R, \tilde{\theta}, \phi)$ で表すのが極座標表示である．極座標成分と直交座標成分間には次の関係が成立する．

$$R_x = R \sin\tilde{\theta} \cos\phi, \quad R_y = R \sin\tilde{\theta} \sin\phi, \quad R_z = R \cos\tilde{\theta}$$

ある関数 $F(R, \tilde{\theta}, \phi)$ の半径 ρ の球内にわたる体積積分 I は，次の公式を用いて行うことができる．

$$I = \int_0^{2\pi} \mathrm{d}\phi \int_0^{\pi} \sin\tilde{\theta}\, \mathrm{d}\tilde{\theta} \int_0^{\rho} R^2 F(R, \tilde{\theta}, \phi)\, \mathrm{d}R$$

関数が R のみに依存する場合，体積積分は次のようになる．

$$I = 4\pi \int_0^{\rho} R^2 F(R)\, \mathrm{d}R$$

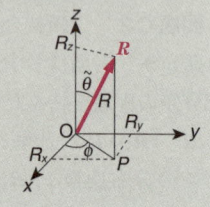

Box 5 級数および級数展開

数や関数の無限に続く列の和を級数という．本文および解答編に現れる級数の公式を以下に掲げる．

$$\sum_{i=0}^{n} r^i = \frac{1-r^{n+1}}{1-r}$$

$$\sum_{i=0}^{n} i r^i = \frac{r(1-r^n)}{(1-r)^2} - \frac{nr^{n+1}}{1-r}$$

$$\sum_{i=0}^{n} i = \frac{1}{2} n(n+1)$$

$$\sum_{i=0}^{n} i^2 = \frac{1}{6} n(n+1)(2n+1)$$

$$\sum_{i=0}^{n} i^3 = \frac{1}{4} n^2(n+1)^2$$

一般に，関数 $f(x)$ は次のようにべき級数展開できる．

$$f(x) = \sum_{n=0}^{\infty} \frac{1}{n!} f^{(n)}(0) x^n$$

ここで，$f^{(n)}(0)$ は $x=0$ における関数 $f(x)$ の n 次導関数である．$|x| \ll 1$ ならば，この級数のはじめの数項で $f(x)$ を近似的に表すことができる．以下に，いくつかの関数のべき級数展開式を掲げる．

$$\frac{1}{1-x} = 1 + x + x^2 + x^3 + \cdots$$

$$e^x = 1 + x + \frac{1}{2!} x^2 + \frac{1}{3!} x^3 + \cdots$$

$$\ln(1-x) = -x - \frac{1}{2} x^2 - \frac{1}{3} x^3 + \cdots$$

3・2 高分子鎖の回転半径

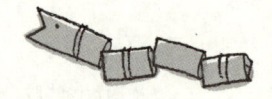

Keywords 平均二乗回転半径，均一密度モデル，分岐高分子，環状高分子，収縮因子

要点 平均二乗両端間距離 $\langle R^2 \rangle$（3・1節参照）は，高分子鎖の広がりを与える量で，計算は容易だが，直接実測することが難しい．溶液中での高分子鎖の広がりを実験的に調べるには，3・7節で述べる散乱法から直接求められる平均二乗回転半径 $\langle S^2 \rangle$ を用いることが多い．高分子鎖が3・1節の図1 (b) の形態をとるとき，骨格原子の重心から i 番目の原子へのベクトルを $\boldsymbol{S}_i$ とすると，その大きさ S_i を用いて回転半径 S の二乗は，

$$S^2 = \frac{1}{n+1} \sum_{i=0}^{n} S_i^2 \tag{1}$$

と定義される．この S^2 をとりうるすべての形態について平均したものが平均二乗回転半径 $\langle S^2 \rangle$ である．平均二乗回転半径の平方根 $\langle S^2 \rangle^{1/2}$ を，単に回転半径と呼ぶこともある．構成要素が空間中に連続的に分布する均一密度モデルに対する $\langle S^2 \rangle$ は，構成要素の重心まわりの数密度を $\rho(\boldsymbol{r})$ として，次の式から計算される．

$$\langle S^2 \rangle = \int |\boldsymbol{r}|^2 \rho(\boldsymbol{r}) d\boldsymbol{r} \Big/ \int \rho(\boldsymbol{r}) d\boldsymbol{r} \tag{2}$$

また，3・1節の図1 (b) 中の i 番目の原子から j 番目の原子までの距離を R_{ij} とすると，$\langle S^2 \rangle$ は，

$$\langle S^2 \rangle = \frac{1}{2(n+1)^2} \sum_{i=0}^{n} \sum_{j=0}^{n} \langle R_{ij}^2 \rangle \tag{3}$$

とも表せる．この計算法は，高分子鎖の重心の情報を必要とせず，不規則な形をとる高分子鎖に対する $\langle S^2 \rangle$ を計算するのに便利である．

平均二乗両端間距離 $\langle R^2 \rangle$ は二つの末端をもつ線状高分子だけしか定義できないが，(3) 式で与えられる平均二乗回転半径 $\langle S^2 \rangle$ は多数の末端をもつ分岐高分子や末端のない環状高分子の場合にも意味をもつ．一般に，分岐高分子の平均二乗回転半径 $\langle S^2 \rangle_b$ は，同種の高分子で同じ分子量をもつ線状鎖の $\langle S^2 \rangle_l$ より小さい．両者の比 g ($\equiv \langle S^2 \rangle_b / \langle S^2 \rangle_l$) は収縮因子と呼ばれ，$\langle S^2 \rangle$ に対する $\langle S^2 \rangle_b$ の収縮率を表し，分岐高分子のタイプと分岐度に依存する．たとえば，長さの揃った f 本のガウス鎖からなる星型高分子の場合，次式が成立する．

$$g = (3f-2)/f^2 \tag{4}$$

分岐高分子の分岐度や分岐様式は，g の値から推定できる．

> **例題1** 下図に示すように，0番目からn番目までの$n+1$個のモノマー単位が等しい間隔lで直線状に並んだ棒状分子の$\langle S^2 \rangle$を計算せよ．簡単のために，nは偶数とする．また，長さL ($=nl$) の太さのない棒の上に原子が一様に分布した棒状分子の$\langle S^2 \rangle$を求め，二つの棒状分子モデルの結果を比較せよ．

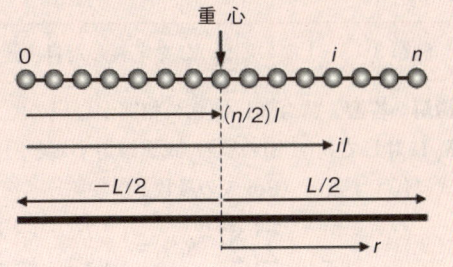

■**解　答**■　前者のモデルの重心は，$n/2$番目のモノマー単位の位置にある．(1) 式より（Box 5 の級数計算参照），

$$\langle S^2 \rangle = \frac{1}{n+1}\sum_{i=0}^{n}\left(il - \frac{1}{2}nl\right)^2 = \frac{l^2}{n+1}\sum_{i'=-n/2}^{n/2} i'^2 \quad \left(i' \equiv i - \frac{1}{2}n\right)$$

$$= \frac{2l^2}{n+1}\sum_{i'=1}^{n/2} i'^2 = \frac{2l^2}{n+1}\cdot\frac{1}{6}\cdot\frac{n}{2}\left(\frac{n}{2}+1\right)\left(2\frac{n}{2}+1\right) = \frac{(nl)^2}{12}\left(1+\frac{2}{n}\right) \quad (5)$$

また，棒上の単位長さ当たりの原子数をρとすると，(2) 式を利用して，

$$\langle S^2 \rangle = \int_{-L/2}^{L/2} r^2 \rho\, dr \bigg/ \int_{-L/2}^{L/2} \rho\, dr = \frac{1}{3}\left[\left(\frac{1}{2}L\right)^3 - \left(-\frac{1}{2}L\right)^3\right] \bigg/ \left[\left(\frac{1}{2}L\right) - \left(-\frac{1}{2}L\right)\right]$$

$$= \frac{L^2}{12} \tag{6}$$

nが十分大きいとき，(5) 式と (6) 式の結果は一致する．

■**解　説**■　棒状分子のような剛体の場合にも，慣例で$\langle S^2 \rangle$と記すが，統計平均は意味がない．棒状の高分子の場合，nあるいはLは分子量Mに比例するので，回転半径$\langle S^2 \rangle^{1/2}$は$M$に比例する．

> **例題2**　(1) 式を利用して，(3) 式を証明せよ．

■**解　答**■　3・1節の図1 (b) に示すように，鎖の重心からi番目の原子およびj番目の原子に結んだベクトル$\boldsymbol{S}_i$, $\boldsymbol{S}_j$と，ベクトル$\boldsymbol{R}_{ij}(=\boldsymbol{S}_j-\boldsymbol{S}_i)$がつくる三角形に関する余弦定理はつぎのように書ける．

$$R_{ij}^2 = S_i^2 + S_j^2 - 2\boldsymbol{S}_i\cdot\boldsymbol{S}_j \tag{7}$$

ここで，R_{ij}は$\boldsymbol{R}_{ij}$の大きさを表す．この式の両辺をi, jについて足し合わせると，

$$\sum_{i=0}^{n}\sum_{j=0}^{n} R_{ij}^2 = \sum_{i=0}^{n}\sum_{j=0}^{n} S_i^2 + \sum_{i=0}^{n}\sum_{j=0}^{n} S_j^2 - 2\sum_{i=0}^{n}\sum_{j=0}^{n} \boldsymbol{S}_i\cdot\boldsymbol{S}_j$$

$$= (n+1)\left(\sum_{i=0}^{n} S_i^2 + \sum_{j=0}^{n} S_j^2\right) - 2\left(\sum_{i=0}^{n}\boldsymbol{S}_i\right)\cdot\left(\sum_{j=0}^{n}\boldsymbol{S}_j\right) = 2(n+1)\sum_{i=0}^{n} S_i^2 \tag{8}$$

ただし，重心の定義である $\sum_{i=0}^{n} \boldsymbol{S}_i = 0$ を利用した．この式と (1) 式より，(3) 式が得られる．

> **例題 3** 3・1 節の問題 A2 で定義した自由連結鎖に対する回転半径を定式化せよ．

■**解　答**■　結合間に向きの相関がないので，任意の ij 原子間の部分鎖の両端間距離 R_{ij} に対して 3・1 節の (2) 式を適用すると，$\langle R_{ij}^2 \rangle = |i-j|l^2$ が得られる．これを (3) 式に代入すると（Box 5 の級数計算参照），

$$\langle S^2 \rangle = \frac{1}{(n+1)^2} \sum_{i=0}^{n-1} \sum_{j=i+1}^{n} \langle R_{ij}^2 \rangle = \frac{l^2}{(n+1)^2} \sum_{i=0}^{n-1} \sum_{j=i+1}^{n} (j-i) = \frac{l^2}{(n+1)^2} \sum_{i=0}^{n-1} \sum_{k=1}^{n-i} k \quad (k \equiv j-i)$$

$$= \frac{l^2}{(n+1)^2} \sum_{i=0}^{n-1} \frac{1}{2}(n-i)(n-i+1) = \frac{l^2}{2(n+1)^2} \sum_{m=1}^{n} m(m+1) \quad (m \equiv n-i) \quad (9)$$

$$= \frac{l^2}{2(n+1)^2} \left[\frac{1}{6} n(n+1)(2n+1) + \frac{1}{2} n(n+1) \right] = \frac{1}{6} \left(\frac{n+2}{n+1} \right) n l^2$$

■**解　説**■　自由回転鎖についても，3・1 節の (5) 式と (5′) 式を利用すると $\langle R_{ij}^2 \rangle$ の表式が得られ，それを (3) 式に代入して二重和の計算を実行すると，$\langle S^2 \rangle$ の表式が得られる（"基礎高分子科学" 参照）．n が十分大きいとき，自由連結鎖，自由回転鎖，さらに，より一般的なガウス鎖に対して，$\langle S^2 \rangle = \langle R^2 \rangle / 6$ なる関係が成立する．

演習問題

問題 A1　次の均一密度モデルの $\langle S^2 \rangle$ を求め，$\langle S^2 \rangle$ と M の関係を答えよ．
1) 半径 R の球　　2) 半径 R の球殻　　3) 半径 R の円盤

問題 A2　ある長さの揃ったガウス鎖からなる星型高分子の $\langle S^2 \rangle$ が線状のガウス鎖のそれの 0.52 倍であったとする．この星型高分子の腕の本数を推定せよ．

問題 B1　右図のように，長さ $L/3$ の太さのない 3 本の棒の端が 1 点でつながっており，いずれの 2 本の棒のなす角も 120° である 3 本腕の棒状星型高分子を考える．3 本の棒の上に構成単位が一様に分布しているとして，この星型高分子の $\langle S^2 \rangle$ と g を求めよ．

問題 C1　自由に動く継手でつながった長さ $L/2$ の太さのない 2 本の棒の上に一様に原子が分布している折れ曲がり棒状高分子の $\langle S^2 \rangle$ を求めよ．
（ヒント：(3) 式の積分形（下式）を利用せよ．）

$$\langle S^2 \rangle = (2L^2)^{-1} \int_0^L \int_0^L \langle R_{ij}^2 \rangle \, \mathrm{d}i \, \mathrm{d}j$$

問題 C2　次ページの図に示すように，(a) 結合長が l で骨格原子数が n のガウス鎖，(b) そのガウス鎖 2 本を 2 官能性架橋剤でつないだ骨格原子が $2n+1$ の線状ガウス鎖，および (c) そのガウス鎖 3 本を 3 官能性架橋剤でつないだ骨格原子が $3n+1$ の

3本腕星型ガウス鎖を考える．それぞれの平均二乗回転半径を，$\langle S^2 \rangle_n$, $\langle S^2 \rangle_{2n}$, および $\langle S^2 \rangle_{\text{3-star}}$ として，以下の問に答えよ．ただし，n は1よりずっと大きいとする．

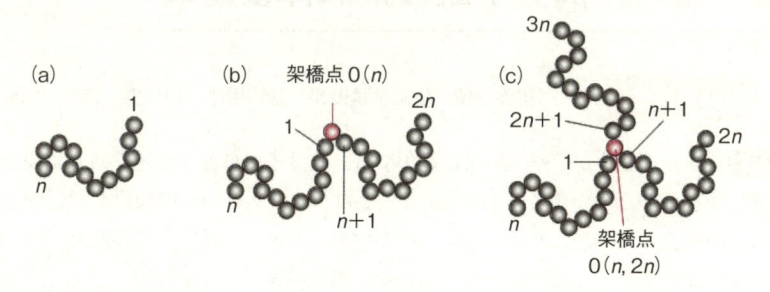

(a) (b) 架橋点 $0(n)$ (c)

1) 以下の二重和，

$$I_1 \equiv \sum_{i=1}^{n}\sum_{j=1}^{n}\langle R_{ij}^2 \rangle \approx \sum_{i=0}^{n}\sum_{j=0}^{n}\langle R_{ij}^2 \rangle, \quad I_2 \equiv \sum_{i=0}^{n}\sum_{j=n}^{2n}\langle R_{ij}^2 \rangle \tag{10}$$

を用いると，平均二乗回転半径 $\langle S^2 \rangle_n$, $\langle S^2 \rangle_{2n}$, および $\langle S^2 \rangle_{\text{3-star}}$ は次のように表されることを証明せよ．（**ヒント**：骨格原子を図に示すように番号付けして考えよ．）

$$\langle S^2 \rangle_n = \frac{I_1}{2n^2}, \quad \langle S^2 \rangle_{2n} = \frac{I_2 + I_1}{(2n+1)^2}, \quad \langle S^2 \rangle_{\text{3-star}} = \frac{I_1 + 2I_2}{6(n+1)^2} \tag{11}$$

2) 次の関係式が成立することを証明せよ．

$$\langle S^2 \rangle_{\text{3-star}} = \frac{1}{3}(4\langle S^2 \rangle_{2n} - \langle S^2 \rangle_n) \tag{12}$$

3) 3本腕星型ガウス鎖に対する収縮因子 g を計算せよ．さらにその結果から，$f=3$ のときに（4）式が成立していることを確かめよ．

問題 C3　結合ベクトル n 個（$n \gg 1$）がつながった環状ガウス鎖の $\langle S^2 \rangle$ を求めよ．（**ヒント**：環状ガウス鎖の原子 ij 間（$0 \leq i < j < n$）の距離ベクトル $\boldsymbol{R}_{ij}$ の分布関数 $P(\boldsymbol{R}_{ij})$ は，右図のように結合数が $j-i$ の部分鎖と結合数が $n-j+i$ の部分鎖の両端間ベクトルがともに $\boldsymbol{R}_{ij}$ となる同時確率なので，

$$P_r(\boldsymbol{R}_{ij}) \propto \exp\left[-\frac{3R_{ij}^2}{2(j-i)l^2}\right]\exp\left[-\frac{3R_{ij}^2}{2(n-j+i)l^2}\right]$$

$$\propto \exp\left[-\frac{3nR_{ij}^2}{2(j-i)(n-j+i)l^2}\right] \tag{13}$$

となる．ただし，比例係数は規格化条件から求めよ．これを使って $\langle R_{ij}^2 \rangle$ を計算し，それを（3）式に代入せよ．）

3.3 高分子鎖の排除体積効果

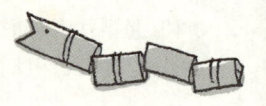

Keywords 排除体積，排除体積効果，膨張因子，Θ状態，Flory 指数

要点 高分子を溶かしやすい良溶媒中では，高分子鎖に沿って遠く離れた繰返し単位の間に短距離の斥力が働く（右図参照）．そのため，ある一つの繰返し単位が占める領域に他の繰返し単位が入り込めない．一つの繰返し単位が他を排除するという意味で，入り込めない領域の体積を**排除体積**とよび，それが高分子鎖の広がりに及ぼす影響を**排除体積効果**と呼ぶ．

排除体積のない"理想鎖"の平均二乗両端間距離を $\langle R^2 \rangle_0$，平均二乗回転半径を $\langle S^2 \rangle_0$ とすると，排除体積効果の影響を受けた"実在鎖"の $\langle R^2 \rangle$ と $\langle S^2 \rangle$ はつぎのようになる（前節までの表記法と異なるので注意）．

$$\langle R^2 \rangle = \alpha_R^2 \langle R^2 \rangle_0, \quad \langle S^2 \rangle = \alpha_S^2 \langle S^2 \rangle_0 \quad (1)$$

図1 溶媒中の高分子鎖
溶媒分子の分布について均した均一媒体中に浮かぶ高分子鎖を考えた場合，繰返し単位の間には平均力ポテンシャル（太い赤矢印）が働く．

高分子鎖の広がりが膨張した度合を表す α_R と α_S は，**膨張因子**と呼ばれる．α_S の分子量依存性に関して多くの理論があるが，分子量 M が非常に大きいときの屈曲性高分子に対する理論の一つである Flory 理論の結果は次のように整理できる（Flory 理論では，$\alpha_R = \alpha_S$）．

$$\alpha_S^5 - \alpha_S^3 \propto (1 - \Theta/T) M^{1/2} \quad (2)$$

ここで∝は比例関係を表す．溶液の絶対温度 T が Θ に等しいとき $\alpha_S = 1$ となり，高分子鎖は 3・1 節と 3・2 節で考えたような排除体積のない"理想鎖"として振舞う．このとき，高分子鎖は**Θ状態**にあるという．高分子を溶かしにくい貧溶媒を用いると，ある温度でそのような状態が実現でき，その温度を Θ 温度あるいは Θ 点と呼ぶ．良溶媒あるいは $T > \Theta$ の貧溶媒中では $\alpha_S > 1$ となり，$M \to \infty$ の極限で次の漸近的な関係式が成立することが知られている．

$$\lim_{M \to \infty} \langle S^2 \rangle^{1/2} \propto M^{0.6} \quad (3)$$

この分子量の指数 0.6 は **Flory 指数**と呼ばれ，(3) 式は他の理論や多くの実験によって確かめられている．

例題1 1本の実在鎖を，図に示すように，直径が $\langle R^2 \rangle^{1/2}$ の球の中に閉じ込めら

れた実在気体と見なし，この実在気体が次のファンデルワールスの状態方程式に従うとする．

$$(P+an^2/V^2)(V-nb) = nk_BT \tag{4}$$

ここで，P は圧力，V は体積，n は気体分子数（＝モノマー単位数），k_B はボルツマン定数，T は絶対温度で，a は気体分子間の引力の強さを，b は気体分子の排除体積を表す．いま，$a=b=0$ の理想気体の体積を V_0 とし，膨張因子 α_V を $\alpha_V^3 \equiv V/V_0$ で定義するとき，α_V が次の式の形で表せることを示せ．

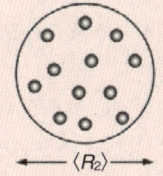

$$\alpha_V^3 = 1 + b\rho(1-\Theta/T) \tag{5}$$

ただし，$\rho \equiv n/V$ は気体の密度を表し，$\rho \ll 1$ と仮定する．

■**解　答**■　(4) 式を次のように変形し（Box 5 の級数展開参照），

$$PV = \frac{nk_BT}{1-b\rho} - na\rho \approx nk_BT\left[1+\left(b-\frac{a}{k_BT}\right)\rho\right] = nk_BT\left[1+\left(1-\frac{a}{bk_BT}\right)b\rho\right]$$

$V_0 = nk_BT/P$，$\Theta \equiv a/bk_B$ を代入すると (5) 式が得られる（上式の ≈ は近似的に成立することを意味する）．

■**解　説**■　これからわかるように，Θ はモノマー単位間の引力と斥力のバランスで決まるパラメーターである．

例題 2　前問と同様に，高分子鎖を球の中に閉じ込められた実在気体と見なす．ただし，ここでは議論を簡単にするために，球の直径は $\langle R^2\rangle_0^{1/2}$（理想鎖の平均両端間距離）とする．この球内で気体分子（モノマー単位）が衝突する頻度 N の分子量 M 依存性を求めよ．

■**解　答**■　各気体分子が他の分子と衝突する確率は，気体の密度 $\rho_0 = n/V_0$ に比例する．したがって，すべての気体分子が衝突する頻度 N は，$n\rho_0 = n^2/V_0$ に比例するはずである．$V_0 \propto \langle R^2\rangle_0^{3/2} \propto n^{3/2}$ より，

$$N \propto n^2/V_0 \propto n^{1/2} \propto M^{1/2} \tag{6}$$

すなわち，高分子量ほど衝突頻度は高く，排除体積効果は重要となる．

■**解　説**■　d 次元空間に存在するガウス鎖の場合には，$V_0 \propto n^{d/2}$ より，$N \propto n^{2-d/2}$ となり，次元が高いほど衝突頻度は低くなる．仮想的な 4 次元空間では，衝突頻度が高分子量でも増加せず，排除体積効果は重要でないことが知られている．

―― **演習問題** ――

問題 A 1　次ページの図はシクロヘキサン中 34.5 ℃ ならびにトルエン中 15.0 ℃ におけるアタクチックポリスチレン（aPS）の $\langle S^2\rangle/x_w$ 対 x_w の両対数プロットである．こ

の図に関する以下の問1），2）に答えよ．

1）白丸，黒丸はそれぞれどちらの溶媒中の結果であるかを理由とともに答えよ．

2）x_w が小さくなると二つの溶媒中における $\langle S^2 \rangle$ の値はほぼ一致しているが，その理由を答えよ．

問題 A2 $T \neq \Theta$ の条件で，排除体積効果を消す方法を考えよ．

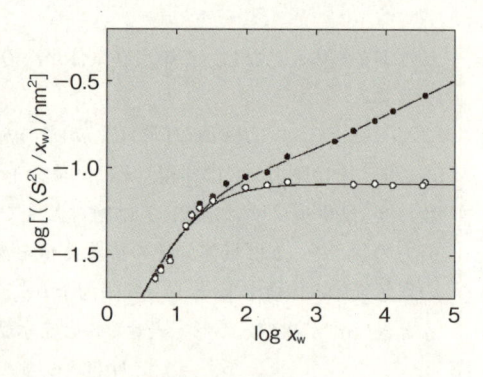

問題 B1 環状屈曲性高分子鎖は線状鎖よりも排除体積効果の影響が大きいが，その理由を定性的に説明せよ．（**ヒント**：3・2 節の問題 C3 の結果を利用せよ．）

問題 C1 $M \to \infty$ の極限で，(2) 式から (3) 式が得られることを証明せよ．

関連項目 3・1 節，3・2 節，3・4 節

3・4 屈曲性高分子と剛直性高分子

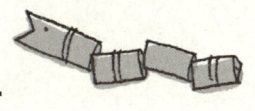

Keywords　屈曲性高分子，ランダムコイル，剛直性高分子，みみず鎖，持続長

要点　合成高分子の多くは C–C 単結合が連なった骨格をもつ（3・1 節参照）．このような高分子は置換基があまり大きくない場合，熱運動によって結合まわりの分子内回転が起きやすい．そのため形態が容易に変化する．この種の高分子は折れ曲がりやすいという意味で**屈曲性高分子**と呼ばれ，不規則な形態をとる屈曲性高分子鎖を**ランダムコイル**と呼ぶ．排除体積効果（3・4 節参照）を考えない場合，線状屈曲性高分子のモデルとしてガウス鎖が用いられる．3・1 節で述べたように，ガウス鎖を特徴づけるパラメーターは Cnl^2 で，これが同じであれば同じ平均二乗両端間距離 $\langle R^2 \rangle$ と平均二乗回転半径 $\langle S^2 \rangle$，および $\boldsymbol{R}$ の分布関数 $P(\boldsymbol{R})$ を与える．

典型的な線状屈曲性高分子の実例として，アタクチックポリスチレン（aPS，ラセモ分率（ラセモ 2 連子の割合）$[r]=0.59$，2・1 節参照）とアタクチックポリ（α-メチルスチレン）（aPαMS，$[r]=0.72$），アタクチックポリメタクリル酸メチル（aPMMA，$[r]=0.79$），イソタクチックポリメタクリル酸メチル（iPMMA，$[r]=0.01$）の $\langle S^2 \rangle$ に関する結果を図 1 に示す（ただし排除体積効果のない Θ 状態での結果）．重量平均重合度 x_w は主鎖の結合数 n に比例するので，縦軸の $\langle S^2 \rangle / x_w$ は $\langle S^2 \rangle / n$ に比例する．いずれの場合も x_w が 300 ぐらいから $\langle S^2 \rangle / n$ の値は一定となり，その領域の $\langle S^2 \rangle / n$ の挙動に関する限りはガウス鎖で記述できることがわかる．x_w が小さくなると $\langle S^2 \rangle / n$ の挙動を説明するには，実在する高分子鎖の化学構造，すなわち剛直性を考慮した高分子モデルが必要となる．上に挙げた PS と PαMS，PMMA の繰返し単位当たりの分子量は 100 程度であるから，屈曲性高分子でも分子量が数万以下になるとガウス鎖では説明できなくなる．

低分子量域の屈曲性高分子とともに，らせん高分子などの**剛直性高分子**や半屈曲性高分子はガウス鎖モデルでは記述できない．ガウス鎖から剛直な棒までをカバーする一般的なモデル鎖として**みみず鎖**モデルがある．これは高分子鎖を曲げ変形に対して弾性力を生じる連続曲線で表すモデルで，鎖の全長 L と剛直性を表す**持続長** q という二つのパラメーターで特徴づけられる（みみず鎖モデルには別の定義もある．問題 C1 参照）．みみず鎖の全長 L は，らせん高分子の場合，らせん軸の長さと一致させる．高分子鎖の大きさを表す基本量である平均二乗両端間距離 $\langle R^2 \rangle$ と平均二乗回転半径 $\langle S^2 \rangle$ は，みみず鎖では，それぞれ次式で表される．

$$\langle R^2 \rangle = 2qL - 2q^2(1-\mathrm{e}^{-L/q}), \quad \langle S^2 \rangle = \frac{1}{3}qL - q^2 + \frac{2q^3}{L}\left[1 - \frac{q}{L}\left(1-\mathrm{e}^{-L/q}\right)\right] \quad (1)$$

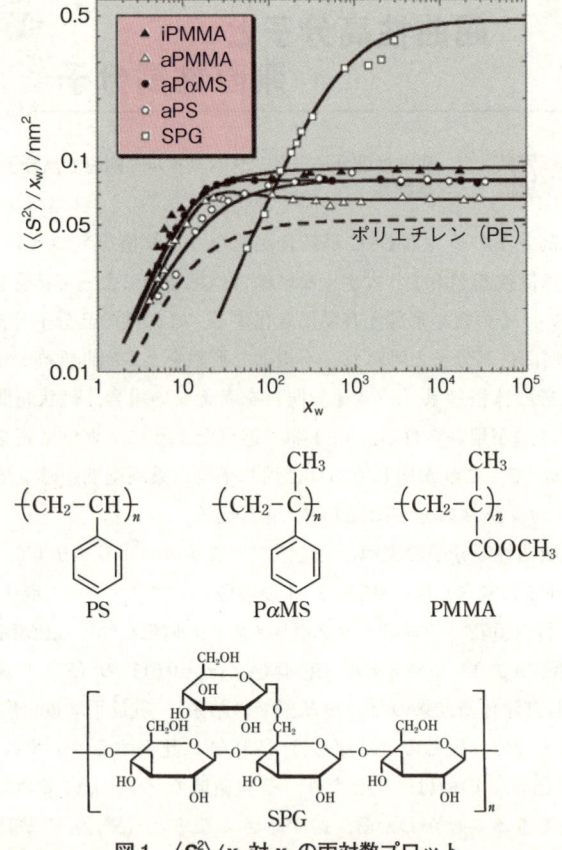

図1 $\langle S^2 \rangle / x_w$ 対 x_w の両対数プロット

みみず鎖の全長 L は高分子の分子量 M から計算されるので，M の異なる高分子試料について $\langle S^2 \rangle$ を測定し，上式と比較することにより，その高分子の q が決定される．図1に，剛直性高分子の例として水溶液中で三重らせん構造をとるシゾフィラン（SPG）の $\langle S^2 \rangle / x_w$ 対 x_w の両対数プロットも示す．x_w が約 1,000 以下のデータは，傾きが1の直線に従っている．これは，$\langle S^2 \rangle \propto x_w^2$ なる関係の成立，すなわちシゾフィラン三重らせんが棒状分子として存在していることを示している（3・2節の (5) 式または (6) 式を参照）．しかし，$x_w \gtrsim 1,000$ でのシゾフィランのデータ点は，傾き1の直線から下にずれており，三重らせんの屈曲性の効果が現れている．図中のシゾフィランに対する実線は，(1) 式に $q = 150$ nm，$L = (0.3$ nm$) \times x_w$ を代入して計算した．

例題 1 (1) 式で与えられるみみず鎖モデルに対する $\langle R^2 \rangle$ と $\langle S^2 \rangle$ の q がゼロおよび無限大の極限での漸近式を求めよ．

■解　答■　$q \to \infty$ の極限では，$e^{-L/q} = 1 - L/q + L^2/2q^2 + \cdots$ と展開をして（Box 5 参照），

$$\langle R^2 \rangle \to L^2, \quad \langle S^2 \rangle \to \frac{1}{12}L^2 \quad (q \to \infty) \tag{2}$$

したがって，みみず鎖は全長が L の棒状分子に漸近する．逆に，q がゼロの極限では，$e^{-L/q} = 0$，q^2 以上の項を q^1 の項に対して無視すると，

$$\langle R^2 \rangle \to 2qL, \quad \langle S^2 \rangle \to \frac{1}{3}qL \quad (q \to 0) \tag{3}$$

すなわち，みみず鎖は結合数が $n = L/2q$，平均二乗両端間距離が $\langle R^2 \rangle = (2q)^2 n$ のガウス鎖と一致する．

■解　説■　$2q$ を Kuhn の統計セグメント長，$L/2q$ を Kuhn の統計セグメント数と呼ぶ．$2q$ はガウス鎖の結合長に対応する．上記の極限操作は，q を一定にして L （あるいは Kuhn の統計セグメント数）をゼロあるいは無限大にしても同じ結果が得られる．

> **例題 2**　ポリエチレンの結合長 l は 0.154 nm，モノマー単位当たりの経路長 h は 3・1 節の例題 1 より，$h = 2 \times 0.153 \text{ nm} \times \sin(109.5°/2) = 0.252 \text{ nm}$ であり，特性比 C は 6.7 である．これらの数値と（1）式を使い，ポリエチレンに対する $\langle S^2 \rangle / x$ 対 x の両対数プロットを描け．ただし，x はエチレンユニットの重合度とする．

■解　答■　まず，x を用いて全経路長 $L = hx$，結合数 $n = 2x$ と表され，$x \to \infty$ ではガウス極限の式が使えて $\langle R^2 \rangle = 2qL = 2qhx = Cnl^2 = C \cdot 2xl^2$（3・1 節の（3）式参照），すなわち $q = Cl^2/h = 0.63$ nm．この q の値と $L = (0.252 \text{ nm}) \times x$ を（1）式に代入して $\langle S^2 \rangle$ を計算すると，図 1 中の破線が得られる．

■解　説■　$\langle S^2 \rangle / x$ は，x の増加に伴って単調に増加して一定値（$= qh/3$）に漸近している．これに対して，aPαMS や aPMMA のデータ点は，中間の重合度で極大をとっている．この挙動は，みみず鎖では表せず，これらの高分子鎖のエネルギー最安定状態が全トランス状態ではなく，ある規則的ならせん状態であることを示している．このようならせん状態が最安定な鎖は，みみず鎖をさらに一般化したらせんみみず鎖モデルで表すことができる．このモデルについては，"基礎高分子科学" の 3・1 節を参照されたい．

> **例題 3**　ヒトの遺伝情報を担っているデオキシリボ核酸（DNA）は，巨視的長さをもつ二重らせん高分子で，太さ（直径）が 2 nm，水溶液中での持続長 q は 60 nm である．いま全長 $L = 3$ cm のヒト DNA があるとする．排除体積効果は働かないとして，このヒト DNA の回転半径を求めよ．また，この DNA 鎖が隙間なく球状に凝集した状態でのサイズを求め，凝集していないときのサイズと比較せよ．

■解　答■　（1）式から，この DNA の回転半径 $\langle S^2 \rangle^{1/2}$ は，$24{,}500 \text{ nm} = 24.5 \mu\text{m}$ と計算される．またこの DNA 1 本の体積は，$\pi \times (1 \text{ nm})^2 \times 3 \text{ cm} = 9.4 \times 10^7 \text{ nm}^3$，これが隙間

なく球状に凝集した状態の半径は，$(9.4 \times 10^7 \text{ nm}^3 \times 3/4\pi)^{1/3} = 280$ nm となる．DNA は，最も密に凝集すると，Θ状態のときよりも 100 分の 1 程度にまで縮むことができる．

■**解　説**■　DNA の二重らせんは，持続長が 1 nm 程度の屈曲性高分子よりもずっと剛直であるが，全長 L が非常に長いので，(1) 式から計算した回転半径は，ガウス鎖に対する式（$\langle S^2 \rangle = qL/3$；(3) 式参照）から計算した値とほとんど変わらない．高分子鎖の分子形態は，高分子鎖の剛直性を表す持続長ではなく，$L/2q$ で定義される Kuhn の統計セグメント数で決まり，$L/2q \gg 1$ のときにはガウス鎖と見なすことができる．

DNA は，細胞の中の核内に収容されている．細胞のサイズは 10 μm 程度，核はさらに小さいので，DNA が核内に収容されるためには，Θ状態よりもずっと縮んでいる必要がある．

演習問題

問題 A1　ポリイソブチレン ${+}\text{CH}_2{-}\text{C}(\text{CH}_3)_2{+}_{\bar{x}}$ の持続長 q は 0.635 nm である．これよりポリイソブチレンの特性比 C を求めよ．また，この値とポリエチレンの C とを比較して，ポリイソブチレンの側鎖のメチル基が，主鎖の内部回転ポテンシャルに影響を与えているか否かを議論せよ．

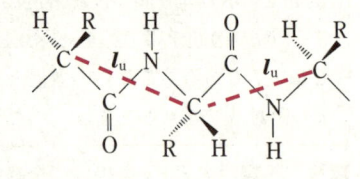

問題 A2　例題 3 のヒト DNA を構成している塩基対数を求めよ．ただし，DNA 二重らせんのヌクレオチド単位当たりのらせんピッチは 0.34 nm とする．

問題 B1　ポリペプチドは，ある溶媒中で主鎖中の CO 基と NH 基間で水素結合を形成して，剛直棒状の α らせん状態をとることができる．このとき，らせん軸に沿ったアミノ酸残基当たりのらせんピッチは 0.15 nm である．また，ポリペプチドは，溶媒条件によっては CO 基と NH 基間の水素結合が切れて，ランダムコイル状態として存在する．このときでも，主鎖中の CO-NH 結合は平面トランス状態に制限されており，自由な内部回転が行えない．したがって，ランダムコイル状態のポリペプチドの分子形態は，通常，図中に赤の破線で示した C^α 間を結んだ仮想的な結合 l_u を使って議論される．その結合長 l_u は 0.38 nm である．この l_u を用いて定義された特性比 C は，たとえばポリ（L-アラニン）では 9.0 と報告されている．重合度が 50 と 1,000 のポリ（L-アラニン）が，それぞれ α らせん状態とランダムコイル状態をとるときの回転半径 $\langle S^2 \rangle^{1/2}$ を求めよ．また，α らせん状態とランダムコイル状態の $\langle S^2 \rangle^{1/2}$ が一致する重合度を求めよ．ただし，分子内排除体積効果は無視できるとする．

問題 B2　ある剛直性高分子の分子量の異なる試料について，分子量 M と $\langle S^2 \rangle^{1/2}$ を測定して，右の表の結果を得た．これらのデータから $\langle S^2 \rangle^{1/2}$ と M の両対数プロットをつくり，(1) 式がこのデータ点と最も一致するような持続長 q と単位長さ当たりの

3・4 屈曲性高分子と剛直性高分子

分子量 M_L ($=M/L$) の値を探せ．また，得られた結果から，この高分子のモノマー単位当たりの分子量を 200 とすると，モノマー単位当たりの経路長はいくらになるかを求めよ．（ヒント：適切な q と M_L を求める手順としては，まず低分子量のデータから最適な M_L を決め，その後に高分子量のデータと一致するように q を決定するとよい．場合によっては，q を決めた後に，再度最適な M_L を決めなおし，その後に q も決めなおす操作が必要になる．）

$M/10^4$	$\langle S^2 \rangle^{1/2}/\mathrm{nm}$
1.4	4
2	5.7
4	11
7	19
21	50
80	140
240	270

問題 C1　O. Kratky と G. Porod は，結合数 n，結合長 l，結合角の補角 θ の自由回転鎖モデルから出発して，$L \equiv nl$ と $q \equiv l/(1+\cos\theta)$ を一定にしながら，$n \to \infty$, $l \to 0$, $\theta \to 0$ なる極限操作を行ってみみず鎖モデルを定義した．3・1 節の自由回転鎖に対する $\langle R^2 \rangle$ の表式（(5′) 式を (5) 式に代入した式）が，この極限操作によりみみず鎖に対する (1) 式になることを示せ．（ヒント：次の極限値 $\lim_{t \to -\infty}(1+1/t)^t = e$ を利用せよ．）

問題 C2　重合度が 500 のある合成ポリペプチドが，25℃の溶液中では剛直棒状の α らせんとして存在し，温度を 65℃まで上昇させると，らせん構造が完全に壊れてランダムコイル状態となるとする．中間のある温度では，おのおの 100 残基からなる二つの α らせん部分と三つのランダムコイル部分（コイル部分の合計残基は 300）が交互に連結した形態をとるとする（下図参照）．

らせん部分を（長い）一つの結合とみなし，らせんの結合およびコイル部分のすべての結合間にはまったく向きの相関がないとして（すなわち，問題 B1 中の特性比 C も 1 として），この形態に対する $\langle R^2 \rangle^{1/2}$ の値を求め，完全らせん状態および完全コイル状態の $\langle R^2 \rangle^{1/2}$ と比較せよ．ただし，残基当たりのらせんピッチ h とコイル状態での残基の仮想結合の長さ l_u は，問題 B1 と等しいとせよ．

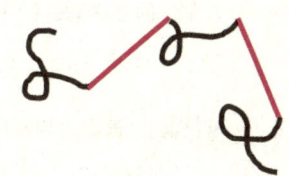

関連項目　4・4 節

3・5 高分子溶液の熱力学的性質

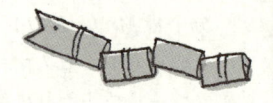

Keywords 混合ギブズエネルギー，混合エントロピー，混合エンタルピー，相互作用パラメーター，浸透圧，第二ビリアル係数

要点 高分子溶液の熱力学的性質は，分子量測定や溶液中での高分子間の相互作用を実験的に調べるうえで重要である．また，高分子の溶解性や相分離現象を理解するための基礎となる．高分子溶液で最も基本的な熱力学的物理量は，高分子溶液のギブズエネルギー G 自体ではなく，それから純溶媒成分のギブズエネルギー G_1° と純高分子成分のギブズエネルギー G_2° を差し引いた**混合ギブズエネルギー** $\Delta_\mathrm{m} G$ と，それをさらに分解した**混合エントロピー** $\Delta_\mathrm{m} S$ および**混合エンタルピー** $\Delta_\mathrm{m} H$ である．

$$\Delta_\mathrm{m} G \equiv G - G_1^\circ - G_2^\circ = \Delta_\mathrm{m} H - T \Delta_\mathrm{m} S \tag{1}$$

ここで，T は絶対温度である．

$\Delta_\mathrm{m} G$ は，統計力学によって定式化される．そのために，図1に示すような格子モデルがよく用いられる．図中，白玉が溶媒分子，黒玉が高分子のモノマー単位を表す．このモデルに基づいて，P. Flory と M. Huggins は，溶媒 n_1 モルと重合度 P の屈曲性高分子（溶質）n_2 モルを混合したときの $\Delta_\mathrm{m} G$ を次のように表した（例題2と問題C1参照）．

$$\Delta_\mathrm{m} G = RT[n_1 \ln \phi_1 + n_2 \ln \phi_2 + \chi(n_1 + Pn_2)\phi_1 \phi_2] \tag{2}$$

式中，R は気体定数，ϕ_1 と ϕ_2 はそれぞれ溶媒と溶質の体積分率である．溶媒分子とモノマー単位が同じ体積をもつと仮定すると，ϕ_1 と ϕ_2 は次式で表される．

$$\phi_1 = \frac{n_1}{n_1 + Pn_2}, \quad \phi_2 = \frac{Pn_2}{n_1 + Pn_2} \tag{3}$$

また，χ は溶質-溶媒の相互作用の強さを表す**相互作用パラメーター**である．(2) 式の右辺で，χ の掛かった項が $\Delta_\mathrm{m} H$ に，それ以外の項が $\Delta_\mathrm{m} S$ に由来する項である．なお，格子モデルでは混合の前後での体積変化はないと仮定しているので，$\Delta_\mathrm{m} H$ は混合内部エネルギー $\Delta_\mathrm{m} U$ と等しく，$\Delta_\mathrm{m} G$ は混合ヘルムホルツエネルギー $\Delta_\mathrm{m} A$ と等しい．

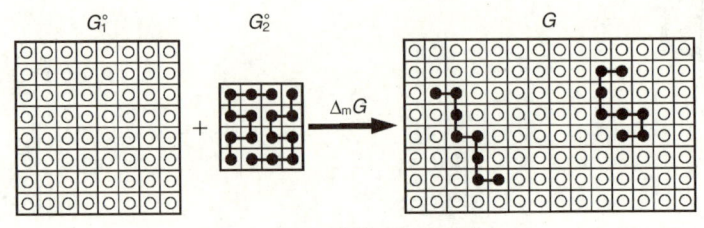

図1 高分子溶液の格子モデル

(2) 式を n_1, n_2 で微分すると，それぞれ次式で与えられる溶媒と溶質の化学ポテンシャルを得る．

$$\mu_1 = \mu_1^\circ + RT[\ln(1-\phi_2) + (1-P^{-1})\phi_2 + \chi\phi_2^2] \tag{4}$$

$$\mu_2 = \mu_2^\circ + RT[\ln\phi_2 - (P-1)(1-\phi_2) + P\chi(1-\phi_2)^2] \tag{5}$$

ここで上付きの ○ は純成分に対する値を表す．また，高分子溶液の**浸透圧** Π は，溶媒の化学ポテンシャル μ_1 とモル体積 V_1 を用いて，$\Pi = (\mu_1^\circ - \mu_1)/V_1$ と表される．これに (3) 式を代入すると，高分子溶液の浸透圧 Π として次式を得る．

$$\Pi/RT = -(1/V_1)[\ln(1-\phi_2) + (1-P^{-1})\phi_2 + \chi\phi_2^2] \tag{6}$$

いま，モノマー単位が溶媒分子と同じ体積をもつと仮定しているので，高分子のモル体積は PV_1 となり，高分子の分子量と質量濃度をそれぞれ M と c とすると，溶質の体積分率 $\phi_2 = PV_1c/M$ なる関係が得られる．よって，(6) 式の c による展開（ビリアル展開という）は，

$$\frac{\Pi}{RT} = \frac{1}{M}c + \left(\frac{1}{2}-\chi\right)\frac{V_1}{M_0^2}c^2 + \frac{V_1^2}{3M_0^3}c^3 + \cdots \tag{7}$$

となる（Box 5 参照）．ここで，M_0 はモノマー単位のモル質量（$=M/P$）である．これより，Π/cRT は濃度ゼロの極限で M^{-1} を与えることがわかる．また，ビリアル展開式の c^2 の係数を**第二ビリアル係数** A_2 と呼ぶ．(7) 式から，A_2 は次のように表される．

$$A_2 = \frac{V_1}{M_0^2}\left(\frac{1}{2}-\chi\right) \tag{8}$$

3・4 節で述べた排除体積効果は，1 本の高分子鎖内のモノマー単位同士の相互作用に起因するのに対し，第二ビリアル係数 A_2 は 2 本の高分子鎖に属すモノマー単位間の相互作用に起因する "分子間" 排除体積効果を反映する．

例題 1 格子モデルを利用した統計力学では，溶液の配置エントロピー S は溶媒分子と溶質分子を格子部屋に配置する場合の数 Ω を使って，以下のボルツマンの式から計算される．

$$S = k_B \ln \Omega \tag{9}$$

（k_B はボルツマン定数）．それぞれ N_1 個と N_2 個の成分 1 と 2 からなる低分子混合系に対するモデルとして，N_1 個の白玉と N_2 個の黒玉で満たされた格子部屋を考える．玉の配置方法の総数 Ω を求め，系のエントロピー S を求めよ．ただし，格子部屋の総数は $L = N_1 + N_2$，成分 1 と 2 のモル分率をそれぞれ x_1, x_2 とする（$x_i = N_i/(N_1 + N_2)$）．また，混合エントロピー $\Delta_m S$ はどのように表されるか．（**ヒント**： Stirling の近似式（$\ln N! \approx N\ln N - N$）を利用せよ．）

■**解　答**■　溶質が低分子の場合，N_2 個の黒玉を L 個の格子部屋に配置する方法の総数は，L 個の格子部屋から N_2 個を選び出す組合わせに等しいので（N_2 個の黒玉は区別

できないとする).

$$\Omega = {}_LC_{N_2} = L!/N_1!N_2!$$

(9) 式に代入して，Stirling の近似式を利用すると次式を得る．

$$\begin{aligned} S/k_B &= \ln(L!/N_1!N_2!) = L\ln L - L - N_1\ln N_1 + N_1 - N_2\ln N_2 + N_2 \\ &= -(N_1\ln x_1 + N_2\ln x_2) = -N_A(n_1\ln x_1 + n_2\ln x_2) \end{aligned} \quad (10)$$

ここで，N_A はアボガドロ定数，n_1 と n_2 は成分 1 と 2 の物質量である．また，混合前では成分 1 と成分 2 は，それぞれ白玉と黒玉のみからなり，配置の仕方はそれぞれ 1 通りしかないので，純状態での配置エントロピーはどちらもゼロとなり，$\Delta_m S = S$ である．

■**解　説**■　高分子溶液の場合の $\Delta_m S$ の計算方法は，問題 C1 で議論されるが，低分子溶液に対する上式の x_1 を ϕ_1 に，x_2 を ϕ_2 に置き換えた式で与えられる．(2) 式の右辺括弧内の 1 項目と 2 項目がその $\Delta_m S$ に対応する項である．

例題 2　高分子溶液の混合エンタルピー $\Delta_m H$ は，図 1 に示すような格子モデルを使うと，高分子鎖を構成しているモノマー単位（図中の黒丸）と溶媒分子（図中の白丸）の平均接触数（隣接格子部屋に配置された数）p_{12} を使って，

$$\Delta_m H = \Delta w_{12} p_{12} \quad (11)$$

から計算される．ここで Δw_{12} は，1 対の溶媒分子，1 対のモノマー単位，および溶媒分子とモノマー単位の接触によるポテンシャルエネルギーをそれぞれ w_{11}, w_{22}, w_{12} として，$\Delta w_{12} \equiv w_{12} - (w_{11} + w_{11})/2$ で定義される配置交換に伴うエネルギー差である．この式を利用して，(2) 式右辺の最後の項を導け．ただし，最近接格子点数を z とし，$\chi \equiv z\Delta w_{12}/k_B T$ と定義する．

■**解　答**■　モノマー単位は全部で PN_2 個で，着目する各モノマー単位が存在する格子点に隣接する最近接格子点は z 個ある．任意の格子点が溶媒分子で占められている確率は ϕ_1 に等しいので，モノマー単位と溶媒分子が接触している平均数 $p_{12} = zPN_2\phi_1 = zPN_A n_2 \phi_1$ となり，(11) 式より，

$$\Delta_m H = \Delta w_{12} z P N_A n_2 \phi_1 = RT\chi P n_2 \phi_1 = RT\chi(n_1 + Pn_2)\phi_1\phi_2 \quad (12)$$

例題 3　第二ビリアル係数 A_2 は，3・4 節の膨張因子 α_S と密接に関係している．格子モデルを用いない，より一般的な溶液論では，A_2 は次のように表される（"基礎高分子科学" 参照）．

$$A_2 = \frac{N_A u}{2M^2} \quad (13)$$

ここで u は，3・3 節のモノマー単位間の排除体積に対応する，2 本の高分子鎖間の排除体積を表す．この式に関して以下の問に答えよ．

1) 2 本の高分子鎖が接近したときに，最大 1 箇所でしか同時には相互作用しな

いと仮定すると（単一接触近似；右図参照），u は2本の高分子鎖で相互作用しうるモノマー単位対の総数と1対のモノマー単位間の排除体積の大きさの積で与えられる．後者は3・3節で出てきた排除体積の強さの因子 $(1-\Theta/T)$ を用いて $\beta_0(1-\Theta/T)$ で表されるとして（β_0 は比例定数），u はどのような関係式で表されるか．

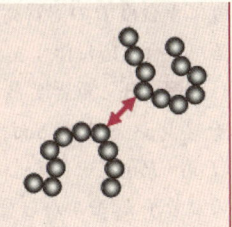

2）前問1）で求めた u を (13) 式に代入し，それを (8) 式と比較して，Θ と Δw_{12} の関係を求めよ．ただし，$\beta_0 = V_1/N_A$ とせよ．

■**解　答**■　1）2本の高分子鎖に属するモノマー単位間で相互作用しうる対の総数は P^2 である．したがって，

$$u = \beta_0(1-\Theta/T)P^2 \tag{14}$$

2）(14) 式と (13) 式から，$A_2 = N_A\beta_0(1-\Theta/T)/2M_0^2$ が得られ，これを (8) 式と比較すると

$$\Theta/T = 2\chi = 2z\Delta w_{12}/k_BT \rightarrow k_B\Theta = 2z\Delta w_{12} \tag{15}$$

■**解　説**■　第二ビリアル係数は，2本の高分子間の排除体積効果によって生じる．3・3節で述べたように分子内排除体積効果は $T=\Theta$ で消失する．同一温度で，$A_2=0$ となり，c^3 以上の高次項が無視できる濃度範囲では，(7) 式は van't Hoff の式を与える．

演習問題

問題 A1　高分子溶液の $\Delta_m G$ が (2) 式で与えられるとき，以下の問に答えよ．

1）この溶液中の溶媒の化学ポテンシャル μ_1 が，(4) 式で与えられることを確かめよ．

2）この溶液中の高分子の化学ポテンシャル μ_2 が，(5) 式で与えられることを確かめよ．

3）溶液と平衡にある溶媒蒸気の化学ポテンシャル $\mu_{1,v}^\circ$ は溶液中の μ_1 と等しいことを利用して，温度 T における溶液の溶媒蒸気圧 p と純溶媒の蒸気圧 p° との比の式を求めよ．ただし，$\mu_{1,v}^\circ$ の圧力依存性は，$\mu_{1,v} = \mu_{1,v}^\circ(p^\circ) + RT\ln(p/p^\circ)$ で表されるとする．

問題 A2　1）重合度 P の溶質高分子 n_2 モルと溶媒 n_1 モルを混合した際の $\Delta_m S$ は，

$$\Delta_m S = -R(n_1\ln\phi_1 + n_2\ln\phi_2) \tag{16}$$

で表される．これに対して，Pn_2 モルの低分子の溶質と n_1 モルの溶媒を混合したときの $\Delta_m S$ は，どのような式で表されるか．（**ヒント**：低分子溶液に対する $\Delta_m S$ は，(10) 式で与えられる．これは，(3) 式中の $P=1$ とした体積分率を (16) 式に代入した式と一致する．）

2）Pn_2 モルのモノマーと n_1 モルの溶媒からなるモノマー溶液中で重合反応が起こ

り，重合度 P の溶質高分子 n_2 モルと n_1 モルの溶媒からなる高分子溶液となったとする．重合反応に伴う $\Delta_m S$ の変化量を求めよ．

問題 A3 重合度 P_1 の高分子 n_1 モルと，重合度 P_2 の高分子 n_2 モルを混合した高分子ブレンドの $\Delta_m S$ は，(16) 式中の体積分率に，$\phi_1 = P_1 n_1/(P_1 n_1 + P_2 n_2)$，$\phi_2 = P_2 n_2/(P_1 n_1 + P_2 n_2)$ を代入した式で与えられる．これと，$P_1 n_1$ モルの低分子溶媒と重合度 P_2 の高分子 n_2 モルからなる高分子溶液の $\Delta_m S$ は，どちらが大きいか．また，問題 A2 とこの問題の結果から，2 種類の低分子，低分子と高分子，2 種類の高分子の溶解性は，$\Delta_m S$ の観点からはどのような順になっているといえるか．

問題 B1 例題 3 で高分子鎖間の多重接触効果を考慮に入れると，良溶媒中での屈曲性高分子鎖に対する u は $\langle S^2 \rangle^{3/2}$ に比例する．このとき，良溶媒中での A_2 はどのような分子量 M 依存性をもつか．(ヒント：3・3 節の (3) 式を利用せよ．)

問題 C1 例題 1 を参考にして，Flory-Huggins 理論の $\Delta_m S$ の表式，(16) 式を導出せよ．

関連項目 3・3 節，4・7 節

3・6 高分子溶液の相平衡

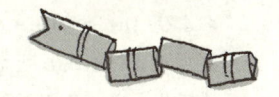

Keywords　相平衡，バイノーダル曲線，臨界点

要点　熱平衡状態にある系では，異なる濃度（密度）の複数の相が共存することがある．このように複数の相が共存することを**相平衡**と呼ぶ．系が相平衡状態にあるための条件は，共存している相 α と β の成分 $i\,(=1,2,\cdots)$ の化学ポテンシャルに関して，

$$\mu_i^\alpha = \mu_i^\beta \tag{1}$$

が成立していることである．高分子溶液と溶媒蒸気相の相平衡を考えた3・5節の問題A1の3）は，この条件を先取りして用いた（高分子は不揮発性なので，高分子成分に対して（1）式を考える必要はない）．

高分子と貧溶媒の混合物系では，一般に温度を下げると濃度の異なる二つの溶液相に相分離する．図1に，高分子-貧溶媒系の典型的な相図を示す．温度 $T=T_1$ では，高分子濃度 ϕ_2 がどんな値でも相分離は起こらないが，$T=T_3$ では $\phi_A<\phi_2<\phi_B$ であれば ϕ_A と ϕ_B の2相に分離する．共存する相の濃度と温度の関係を示す相図中の曲線を，**バイノーダル曲線**（双交曲線）と呼ぶ．また，図中の T_2 は相分離が起こり始める臨界温度で，このとき図中の ϕ_C で示した臨界組成の高分子溶液は，相分離は起こさないが，濃度ゆらぎの大きい特異的な状態になる．この相図上の ϕ_C と T_2 で与えられた点を**臨界点**と呼ぶ．

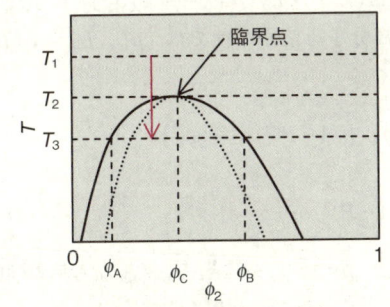

図1　高分子-貧溶媒系の相図

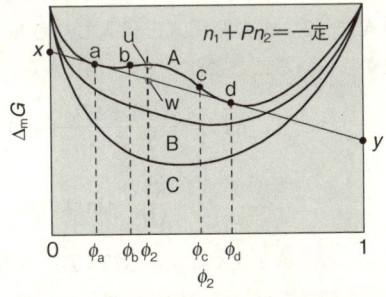

図2　混合ギブズエネルギーの濃度依存性

図1に示した相図は，混合ギブズエネルギー $\Delta_m G$（3・5節参照）と密接に関係する．たとえば，3・5節の（2）式で与えられる $\Delta_m G$ の ϕ_2 依存性を図2に示す．ただし，n_1+Pn_2 を一定とした．図中のA, B, Cの3本の曲線は，異なる χ のときの結果である．これらの曲線の接線と $\phi_2=0$, 1の縦軸との切片 x, y は，それぞれ $(\mu_1-\mu_1^\circ)(n_1+Pn_2)$

および $(\mu_2-\mu_2^\circ)(n_1+Pn_2)/P$ を与える(問題 C1 参照).図 2 に示した共通接線の二つの接点 a, d の組成 ϕ_a と ϕ_d では,したがって同一の化学ポテンシャル μ_1 と μ_2 をもち,(1) 式で与えられる相平衡条件を満たす.すなわち,図 2 の ϕ_a と ϕ_d が,図 1 の ϕ_A と ϕ_B に一致する.図 2 の曲線 C のように共通接線が引けない場合には,相分離は起こらない(図 1 の $T>T_2$ の温度領域に対応する).共通接線が引けるためには,その曲線が変曲点 $\partial^2 \Delta_m G/\partial \phi_2^2=0$ を二つもつ必要がある.また,図中の曲線 B は二つの変曲点が一つに重なったときの曲線で,重なった変曲点が図 1 の (ϕ_c, T_2) で与えられる臨界点である.

3・5 節の (2) 式で与えられる $\Delta_m G$ の ϕ_2 依存性から図 1 に示すような相図を描くには,χ と T の関係が必要である.Flory-Huggins 理論では,$\chi \equiv z\Delta w_{12}/k_B T$ で定義され,Δw_{12} に温度依存性がなければ両者は逆比例の関係にある.

例題 1 沸点が T_b の揮発性溶媒に高分子を濃度 ϕ_2 だけ溶かすと,沸点が ΔT_b だけ上昇した.(1) 式と 3・5 節の (4) 式を利用して,この沸点の変化 ΔT_b を求めよ.ただし,純溶媒の温度 $T_b+\Delta T_b$ における蒸気相と液相中での化学ポテンシャル(すなわちモルギブズエネルギー)は,両相のモルエントロピーをそれぞれ $\bar{S}_{1,v}^\circ$,$\bar{S}_1^\circ$ として,

$$\mu_{1,v}^\circ(T_b+\Delta T_b) = \mu_{1,v}^\circ(T_b) + \bar{S}_{1,v}^\circ \Delta T_b, \quad \mu_1^\circ(T_b+\Delta T_b) = \mu_1^\circ(T_b) + \bar{S}_1^\circ \Delta T_b \quad (2)$$

で与えられるとする.また,$T_b \gg \Delta T_b$ と仮定し,純溶媒のモル蒸発熱を $\Delta \bar{H}_{vap}^\circ$ とせよ.

■**解　答**■ (1) 式と 3・5 節の (4) 式より,

$$\mu_{1,v}^\circ(T_b+\Delta T_b)$$
$$= \mu_1^\circ(T_b+\Delta T_b) + R(T_b+\Delta T_b)[\ln(1-\phi_2)+(1-P^{-1})\phi_2+\chi\phi_2^2] \quad (3)$$

この式に (2) 式の関係式を代入し,さらに高分子を溶かす前では,$\mu_{1,v}^\circ(T_b)=\mu_1^\circ(T_b)$ が成立していることより,上式 (3) から,

$$\Delta T_b = \frac{R(T_b+\Delta T_b)}{\bar{S}_{1,v}^\circ - \bar{S}_1^\circ}[\ln(1-\phi_2)+(1-P^{-1})\phi_2+\chi\phi_2^2]$$

$$\approx \frac{RT_b^2}{\Delta \bar{H}_{vap}^\circ}[\ln(1-\phi_2)+(1-P^{-1})\phi_2+\chi\phi_2^2] \quad (4)$$

が得られる.第 2 式では $T_b+\Delta T_b \approx T_b$ と近似し,かつ $\bar{S}_{1,v}^\circ - \bar{S}_1^\circ = \Delta \bar{H}_{vap}^\circ/T_b$ なる熱力学的関係式を利用した(この関係式は,$\mu_{1,v}^\circ(T_b)=\mu_1^\circ(T_b)$ から導かれる).

例題 2 図 1 において,矢印で示すように,組成が ϕ_2 ($\phi_A<\phi_2<\phi_B$) の溶液を T_1 から T_3 まで下げて静置して,右図のように 2 相分離させた.以下の問に答えよ.

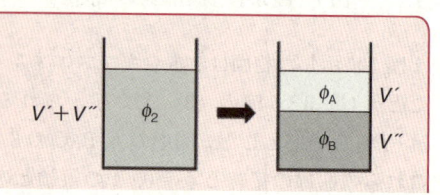

1）このとき濃厚相と希薄相の体積比 V''/V' を ϕ_A, ϕ_B, および ϕ_2 で表せ．ただし，相分離に伴う溶液全体の体積変化はないとする．

2）この相分離した高分子溶液に対する混合ギブズエネルギー（2相の和）を求めよ．ただし，体積が $V'+V''$ で高分子濃度が ϕ_2，ϕ_A，および ϕ_B の混合ギブズエネルギーを，それぞれ $\Delta_m G(\phi_2)$, $\Delta_m G(\phi_A)$，および $\Delta_m G(\phi_B)$ とせよ．

3）上の問2）の結果を利用して，図2の曲線Aの温度においては，$\phi_a < \phi_2 < \phi_d$ の濃度範囲で2相分離状態が1相状態よりも熱力学的に安定であることを説明せよ．

4）上の問3）と同様にして，$\partial^2 \Delta_m G / \partial \phi_2^2 < 0$ の条件では，1相状態が不安定で，溶液中で発生した濃度ゆらぎが増幅されて相分離が進行することを説明せよ．

■解　答■　1）物質保存則より，V' と V'' との間には次の関係が成立する．
$$\phi_2(V'+V'') = \phi_A V' + \phi_B V'' \tag{6}$$
この式を変形すると，次の関係式（てこの法則）が得られる．
$$V''/V' = (\phi_2 - \phi_A)/(\phi_B - \phi_2) \tag{7}$$

2）混合ギブズエネルギーは物質量（体積）に比例するので，体積 V' の希薄相と体積 V'' の濃厚相が共存している溶液に対する $\Delta_m G$ は，
$$\Delta_m G = \frac{\Delta_m G(\phi_A) V'}{V'+V''} + \frac{\Delta_m G(\phi_B) V''}{V'+V''} = \Delta_m G(\phi_A) \frac{\phi_B - \phi_2}{\phi_B - \phi_A} + \Delta_m G(\phi_B) \frac{\phi_2 - \phi_A}{\phi_B - \phi_A} \tag{8}$$
で与えられる．ただし，最後の等式では（7）式を利用した．

3）（8）式より，相分離した溶液の $\Delta_m G$ は，図2のグラフ中の線分 ad の $\phi_2 - \phi_a$ 対 $\phi_d - \phi_2$ の内分点 w の縦軸の値で与えられる．他方，同じ平均濃度 ϕ_2 の溶液の1相状態での $\Delta_m G$ は，図中の点 u の縦軸の値で与えられるので，2相分離状態のほうが熱力学的に安定であるためには，点 w が点 u より下にくる必要がある．$\phi_a < \phi_2 < \phi_d$ の濃度範囲で，線分 ad は曲線Aよりも下にあるので，この条件を満たしている．

4）溶液中のある微小領域で濃度が ϕ_2 から $\phi_2 \pm \delta\phi$ にゆらぎによって変化すると，$\Delta_m G$ は右図のような $\Delta_m G$ 対 ϕ_2 のグラフ上で点 u の高さから点 w の高さに変化する．$\partial^2 \Delta_m G / \partial \phi_2^2 < 0$ の条件，すなわち，図2の曲線Aの点 bc の間の部分では，上に凸になっているので，点 w が点 u よりも下にあるので（右図の上参照），1相状態はこの濃度ゆらぎに対して不安定となる．

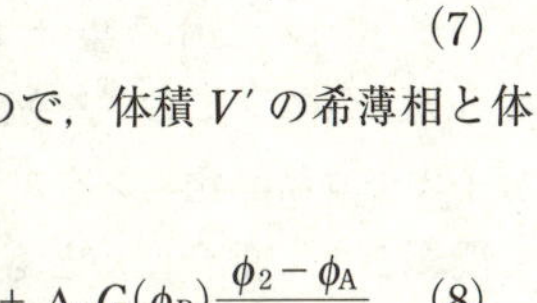

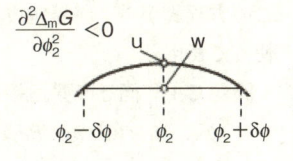

■解　説■　問4）で，逆に $\partial^2 \Delta_m G / \partial \phi_2^2 > 0$ ならば，右図の下のようになり，ゆらぎが起こっても，もとの1相状態のほうが安定で，もとに戻る．図2の曲線Aの点

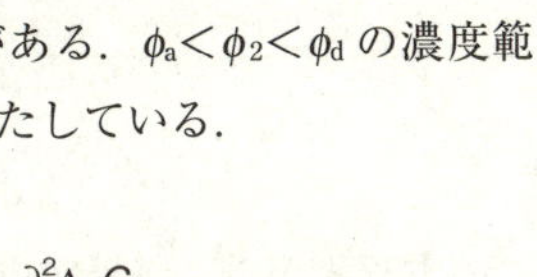

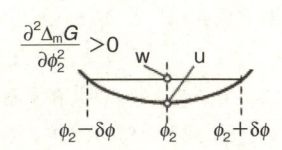

bc は $\partial^2 \Delta_m G/\partial \phi_2^2 = 0$ の条件から決められるが,対応する濃度 ϕ_b と ϕ_c を各温度で求め,図1の相図中にプロットすると,図中の点線が得られる.これをスピノーダル曲線と呼ぶ.この曲線の内部では,溶液は微小濃度ゆらぎに対して不安定となる.

演習問題

問題A1　3・5節の (2) 式を使い,$\Delta_m G$ 対 ϕ_2 のグラフを描け.ただし,$P=100$ とし,$\chi = 0,\ 0.605,\ 0.8$ の三つの場合を計算せよ.

問題A2　ある溶媒に高分子を濃度 ϕ_2 だけ溶かしたときの溶媒の凝固点 T_f の変化を求めよ.ただし,高分子溶液中の溶媒成分の化学ポテンシャル μ_1 は3・5節の (4) 式で与えられ,純溶媒のモル融解熱を $\Delta \overline{H}°_{\text{melt}}$ とする.

問題A3　高分子溶液から高分子の結晶が析出する温度(融点)T_m では,溶液相と結晶相における高分子のモノマー単位の化学ポテンシャルが等しくなっている.前者の化学ポテンシャル μ_u は,純状態の非晶高分子のモノマー単位の化学ポテンシャルを $\mu_u°$ として,3・5節の (5) 式で与えられる μ_2 を P で割ることにより,

$$\mu_u = \mu_u° + RT[P^{-1} \ln \phi_2 - (1-P^{-1})(1-\phi_2) + \chi(1-\phi_2)^2] \tag{9}$$

で与えられる.この式を使い,T_m と高分子濃度 ϕ_2 の関係を求めよ.ただし,純粋な高分子のモル結晶化エンタルピーと融点を,それぞれ $\Delta \overline{H}_c$ と $T_m°$ とする(4・5節参照).

問題B1　重合度がともに P の高分子1と高分子2のブレンド(溶融混合物)に対する双交曲線を,縦軸が χ で横軸が ϕ_2 のグラフ中に描け.(ヒント:この系の $\Delta_m S$ は3・5節の問題A3で与えられ,$\Delta_m H$ は3・5節の (12) 式を拡張した $\Delta_m H = RT\chi P(n_1+n_2)\phi_1\phi_2$ で与えられる.これらから,この高分子ブレンド系の $\Delta_m G$ 対 ϕ_2 の曲線は,$\phi_2 = 0.5$ を中心に左右対称であることを利用して図2の ϕ_a と ϕ_b を求めよ.)

問題B2　図1の相図上の ϕ_c と T_2 で与えられる臨界点は,次の方程式から求められる.

$$\frac{\partial^2}{\partial \phi_2^2} \frac{\Delta_m G}{n_1 + Pn_2} = \frac{\partial^3}{\partial \phi_2^3} \frac{\Delta_m G}{n_1 + Pn_2} = 0 \tag{10}$$

この方程式から,臨界組成 ϕ_{2c} と臨界温度に対応する相互作用パラメーター χ_c を P を使って表せ.

問題C1　図2の共通接線と $\phi_2 = 0$ と1の縦軸との切片(図中の x と y の値(=高さ))が,$(\mu_1 - \mu_1°)(n_1 + Pn_2)$ と $(\mu_2 - \mu_2°)(n_1 + Pn_2)/P$ を与えることを証明せよ.

問題C2　図1の双交曲線は,濃度 ϕ の溶液の溶媒と溶質の化学ポテンシャルをそれぞれ $\mu_1(\phi)$ と $\mu_2(\phi)$ として,次の連立方程式を解くことによって求められる.

$$\mu_1(\phi_A) = \mu_1(\phi_B), \quad \mu_2(\phi_A) = \mu_2(\phi_B) \tag{11}$$

ここで,ϕ_A と ϕ_B は共存する希薄相と濃厚相の高分子の体積分率である.上式と3・5節の (4) 式と (5) 式から,よい近似で次の式が得られることを示せ.

$$\phi_A = \frac{-(\gamma+1)h + \sqrt{(\gamma+1)^2 h^2 + 4(\gamma-1)^3 h}}{2(\gamma-1)^3}, \quad \chi = \frac{(\gamma-1)(1-1/P) + (\ln\gamma)/P\phi_A}{2(\gamma-1) - \phi_A(\gamma^2-1)} \quad (12)$$

ここで，$\gamma \equiv \phi_B/\phi_A$，$h \equiv (12/P)[(\gamma+1)(\ln\gamma)/2 - (\gamma-1)]$．また，以下の近似を利用せよ．

$$\frac{(\phi_B - \phi_A)^3}{12(1 - \phi_A - \phi_B)} \approx \frac{\phi_B + \phi_A}{2P} \ln\left(\frac{\phi_B}{\phi_A}\right) - \frac{\phi_B - \phi_A}{P} \quad (13)$$

関連項目 3·5節，4·8節

3・7 高分子鎖からの光散乱

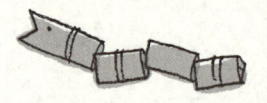

Keywords 分極率, 散乱光電場, 散乱光強度, レイリー比

要点 高分子溶液にレーザー光を照射するとレーザー光の通り道が光って見える. また高分子溶液が相分離を起こすと白濁する. これらは, 溶液中の各高分子鎖や分離した球状相による光散乱現象である.

光は電磁波なので, 電場と磁場の波として空間中を伝播する. 入射光が散乱体を通過するとき, 入射光の電場 E_0 は, 散乱体内の電子の分布をわずかに偏らせて, 双極子 p を誘起する (図1参照). 通常, 誘起された p は E_0 に比例し, その比例係数 α を**分極率**と呼ぶ. 誘起された p は E_0 と同調して振動し, p の振動は新たな電磁波を四方に放射する. これが散乱光である. 散乱体の位置から r だけ離れた地点での散乱光の時刻 t での電場 E は, 入射光電場の振幅, 周波数, および真空中での波長をそれぞれ E_0°, f, λ として,

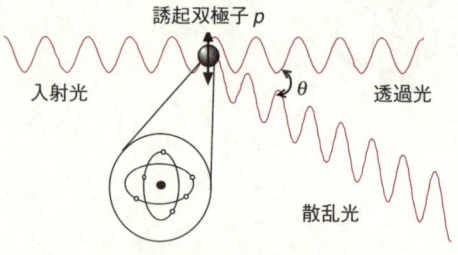

図1 光散乱の原理図

$$E = \left(\frac{2\pi}{\lambda}\right)^2 \frac{\alpha E_0^\circ}{r} \exp\left[2\pi i f\left(t - \frac{r}{v}\right)\right] \tag{1}$$

で与えられる. ここで, v は光速で, 指数関数内の偏角は, 散乱位置と r だけ離れた観測点での散乱光電場の位相のずれを表している (Box 6 の"複素数"参照). 系中に複数の散乱体が存在する場合には, 各散乱体からの E を位相の違いを考慮しながら足し合わせればよい.

光散乱実験では, **散乱光電場** E 自体ではなく, その絶対値の二乗 $|E|^2 = E^*E$ (E^* は E の複素共役) で与えられる**散乱光強度** I を測定する. ただし, I は実験条件によって異なる入射光強度 I° や r, 散乱体積 (散乱に寄与する粒子を含む系の体積) V に依存する. これらの実験条件には依存しない散乱光強度を表す物理量として, $R_\theta = Ir^2/I^\circ V$ で定義される**レイリー比** R_θ が用いられる. ここで, θ は透過光方向から測った散乱角を表す.

高分子溶液の場合には, 溶媒のレイリー比との差 (過剰レイリー比) を溶質高分子からの散乱光強度と見なし, 以下ではこの過剰レイリー比を R_θ で表す. 高分子鎖の大きさが光の波長よりもずっと小さく, かつ高分子鎖間に相互作用が働いていないときには

$$R_\theta = KcM \tag{2}$$

と書ける（例題1参照）．ここで，cとMは高分子の質量濃度と分子量をそれぞれ表す．Kは$\tilde{n}_0$を溶媒の屈折率，N_Aをアボガドロ定数，$\partial \tilde{n}/\partial c$を溶液の比屈折率濃度増分として，次式で定義される光学定数である．

$$K \equiv \frac{4\pi^2 \tilde{n}_0^2}{N_A \lambda^4} \left(\frac{\partial \tilde{n}}{\partial c}\right)^2 \tag{3}$$

高分子鎖の大きさが光の波長に比べて無視できるほど小さくない場合には，高分子鎖全体ではなく，鎖の各構成単位を散乱点とみなす必要がある．したがって，1本の高分子鎖に対する散乱光電場を，(1)式のEを構成（モノマー）単位にわたって和をとって求め，それからR_θを求めると次式が得られる（例題2と問題C1を参照）．

$$\frac{Kc}{R_\theta} = \frac{1}{M}\left[1 + \frac{1}{3}\langle S^2 \rangle k^2 + O(k^4)\right] \tag{4}$$

ここで，$\langle S^2 \rangle$は3・2節で述べた平均二乗回転半径，kは散乱ベクトルの絶対値で，次式で与えられる．

$$k \equiv (4\pi\tilde{n}_0/\lambda)\sin(\theta/2) \tag{5}$$

また，高分子鎖間に相互作用が働いている場合には，R_θはcに比例せず，高分子間相互作用の強さを表す第二ビリアル係数A_2を利用して，(2)式の代わりに，

$$\frac{Kc}{R_\theta} = \frac{1}{M} + 2A_2 c + O(c^2) \tag{6}$$

なる式が成立する．ただし，高分子鎖のサイズは光の波長よりもずっと小さいと仮定した．3・5節で述べたように，希薄溶液中で高分子間相互作用が消えるΘ状態では$A_2 = 0$となり，(6)式はc^2以上の項が無視できるとき，(2)式に一致する．

> **例題1** 分子量がMでサイズが光の波長よりもずっと小さい高分子の希薄溶液に対して，以下の問に答えよ．
>
> 1) 高分子鎖1本のみから散乱が起こったときの散乱光強度I_1を，(1)式を使って求めよ．ただし，高分子鎖の過剰分極率αが次式で書けるとし，最終結果はKと$I°$を用いて表せ．
>
> $$\alpha = (M/2\pi N_A)\tilde{n}_0(\partial \tilde{n}/\partial c) \tag{7}$$
>
> 2) 高分子鎖間に相互作用が働いていないときには，散乱体積内に存在するN本の高分子鎖からの散乱光強度Iは，1) で求めた1本の高分子鎖からの散乱光強度I_1のN倍となる．このことを利用して，(2)式を導け．

■**解　答**■ 1) (1)式の絶対値の二乗に対して(7)式を利用すると，次式が得られる．

$$I_1 = \left(\frac{2\pi}{\lambda}\right)^4 \frac{\alpha^2}{r^2} E_0^{°2} = \left(\frac{2\pi}{\lambda}\right)^4 \frac{\alpha^2}{r^2} I° = K \frac{M^2}{N_A} \frac{I°}{r^2} \tag{8}$$

ただし，入射光の電場は，$E_0° \exp(2\pi i ft)$で与えられ，その強度$I°$は$E_0^{°2}$に等しい．

2）高分子の質量濃度は，$c = NM/N_A V$ と書けることを利用して

$$R_\theta = K \frac{M^2}{N_A} \frac{M}{V} = K \frac{NM}{N_A V} M = KcM \tag{9}$$

■**解　説**■　光散乱法は，高分子の代表的な分子量測定法である．古典的な分子量測定法である浸透圧が希薄領域で分子量に反比例するのに対し（3・5節の（7）式参照），(2) 式からわかるように，光散乱強度は分子量に比例して高くなる．そのため，光散乱法は高分子量試料の分子量測定に適している．

例題2　図2（a）に示した $n+1$ 個の構成単位からなる高分子鎖からの光散乱に関する以下の問に答えよ．ただし，構成単位を分極率が α_0 の散乱単位と見なせ．

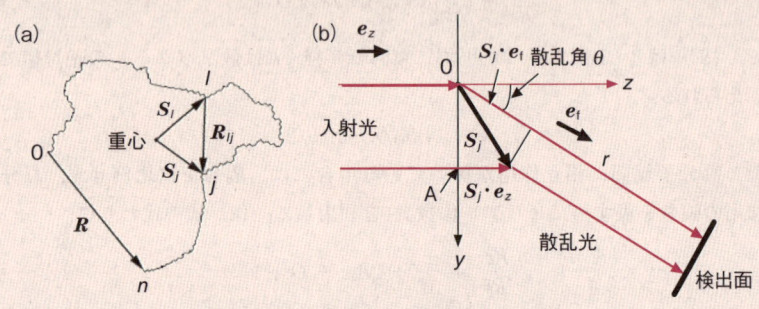

図2　高分子鎖からの光散乱について

1）高分子鎖の重心を図2（b）の座標原点 O に置いて散乱光の位相の基準とすると，S_j に位置するモノマー単位 j からの散乱光電場 E は，この基準点からの E とどれだけ位相がずれるか．ただし，e_z と e_f をそれぞれ入射光と散乱光の進行方向の単位ベクトルとせよ．

2）基準点からの散乱光電場が（1）式で与えられるとき，j 番目の散乱単位からの散乱光電場 $E^{(j)}$ はどのように書けるか．ただし，位相のずれを考慮に入れ，散乱ベクトル $\boldsymbol{k} \equiv (2\pi f/v)(\boldsymbol{e}_f - \boldsymbol{e}_z) = (2\pi \tilde{n}_0/\lambda)(\boldsymbol{e}_f - \boldsymbol{e}_z)$ を利用せよ．

3）1本の高分子鎖からの散乱光の強度は，次式から計算される．

$$I_1 = \left| \sum_{j=0}^{n} E^{(j)} \right|^2 = \sum_{l=0}^{n} \sum_{j=0}^{n} E^{(l)*} E^{(j)} \tag{10}$$

2）の答を利用して，I_1 を定式化せよ．ただし，図2（a）を参考に，$\boldsymbol{R}_{lj} \equiv \boldsymbol{S}_j - \boldsymbol{S}_l$ とせよ．

■**解　答**■　1）入射光が時刻 t_0 に座標原点 O に達して散乱が起こり，それから r/v 経過して検出器に達するとする．これに対して，モノマー単位 j で散乱される入射光は時刻 t_0 では図2（b）の点 A にあり，散乱が起こるには，それから $\boldsymbol{S}_j \cdot \boldsymbol{e}_z / v$ だけ時間を

要する．また，散乱してから検出器に達するまでには，$(r-\boldsymbol{S}_j\cdot\boldsymbol{e}_\mathrm{f})/v$ だけの時間を要する（図2 (b) 参照）．したがって，基準点からの散乱光との位相差は，$2\pi f \boldsymbol{S}_j\cdot(\boldsymbol{e}_z-\boldsymbol{e}_\mathrm{f})/v$ である．

2) 1) で得られた位相差を (1) 式に代入すると，

$$E^{(j)} = \left(\frac{2\pi}{\lambda}\right)^2 \frac{\alpha_0 E_0^\circ}{r} \exp\left[2\pi \mathrm{i} f\left(t-\frac{r}{v}\right) + \mathrm{i}\boldsymbol{k}\cdot\boldsymbol{S}_j\right] \quad (11)$$

3) (11) 式を (10) 式に代入すると次式が得られる．

$$I_1 = \left(\frac{2\pi}{\lambda}\right)^4 \frac{\alpha_0^2 I^\circ}{r^2} \sum_{l=0}^{n}\sum_{j=0}^{n} \exp\left[-2\pi \mathrm{i} f\left(t-\frac{r}{v}\right) - \mathrm{i}\boldsymbol{k}\cdot\boldsymbol{S}_l\right]\exp\left[2\pi \mathrm{i} f\left(t-\frac{r}{v}\right) + \mathrm{i}\boldsymbol{k}\cdot\boldsymbol{S}_j\right]$$

$$= \left(\frac{2\pi}{\lambda}\right)^4 \frac{\alpha_0^2 I^\circ}{r^2} \sum_{l=0}^{n}\sum_{j=0}^{n} \exp[\mathrm{i}\boldsymbol{k}\cdot(\boldsymbol{S}_j-\boldsymbol{S}_l)] = \left(\frac{2\pi}{\lambda}\right)^4 \frac{\alpha_0^2 I^\circ}{r^2} \sum_{l=0}^{n}\sum_{j=0}^{n} \exp(\mathrm{i}\boldsymbol{k}\cdot\boldsymbol{R}_{lj}) \quad (12)$$

■解 説■ この (12) 式から (4) 式が得られる（問題C1）．

演習問題

問題A1 ある高分子を Θ 溶媒に溶かし，質量濃度 $c=1\times 10^{-3}$ g cm^{-3} の希薄溶液を調製して光散乱実験を行い，右の表の結果を得た．入射光の波長 $\lambda=633$ nm，溶媒の屈折率 $\tilde{n}_0=1.5$，溶液の屈折率増分 $\partial\tilde{n}/\partial c = 0.10$ cm^3 g^{-1} として，この高分子の分子量と回転半径を求めよ．

$\theta/°$	$R_\theta/10^{-5}$ cm^{-1}
30	6.08
60	5.95
90	5.78
120	5.62
150	5.50

問題A2 広がりが光の波長よりもずっと小さい高分子を貧溶媒に溶かして三つの異なる温度で光散乱測定を行い，右図のデータを得た．このデータを用いて，この高分子の分子量および各温度での第二ビリアル係数を求めよ．

問題B1 分子量が M_i で平均二乗回転半径が $\langle S^2\rangle_i$ の成分を N_i 分子含む多分散試料の場合，(4) 式はどのように書き換えられるか．（ヒント：希薄極限では，R_θ は各成分の寄与の和で与えられる．また，多分散試料の質量濃度は，$c=\sum_i N_i(M_i/N_\mathrm{A})/V$，と書ける．）

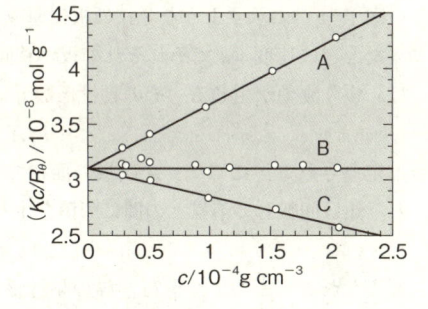

問題C1 (12) 式を利用して，(4) 式を導出せよ．

関連項目 3・2節

3・8 高分子鎖の溶液中での流体力学的性質

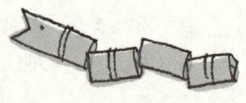

Keywords　固有粘度，粘性係数，Huggins 係数，Flory の粘度定数，並進拡散係数，流体力学的半径

要点　高分子の特徴は，その溶液の粘度が著しく高いこと（高粘性）である．高分子物質の分子量測定法がまだ確立していなかった時代，H. Staudinger は高分子のこの特徴を利用して試料の**固有粘度**（以下参照）を分子量の指標とした．また，高分子の溶液中では物質が拡散しにくいこと（低拡散性）も特徴の一つである．これは19世紀に T. Graham がコロイド物質の特徴として注目した性質であった．これら高粘性と低拡散性は，以下に述べるように，高分子の広がりと密接に関係している．

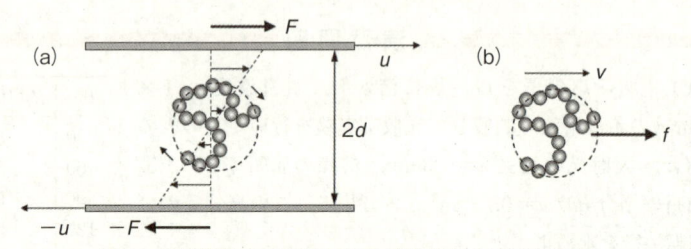

図1 ずり流動中の高分子鎖と並進運動する高分子鎖

図1(a)に示すような2枚の板に厚み $2d$ の液体をはさみ，$\pm F$ の力を上下の板に加えたときに速度 $\pm u$ でそれぞれの板が移動したとする．このとき，はさまれた液体中には，ずり流動が生じる．その**粘性係数** η は，

$$F/A = \eta(u/d) \tag{1}$$

と定義される．ここで，A は板の面積である．このずり流動中に高分子鎖が存在すると，鎖は回転して溶媒との間に摩擦を生じ，η を増加させる．高分子希薄溶液の η は，

$$\eta = \eta_0(1 + [\eta]c + k'[\eta]^2 c^2 + \cdots) \tag{2}$$

と表される．ここで，η_0 は溶媒の粘性係数であり，$[\eta]$ は固有粘度，k' は **Huggins 係数**と呼ばれる．高分子鎖の $[\eta]$ は，回転半径 $\langle S^2 \rangle^{1/2}$ と分子量 M を用いて次のように表される．

$$[\eta] = \Phi(6\langle S^2 \rangle)^{3/2}/M \tag{3}$$

ここで，Φ を **Flory の粘度定数**と呼び，ガウス鎖に対する流体力学計算から $\Phi = 2.86 \times 10^{23}\,\text{mol}^{-1}$ なる結果が得られ，剛直性高分子の Φ はそれより小さくなる．(2)式の k' は，高分子や溶媒の種類によらず，0.3～0.6 の値をとることが経験的に知られている．

図1(b)に示すように，高分子鎖に力 f を加えたとき，鎖が一定速度 v で並進運動

したとする．このとき，この鎖の並進摩擦係数 ζ は次式で定義される．
$$f = \zeta v \tag{4}$$
A. Einstein によれば，コロイド粒子の並進拡散係数 D は，濃度ゼロの極限で ζ と，
$$D = k_B T/\zeta \tag{5}$$
で関係づけられる．摩擦係数 ζ は高分子鎖の広がりと関係があり，D を用いて流体力学的半径 R_H を次式で定義する．
$$D = k_B T/6\pi\eta_0 R_H \tag{6}$$
回転半径 $\langle S^2 \rangle^{1/2}$ とこの R_H の比を ρ で表す．この ρ は，高分子鎖の形状に依存する定数で，球の場合は $\rho = \sqrt{3/5} = 0.775$，屈曲性高分子では $\rho = 1.3 \sim 1.5$（ガウス鎖に対する流体力学計算からは 1.48），棒状形態では ρ は軸比に依存し，無限に細長い棒では ∞ となる．

流体力学的半径 R_H は，動的光散乱法によって測定できる．この実験法は，高分子溶液からの散乱光強度の時間ゆらぎを利用する（これに対して，3・7 節で説明したレイリー比（時間平均した量）から分子量などを測定する手法を，静的光散乱法と呼ぶ）．

例題 1 溶液中で高分子鎖が回転あるいは並進運動をするとき，鎖に取囲まれた溶媒はあたかも高分子鎖と一体になったように運動することが知られている．したがって，高分子鎖の $[\eta]$ や ζ は，図 1 に破線で示す等価球のそれらと同一視できる．球状粒子の $[\eta]$ と ζ はそれぞれ Einstein と G. Stokes によって定式化され，球の半径を R，モル質量を M とすると，
$$[\eta] = \frac{10\pi N_A}{3M} R^3, \quad \zeta = 6\pi\eta_0 R \tag{7}$$
で与えられる．(3) 式と ρ を使い，ガウス鎖の $[\eta]$ と D に関する等価球の半径は，それぞれ $\langle S^2 \rangle^{1/2}$ の何倍かを答えよ．ただし，$\Phi = 2.86 \times 10^{23}\,\text{mol}^{-1}$，$\rho = 1.48$ とせよ．

■**解 答**■ $[\eta]$ と D に関する等価球の半径 R は，それぞれ次式で与えられる．
$$R = (18\sqrt{6}\,\Phi/10\pi N_A)^{1/3} \langle S^2 \rangle^{1/2} = 0.874 \langle S^2 \rangle^{1/2}$$
$$R(=R_H) = \rho^{-1} \langle S^2 \rangle^{1/2} = 0.676 \langle S^2 \rangle^{1/2} \tag{8}$$

■**解 説**■ ガウス鎖の流体力学的性質は，その回転半径よりも少し小さい半径をもつ等価球で記述される．

例題 2 左右（x 軸方向）に濃度勾配がある高分子溶液内に，Δx の幅をもつ単位断面積の直方体領域を考える（右図の灰色の部分）．拡散により左から右への高分子の流れが起こっており，着目する直方体領域の位置 x の左側側面か

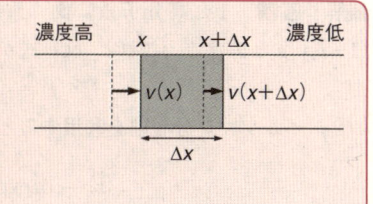

らは高分子が流れ込む．このとき，単位時間・単位断面積当たりに流れ込む高分子の量（拡散流束密度）は，各高分子鎖の流れの速度を $v(x)$ とすると，$c(x)v(x)$ で与えられる．$c(x)$ は位置 x での高分子質量濃度である．この拡散流束密度は，濃度勾配に比例し，その比例係数が拡散係数 D である．すなわち，$c(x)v(x) = -D(\mathrm{d}c/\mathrm{d}x)_x$．また，直方体領域の位置 $x+\Delta x$ の右側側面からは，同様にして高分子が流れ出ている．時間 Δt の間の直方体領域での正味の高分子濃度変化から，次の拡散方程式を導け．

$$\partial c/\partial t = D\partial^2 c/\partial x^2 \tag{9}$$

■**解 答**■ 時間 Δt の間に，着目する直方体の左側側面から流れ込む高分子量は，
$$c(x)v(x)\Delta t = -D(\mathrm{d}c/\mathrm{d}x)_x\Delta t$$
右側側面から流れ出ていく量は，
$$c(x+\Delta x)v(x+\Delta x)\Delta t = -D(\mathrm{d}c/\mathrm{d}x)_{x+\Delta x}\Delta t$$
である．したがって，時間 Δt の間での直方体領域の濃度変化 Δc は，
$$\Delta c = -D[(\partial c/\partial x)_x - (\partial c/\partial x)_{x+\Delta x}]\Delta t/\Delta x$$
で与えられる．Δt を左辺に移項し，Δt と Δx をゼロに近づけると (9) 式が得られる．

例題 3 希薄溶液中で高分子鎖は，重力によってごくわずかに沈降している．この沈降現象に関する以下の問に答えよ．

1) 重力による高分子鎖の沈降速度 v_s を求めよ．ただし，高分子の分子量を M，部分比容を $\bar{v}$，溶媒の密度を ρ_0，重力加速度を g，そしてアボガドロ定数を N_A とせよ．

2) 平衡状態では，沈降と拡散が釣り合って，ある沈降平衡状態が実現している．ボルツマン分布則を利用して，この沈降平衡時の濃度分布 $c(x)$ を求めよ．(**ヒント**：高さ x における高分子鎖の位置エネルギーは，$(M/N_A)(1-\bar{v}\rho_0)gx$ で与えられる．)

3) 2) の濃度勾配により，拡散流束密度 $cv_d = -D\mathrm{d}c(x)/\mathrm{d}x$ が溶液内に生じる．ここで，v_d は高分子鎖の拡散速度で，沈降平衡状態では $v_s = v_d$ の関係が成立している．この関係を利用して，Einstein の関係式 (5) を導け．

■**解 答**■ 1) 高分子鎖に働く重力 f は，浮力の効果を考慮すると，$f = (M/N_A) \times (1-\bar{v}\rho_0)g$ と書ける．これと (4) 式から次式が得られる．

$$v_s = (M/N_A\zeta)(1-\bar{v}\rho_0)g \tag{10}$$

2) ボルツマン分布則を利用すると次式が得られる．

$$c(x) = c_0 \exp\left[-\frac{M(1-\bar{v}\rho_0)}{N_A k_B T}g(x-x_0)\right] \tag{11}$$

ただし，c_0 は $x=x_0$（基準位置）での濃度である．

3）(11) 式を x で微分して，

$$\frac{\mathrm{d}}{\mathrm{d}x}c(x) = -\frac{M(1-\bar{v}\rho_0)}{N_A k_B T}gc(x) \tag{12}$$

これと，D の定義式 $cv_\mathrm{d} = -D\mathrm{d}c(x)/\mathrm{d}x$ から，

$$v_\mathrm{d} = D\frac{M(1-\bar{v}\rho_0)}{N_A k_B T}g \tag{13}$$

(10) 式と (13) 式で与えられる v_s と v_d が等しくなる条件から，(5) 式が出てくる．

■**解　説**■　通常の高分子溶液では，重力による沈降は無視できるが，遠心機を用いると遠心力による高分子の沈降が観測される．

演習問題

問題A1　右図のような毛細管粘度計を用いて，ある高分子溶液の粘度測定が行える．溶液の液面が図中の刻線 L_1 から L_2 まで流れ落ちる時間（流下時間）t が溶液粘度 η に比例することを利用する．いま，ある高分子希薄溶液について，この実験を行い，右の表の結果を得た．(2) 式を利用して，この高分子試料の $[\eta]$ と k' を求めよ．（**ヒント**：$(\eta-\eta_0)/\eta_0 c$ 対 c のグラフを描け．）

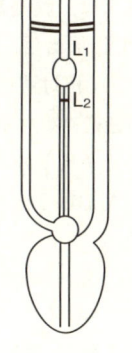

$c/\mathrm{g\,cm^{-3}}$	t/s
0	140.00
0.001	154.56
0.0015	162.26
0.002	170.24
0.003	187.04

問題A2　分子量 $M = 1.8\times 10^5$，回転半径 $\langle S^2 \rangle^{1/2} = 47$ nm，固有粘度 $[\eta] = 770\ \mathrm{cm^3\,g^{-1}}$，拡散係数 $D = 3.2\times 10^{-7}\ \mathrm{cm^2\,s^{-1}}$ である高分子試料について，Φ と ρ を求め，その分子形態について考察せよ．ただし，溶媒の粘性係数は 0.305 mPa s，温度は 25 ℃ とする．

問題B1　球の場合，$\rho = \sqrt{3/5}$ となることを証明せよ．

問題C1　高分子に光化学反応する低分子プローブを微量結合させた試料の溶液に，同波長の2本の光を照射して干渉縞をつくった．プローブはこの光によって光化学反応して，右図に示すような濃度分布 $c(x) = A\cos(kx)$ を生じる（A は振幅，k は波数）．その後に光の照射を止めると，高分子の拡散により $c(x)$ は減衰するが，その $c(x)$ の時間変化の式を求めよ．この原理を利用して高分子の拡散係数を測定する方法を，強制レイリー散乱法と呼ぶ．（**ヒント**：(9) 式を利用せよ．）

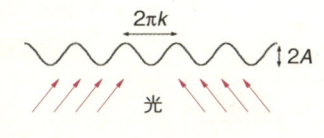

関連項目　3・1節〜3・3節

3・9 分子量測定法

Keywords　絶対法，相対法，サイズ排除クロマトグラフィー，粘度法，ユニバーサルキャリブレーション法

要点　高分子の分子量測定は，高分子研究の最初の作業である．H. Staudinger が高分子説を唱えた当時，信頼性のある高分子の分子量測定法がまだなく，それが高分子説の確立を遅らせた．高分子は，一般に気体にならないので，その分子量測定は希薄溶液で行う必要がある．高分子溶液の研究は，まずこの分子量測定法の確立を目的として発展した．

今日利用できる高分子の分子量測定法を図1に示す．大別すると，**絶対法**と**相対法**に分類される．絶対法には，膜浸透圧法や光散乱法のほかに，核磁気共鳴（NMR）法，蒸気圧浸透圧法，沈降平衡法，マトリックス支援レーザー脱離イオン化質量分析（MALDI-MS）がある．相対法には，固有粘度法のほかに，**サイズ排除クロマトグラフィー**（SEC），ゲル過透クロマトグラフィー（GPC）などがある．相対法は，測定したい高分子と同種類の分子量既知の高分子標準物質を必要とする．SEC に光散乱検出器を装備したものや MALDI-MS を用いると，平均分子量だけでなく，分子量分布関数も同時に決定できる．

固有粘度 $[\eta]$ と分子量 M の間には，ある分子量範囲において，

$$[\eta] = KM^a \tag{1}$$

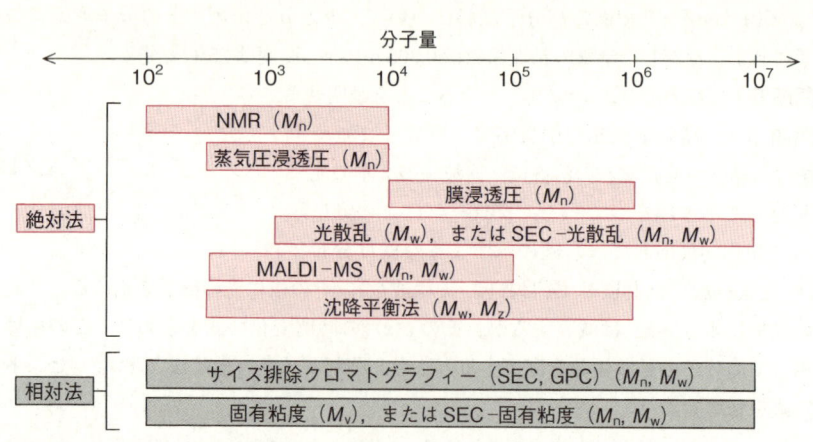

図1　さまざまな分子量測定法と測定可能分子量範囲　M_nは数平均分子量．M_wは重量平均分子量，M_vは粘度平均分子量を表す（"基礎高分子科学"，p. 110 参照）

なる関係が成立することが経験的に知られている．ここで，K と a は高分子と溶媒の種類ごとに固有の定数である（温度にも依存する）．この関係式を Mark-Houwink-Sakurada の式と呼ぶ．**粘度法**はこの式を利用して，高分子試料の分子量を見積もる．ただし，高分子の種類ごとに K と a は異なるので，分子量を求めたい高分子に対するこの式が報告されている必要がある．その意味で粘度法は相対法である．また，SEC 法においても，正しい分子量を得るためには，測定試料と同種の標準試料を用いて作成した校正曲線（溶出体積 V_e と分子量 M の関係）を利用する必要がある．ただし，測定試料の $[\eta]$ がわかっていれば，ある分子量範囲において成立することが経験的に知られている次式の関係（普遍校正曲線）を利用して M を求めることができる．

$$\log\{[\eta](M)M\} = \alpha V_e + \beta \tag{2}$$

ここで，α と β は高分子や溶媒の種類に依存しない定数，$[\eta](M)$ は分子量が M での $[\eta]$ であることを表す．この方法を**ユニバーサルキャリブレーション法**という．特に SEC に粘度検出器が装備されている場合に便利な手法である．測定試料と同種高分子の標準試料は必要ないので，この方法は絶対法に分類できる．

> **例題 1** モノマー B が開始剤 A によって重合開始して，重合度 x（$x = 1, 2, \cdots$）の重合体 AB_x が n_x（モル）得られたとする．この高分子について溶液 ^1H NMR 測定を行ったところ，モノマーユニット B に帰属される ^1H の面積強度が，開始剤ユニット A に帰属される ^1H のそれの 50 倍であった．この高分子の数平均分子量を求めよ．ただし，A は 10 個の ^1H を，B は 5 個の ^1H を含み，A のモル質量を 100，B のそれを 50 とせよ．

■**解　答**■　^1H の面積強度比から，

$$\sum_{x=1}^{\infty} 5xn_x \Big/ \sum_{x=1}^{\infty} 10n_x = 50 \tag{3}$$

これから数平均重合度 $x_n = 100$ が得られ（2・4 節参照），数平均分子量は $100 + 50x_n = 5100$．

> **例題 2** 例題 1 の試料について，光散乱測定から得られた分子量は 8,000 であった．測定値は十分正確であるとして，^1H NMR 測定結果と差が出る理由について述べよ．

■**解　答**■　^1H NMR 測定で得られる分子量が数平均であるのに対して，光散乱法から得られる分子量は重量平均であるため（3・7 節の問題 B1 参照）．2・4 節で述べたように，多分散試料の場合，M_w/M_n は 1 より大きくなる．

> **例題 3** 同種の線状高分子に対する校正曲線を利用して，SEC から分岐高分子の分

子量を M_l と求めた．このとき真の分子量 M_b を求めよ．ただし，同じ分子量の分岐高分子と線状高分子の平均二乗回転半径の比を $\langle S^2 \rangle_b / \langle S^2 \rangle_l = g$ とし（3・2節参照），線状高分子の $\langle S^2 \rangle_l$ はその分子量 M_l に比例する（すなわち，ガウス鎖と見なせる）とせよ．（**ヒント**：(2) 式と 3・8節の (3) 式を利用せよ．）

■**解 答**■ (2) 式より同じ V_e での線状高分子と分岐高分子の間には $[\eta]_l(M_l)M_l = [\eta]_b(M_b)M_b$ が成立し，3・8節の (3) 式を適用すると $\langle S^2 \rangle_l(M_l) = \langle S^2 \rangle_b(M_b)$ が得られる．ただし両者の Flory の粘度定数 Φ が等しいことを仮定した．$\langle S^2 \rangle_b(M_b) = g\langle S^2 \rangle_l(M_b)$ を代入すると $\langle S^2 \rangle_l(M_l) = g\langle S^2 \rangle_l(M_b)$ となり，$\langle S^2 \rangle_l \propto M_l$ を利用すると，$M_l = gM_b$ となる．線状高分子に対する校正曲線を利用すると，分岐高分子の分子量として M_l が得られるが，真の分子量 M_b は M_l/g である．

■**解 説**■ 分岐度の高い高分子の g は非常に小さい値となる．したがって，そのような分岐高分子の分子量を線状高分子に対する校正曲線を利用して SEC から求めると，相当過小評価することになる．

例題 4 右図に示す浸透圧計を用いて，高分子希薄溶液の浸透圧測定を行ったとする．溶液の密度を $1\,\mathrm{g\,cm^{-3}}$，重力加速度 g を $9.8\,\mathrm{m\,s^{-2}}$，温度を $300\,\mathrm{K}$，気体定数を $8.31\,\mathrm{J\,mol^{-1}\,K^{-1}}$ として以下の問に答えよ．

1) 分子量が 10^4 で濃度 $c = 1.0 \times 10^{-3}\,\mathrm{g\,cm^{-3}}$ の高分子溶液が浸透圧計中で溶媒と浸透平衡にあるとき，溶液と溶媒の液柱の高さの差 h はいくらになるか．ただし，第二ビリアル係数 A_2 を $5 \times 10^{-4}\,\mathrm{cm^3\,g^{-2}\,mol^{-1}}$ とし，3・5節の式 (7) と (8) を利用せよ（c^3 の項は無視できるとする）．

2) 同じ濃度 c で分子量が 10^6 の同種の高分子試料の溶液について，浸透圧測定したときの h はいくらになるか．A_2 に分子量依存性はないとせよ．

3) 2) の条件では，h が小さすぎるので，高分子濃度を 10 倍高くして浸透圧測定を行った．このとき，全浸透圧に対する第二ビリアル項の寄与は，どれくらいになるか．

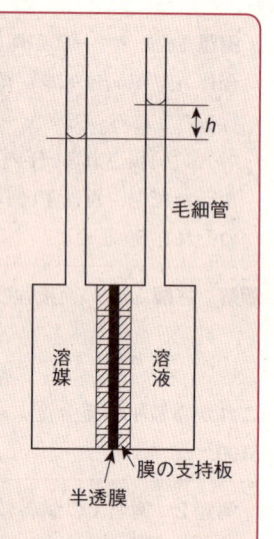

■**解 答**■ 1) 浸透圧 Π は $\rho h g$ で与えられるので，3・5節の (7) 式を利用すると，h は次式から計算される：$h = (M^{-1}c + A_2c^2)(RT/\rho g)$．各パラメーター値を代入すると，$h = 2.6\,\mathrm{cm}$．

2) 同様にして，$h = 0.038\,\mathrm{cm}$．この値は，精度よく測定するには小さすぎる．

3) 題意の条件で, $A_2c^2/(M^{-1}c+A_2c^2)=0.83$.

■解 説■ 3) の条件では, $h=1.5\,\mathrm{cm}$ で浸透圧自体は精度よく測定できるが, 第二ビリアル項の寄与が大きく分子量測定にはもっと低濃度での測定が要求される. しかし, 濃度を下げると h が小さくなりすぎるので, 浸透圧法での高分子量の測定は困難となる.

― 演習問題 ―

問題A1 右の表を用いて, 以下の計算を行え (2・4節参照).

1) 右の表の信号強度が MALDI-MS 測定の結果の場合, 数平均分子量と重量平均分子量を算出せよ (表中の信号強度は規格化されている).

2) 光散乱検出器と示差屈折率検出器を装備した SEC 装置を用いて, ある高分子試料の分子量を測定した結果が, 右の表である場合, M_n と M_w を決定せよ. ただしこの場合, 信号強度は示差屈折率検出器からのものとする.

分子量値と信号強度

M	信号強度
700	0.01
800	0.03
900	0.11
1000	0.22
1100	0.25
1200	0.20
1300	0.12
1400	0.05
1500	0.01

問題A2 ガウス鎖および排除体積効果を受けた屈曲性高分子に対する Mark-Houwink-Sakurada の式では, a の値はそれぞれいくらになると期待されるか. (ヒント: 3・8節の (3) 式を利用せよ.)

問題B1 4本腕の星型高分子について SEC 測定を行い, 同種の線状高分子試料を用いて作成した校正曲線を利用して分子量を求めると, 6.25×10^4 なる値が得られた. 溶出液中でこの高分子がガウス鎖として振舞うとき, この4本腕の星型高分子の真の分子量はいくらか. (ヒント: 例題3の結果を利用せよ.)

問題B2 同種の線状高分子3試料がある割合で混合した希薄溶液について動的光散乱測定を行ったところ, 三つの緩和モードが観測され, 各モードの流体力学的半径 R_H と相対散乱光強度として右の表の結果を得た. 分子量 M との間に $R_H=1.5\times10^{-2}M^{0.6}$ (nm) の関係があるとし, この高分子混合物のそれぞれの成分の分子量および組成を計算せよ. ただし, 相対散乱強度は分子量と濃度の積に比例することに留意せよ.

各成分の R_H と相対散乱強度

R_H/nm	散乱強度
8	0.049
30	0.121
100	0.830

問題C1 分子量分布のある高分子試料に対する固有粘度 $[\eta]$ から, Mark-Houwink-Sakurada の式 (1) を利用して求めた分子量は, どのような平均分子量となるか. ただし, 多分散高分子試料の $[\eta]$ は, 各高分子成分の固有粘度の重量平均で与えられることを利用せよ.

関連項目 2・4節

Box 6　振動の複素数表示

電磁波の散乱・回折現象では，電磁場の振動が議論の対象となる．また，動的粘弾性測定では，粘弾性体に振動変形を与えてやはり振動する応力を測定し (5・2節参照)，誘電分散測定では，誘電体に振動電場を与えて振動する誘電率を測定する (5・6節参照)．これらの振動現象は，サイン関数やコサイン関数を用いて表現できるが，数学的な取扱いが簡便になるため，しばしば，$i \equiv \sqrt{-1}$，θ をある実数として，

$$e^{i\theta} \equiv \cos\theta + i\sin\theta$$

で定義される虚数の指数関数が用いられる．

この関数を用いて，波として伝播するある物理量 A は次式で表される．

$$A = A° \exp[2\pi i(ft - x/\lambda)] = A° \exp[i(\omega t - kx)]$$

ここで，$A°$ は振幅，t は時間，x は振動が伝わる方向の座標，f は振動数，λ は波長，ω は $2\pi f$ で定義される角振動数，そして k は $2\pi/\lambda$ で定義される波数を表す．この A を実部と虚部に分けると，

$$A = A°[\cos(\omega t - kx) + i\sin(\omega t - kx)]$$

となるが，物理的に意味のある量は，このうちの実部のみである．

また，振動変形に対する粘弾性体の応答は複素弾性率 $E^*(\omega)$，振動電場に対する誘電体の応答は複素誘電率 $\varepsilon^*(\omega)$ で表される．それぞれを実部と虚部に分けて，

$$E^*(\omega) = E'(\omega) + iE''(\omega), \qquad \varepsilon^*(\omega) = \varepsilon'(\omega) - i\varepsilon''(\omega)$$

と記し，$E'(\omega)$ を貯蔵弾性率，$E''(\omega)$ を損失弾性率，$\varepsilon'(\omega)$ を（単に）誘電率，そして $\varepsilon''(\omega)$ を誘電損失率と呼ぶ．$E''(\omega)$ と $\varepsilon''(\omega)$ はエネルギー損失量あるいは応答関数の位相のずれと関係しており，複素量 $E^*(\omega)$ および $\varepsilon^*(\omega)$ の虚部から i を除いた部分には物理的意味がある．

この虚数の指数関数に対して，実数の指数関数と同様な次の数学公式が成立することは，三角関数の加法定理や $i^2 = -1$ を利用すれば容易に証明される．

$$e^{iat}e^{ibt} = e^{i(a+b)t}, \qquad \frac{d}{dt}e^{iat} = iae^{iat}, \qquad \int e^{iat}dt = \frac{1}{ia}e^{iat}$$

三角関数の積や微積分では，コサイン関数とサイン関数が混在して現れるのに対して，上記の指数関数の公式には指数関数のみが現れる．軽微な違いのように思えるが，振動現象に関する演算を行う際には，この違いが数式の見通しをずっとよくする．これが，振動現象を複素数で表すゆえんである．

4

高分子の構造

●**学習目標**● 溶けた高分子を冷やすと固化する．この際，規則的な結晶構造を形成する場合とそのままガラス化する場合がある．この章では，分子構造と結晶構造の関係や結晶構造の階層性を考え，その解析に有効な回折現象を利用した手法を理解する．また，異種高分子を化学的に混合した共重合体の構造形成についても学ぶ．

4・1 回折・散乱実験

Keywords X線回折，結晶化度，結晶弾性率，散乱実験

要点 **X線回折**は物質の原子配列に関する情報を知るために用いられる最も有力な研究方法の一つであり，高分子物質の固体構造，特に結晶領域の構造研究においても重要な位置を占めている．X線回折により結晶構造解析はもちろん，**結晶化度**，**結晶弾性率**，また，微結晶の大きさや配向分布の解析も可能となる．近年では，光源に高強度の放射光や中性子線を用いた実験も多く行われている．また，X線や中性子線を用いた散乱実験も高分子構造解析には有効である．**散乱実験**では，数nmから数百nmの構造が対象となるため，小角領域での測定となる．結晶ラメラ厚，高分子固体中のクレイズ（塑性変形の一つ）生成やブロック共重合体で形成されるミクロ相分離構造の解析には散乱実験が威力を発揮している．

例題1 下図は斜方晶系ポリエチレン一軸配向試料について測定した (a) X線繊維図形（X線回折装置は円筒カメラを使用，半径 35.0 mm），および (b) X線赤道反射プロフィールである．入射X線波長は 0.154 nm（CuKα線）である．

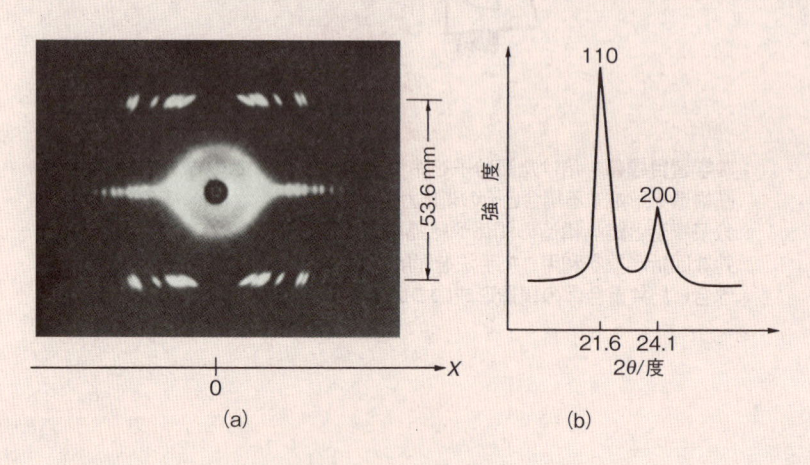

(a) 53.6 mm の層線間隔を示すX線繊維図形

(b) 110 反射 ($2\theta = 21.6°$), 200 反射 ($2\theta = 24.1°$) を示すX線赤道反射プロフィール

1）上記のデータより，格子定数 a, b, c を求めよ．
2）X線図形 (a) において反射点 200, 310 に予想される x 座標値を求めよ．

■ヒントと解説■ まず，層線間隔から繊維周期を求める．
一軸配向試料では，結晶を延伸軸まわりに回転したものと考えてよい．下図において

延伸軸（一般に分子鎖軸に一致）方向の繰返し周期（繊維周期）を I とすると，回折条件，

$$I = \sin\phi = m\lambda \quad (m = 0, 1, 2, \cdots) \tag{1}$$

を満たす方向 ϕ に回折が起こり，円筒写真の赤道，第一層線（$m=1$），第二層線（$m=2$），…を形づくることになる（延伸軸に垂直な方向，つまり a, b 軸方向の規則的繰返しにより，各層線は連続線にならず，分離した反射点の集合となる）．フィルム上の層線上下間隔を $2y$，カメラ半径を r とすると，

$$\tan\phi = \frac{y}{r} \tag{2}$$

の関係がある．したがって，y の実測値から（1），（2）式を用いて I が求まる．

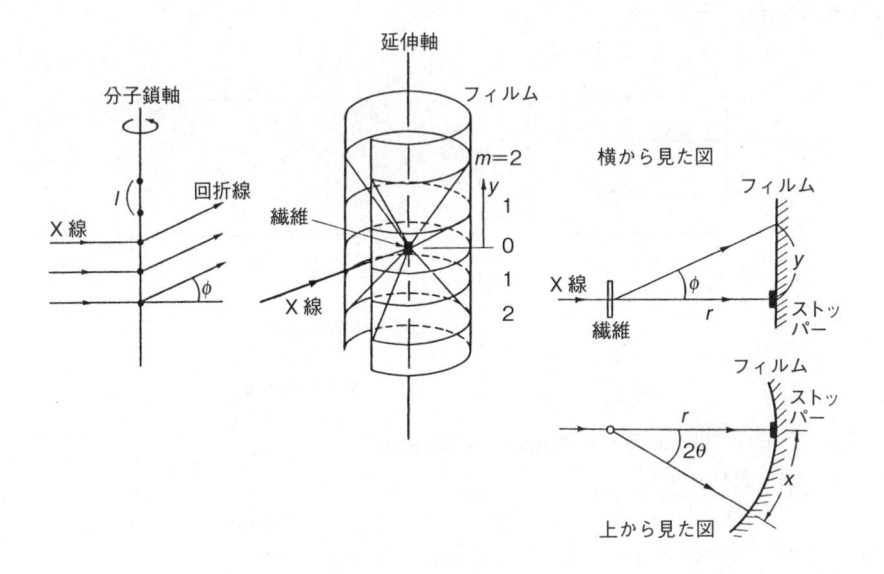

次いで，赤道反射から a, b を求める．

例題1の図（b）で赤道反射の位置がブラッグ角 2θ で与えられている．したがって，ブラッグの条件式，

$$2d\sin\theta = \lambda \tag{3}$$

を直接利用することで，面間隔 d が求められる．また，円筒フィルムにおいて θ と x の関係は，上図から明らかなように，

$$2\theta \cdot r = x \tag{4}$$

である（2θ：ラジアン単位）から，2θ が与えられれば，フィルム上の x 座標値を計算することができる．

4. 高分子の構造

■**解　答**■　1) 写真 (a) から $y = 53.6/2 = 26.8$ mm, $r = 35.0$ nm であるから,

$$\tan \phi = \frac{y}{r} = 0.766 \quad \therefore \quad \sin \phi = 0.608$$

(1) 式に $\sin \phi$ を代入して, $m = 1$, $\lambda = 0.154$ nm を用いると,

$$l = \frac{m\lambda}{\sin \phi} = \frac{1 \times 0.154}{0.608} = 0.253 \text{ nm}$$

斜方晶系で延伸軸 $//c$ 軸であるから, 結局,

$$c = 0.253 \text{ nm}$$

回折図 (b) において,

200 反射　　$2\theta = 24.1°$, (3) 式から　$d_{200} = 0.369$ nm
110 反射　　$2\theta = 21.6°$, (3) 式から　$d_{110} = 0.411$ nm

下図の関係から,

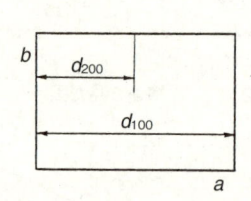

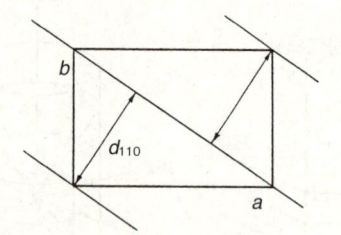

$$a = 2d_{200} = 2 \times 3.69 = 0.738 \text{ nm}$$

$$\frac{1}{d_{110}^2} = \frac{1}{a^2} + \frac{1}{b^2} \quad \therefore \quad b = 0.495 \text{ nm}$$

よって, $a = 0.738$ nm, $b = 0.495$ nm, $c = 0.253$ nm.

2) (4) 式を用いる.

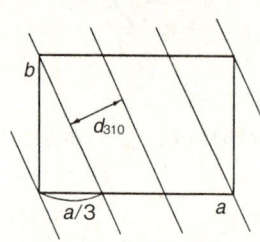

200 反射　　$2\theta = 24.1° = 0.421$ rad
$\therefore \quad x_{200} = 0.421 \times 35.0 = 14.7$ mm
310 反射　　左図より,

$$\left(\frac{3}{a}\right)^2 + \left(\frac{1}{b}\right)^2 = \left(\frac{1}{d_{310}}\right)^2$$

$$\therefore \quad d_{310} = 0.22 \text{ nm}$$

ブラッグの条件式 (3) から,

$$\theta_{310} = 20.5° = 0.358 \text{ rad}$$

$$\therefore \quad x_{310} = 0.716 \times 35.0 = 25.1 \text{ mm}$$

よって,

200 反射　　$x = 14.7$ mm

310 反射　　　$x = 25.1$ mm

例題2　4・1節の例題1で求めた斜方晶系ポリエチレンの格子定数を基にして，つぎの問に答えよ．

1）斜方晶系ポリエチレンの分子構造を推定せよ．

2）試料の密度は $\rho_{obd} = 0.97$ g cm^{-3} であった．単位格子中に何本の分子鎖が含まれるかを推定せよ．

3）この試料の結晶化度 X_c（%）を求めよ．ただし，非晶部分の密度 $\rho_{am} = 0.83$ g cm^{-3} とする．

■**解　答**■　1）構造解析で分子鎖のコンホメーションを求めるとき，最初に最も簡単な平面状伸び切り構造を検討するのが一般的である．ポリエチレンの場合，下図，

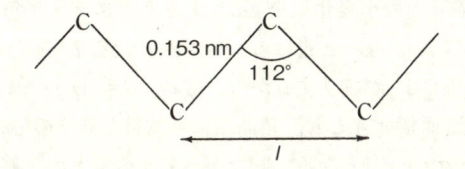

のような平面ジグザグモデルを考えると，C–C = 0.153 nm，∠CCC = 112° として（基礎高分子科学，p. 27 参照），繊維周期 $I = 2 \times 0.153 \times \sin(112°/2) = 0.254$ nm となる．この値は実測値 $c = 0.253$ nm に近く，ポリエチレンは平面ジグザグ構造であると推定できる．

2）単位格子中に CH$_2$ 基（モル質量 M）が Z 個含まれるとすると，単位格子の体積 V，アボガドロ定数 N_A として，結晶密度 ρ_{cr}（g cm^{-3}）は，

$$\rho_{cr} = \frac{ZM}{N_A V} = \frac{(1.66 \times 10^{-3})ZM}{V(\text{nm}^3)} \tag{1}$$

となる．実際の試料密度 ρ_{obd} は，結晶化度が 100 % ではないために ρ_{cr} よりも一般に小さく，(1) 式の ρ_{cr} に ρ_{obd} の値を入れて Z を求めると，過小評価になってしまう．いまの場合，$M = $ CH$_2$ のモル質量 $= 14.03$，$V = abc = 0.09279$ nm^3 であるから，$\rho_{obd} = 0.97$ g cm^{-3} を (1) 式に代入して $Z = 3.86$．Z は本来整数であること，および $\rho_{cr} \geqq \rho_{obd}$ の関係を考慮して，

$$Z = 4$$

と決定する．ポリエチレンでは繊維周期当たり二つの CH$_2$ 単位が含まれるので（図参照），結局，4/2 = 2 本の分子鎖が単位格子に入っていることになる．

3）密度を基本にして結晶化度 X_c を定義すると，

$$\frac{1}{\rho_{obd}} = \frac{X_c}{\rho_{cr}} + \frac{1-X_c}{\rho_{am}} \tag{2}$$

$\rho_{obd} = 0.97$ g cm^{-3}, $\rho_{am} = 0.83$ g cm^{-3}. ρ_{cr} は (1) 式から計算して,

$$\rho_{cr} = \frac{1.66 \times 4 \times 14.03}{92.79} = 1.004 \text{ g cm}^{-3}$$

したがって,(2) 式から,

$$X_c = 0.833 \times 100 = 83.3 \ (\%)$$

演習問題

問題 A 1 つぎの ☐ を埋めよ.

1) 結晶中の分子鎖のヤング率 E を求める方法に X 線回折を用いた方法がある.これは荷重を加えたときの格子面間隔の変化を測定する方法である.分子鎖軸方向の面間隔を d, X 線の波長を λ, それに対応するブラッグ反射角を θ とすると,ブラッグの条件式は ☐ A ☐. 面間隔 d の微小変化量を Δd とすると,ブラッグ角の変化 $\Delta \theta$ との関係は,ブラッグの条件式より ☐ B ☐ と書ける.ひずみ $\varepsilon = \Delta d/d$,応力 σ, ヤング率 E に対しては,フックの法則 ☐ C ☐ が成立するから,結局, $\sigma =$ ☐ D ☐ $\times \Delta \theta$ となる.一方,試料に加えた荷重を F, 断面積を A とし,結晶相にも試料と同一の応力がかかると仮定する (☐ E ☐ 模型) と, $\sigma =$ ☐ F ☐ となる.したがって,荷重下の X 線測定で $\Delta \theta$ がわかれば, ☐ D ☐, ☐ F ☐ からヤング率 E が求まる.

2) ポリエチレンとイソタクチックポリプロピレンの分子鎖軸方向の結晶弾性率を比べると,前者が約 7 倍も大きい.これはポリエチレンのコンホメーションが ☐ G ☐ であるのに対し,ポリプロピレンでは ☐ H ☐ であることに起因している.後者のコンホメーションを決めている要因は,おもに ☐ I ☐ 基間の ☐ J ☐ である.

3) 非晶部分は,X 線回折写真ではいわゆる ☐ K ☐ を与える.この強度と結晶相による X 線反射強度との比から,試料の ☐ L ☐ を求めることができる.これを X_c と表すと,X_c は試料の密度からも求められる.結晶,非晶,試料の各密度を ρ_{cr}, ρ_{am}, ρ_{obd} とすると,一般に ☐ M ☐ の関係がある.

4) 赤外吸収スペクトルにより,結晶部分のみならず,非晶部分の ☐ N ☐ 構造に関する情報が得られる可能性がある.赤外吸収スペクトルと相補的関係にあるのは ☐ O ☐ である.前者の場合,活性となるには ☐ P ☐ の変化する振動であることが必要であるが,後者の場合は ☐ Q ☐ の変化することが必要である.対称心のある結晶では両者の間に ☐ R ☐ 律が成立する.

問題 B 1 ポリテトラメチレンオキシド $-(CH_2)_4O-_n$ について,次の問に答えよ.

1) 一軸延伸試料の X 線繊維図形を,半径 50.0 mm の円筒カメラを使い,CuK$_\alpha$ 線(波長 0.154 nm)を用いて測定した.赤道線と第一層線との間の間隔が 6.4 mm であった.繊維周期を計算せよ.

2) 仮に CC 結合距離,CO 結合距離を 0.153 nm, すべての結合角を 112° とする.完

全に伸びきった（まっすぐな直線ではない！）ときの繊維周期を見積もってみよ．また，1）の値と比較し，このポリマーのコンホメーションについて考察せよ．

関連項目　4・2節, 4・3節

4・2 顕微鏡観察

Keywords 光学顕微鏡，偏光顕微鏡，電子顕微鏡，走査フォース顕微鏡

要点 高分子結晶の構造研究には光学顕微鏡が使用される．球晶組織の観察や分子鎖配向性の議論には偏光顕微鏡が用いられる．電子顕微鏡は，高分子単結晶の観察やモアレ像による欠陥の観察に用いられている．電子線回折も電子顕微鏡を用いて行われる．近年では，原子間力顕微鏡などの走査フォース顕微鏡を用いた結晶表面の形態解析も行われている．

> **例題 1** ポリエチレンは結晶化の方法や熱処理，力学的処理により種々のモルホロジー（形態や構造）をもつ．それぞれの形態的および構造的特徴とそれらを得る方法を述べよ．
> 1) 単結晶 2) 球晶 3) 伸びきり鎖結晶 (ECC) 4) 延伸フィブリル

■**解答**■ 1) 単結晶　高密度ポリエチレン（HDPE）の 0.01〜0.05 wt % の沸騰キシレン溶液を約 350 K に保ったまま 1 日静置しておくと単結晶がフラスコの底に雲状に析出してくる．ポリエチレン（PE）単結晶は厚み 10 nm，長軸 10 μm，短軸 6 μm 程度の寸法をもつ菱形板状晶である．単結晶表面に垂直に電子線を入射して得られる電子線回折図形より，菱形板状晶の長軸と短軸が PE 結晶の a 軸と b 軸方向に対応しており，かつ分子軸（c 軸）が単結晶板面に垂直に配向していることが明らかとなった．単結晶の成長面は，(110) である〔図 1(a) 参照〕．分子鎖長が数百 nm の PE は単結晶表面に垂直に配向する，厚さ 10 nm の単結晶を生成させるためには，PE 分子鎖が単結晶表面で折りたたまれながら結晶化する必要がある．単結晶内部は結晶相であり，表面は非晶相であること，また各相に存在する分子鎖 1 本の占有断面積を考慮すると，単結晶表面に対して分子鎖が垂直に配向し，かつ，その表面で折りたたまれるとする分子鎖凝集状態は不可能である．非晶相の分子鎖の占有断面積が結晶相のそれより大きいという結晶学的な条件を満たすためには，結晶相内の分子鎖は図1(b) に示すように単結晶表面に対して，ある程度傾斜して結晶化しなくてはならず，単結晶の形態は中空ピラミッド形となる．PE 単結晶の厚みは結晶化温度，熱処理温度の上昇とともに増加する．

2) 球晶　PE 球晶は図 2 に示すように，中心となる核から放射状に成長した板状晶（ラメラ）の集合体である．PE の溶融物または濃厚溶液を徐冷して結晶化させると，球晶同士が接した集合体が観察される．球晶を構成するラメラの厚みは通常 10 nm

程度である．球晶核から半径方向に成長するラメラは絶えず新しく派生して空隙を埋めていくため，球晶の結晶化度は，通常，球晶の寸法に関係なく一定であり，直径も 1 mm に達するものもある．球晶を構成するラメラ内の分子鎖の配向状態は，球晶核から半径方向に沿って μm オーダーで移動しながら観測したマイクロビーム X 線回折図形から明らかとなっている．球晶の半径（成長）方向は，PE 結晶の (010)，すなわち b 軸であり，その b 軸まわりに a, c 各軸が半径に沿って周期的にねじれ回転しながらラメラは成長していく（図 2 参照）．ラメラは厚み約 10 nm の板状晶であり，単結晶と同

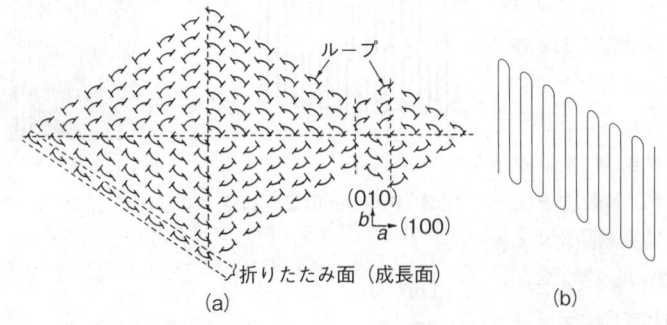

図1　ポリエチレン単結晶におけるループの配列様式 (a) と単結晶の側面から見た分子の配列 (b)（R. H. Reneker, P. H. Geil, *J. Appl. Phys.*, **31**, 1916 (1960) を参考に作成）

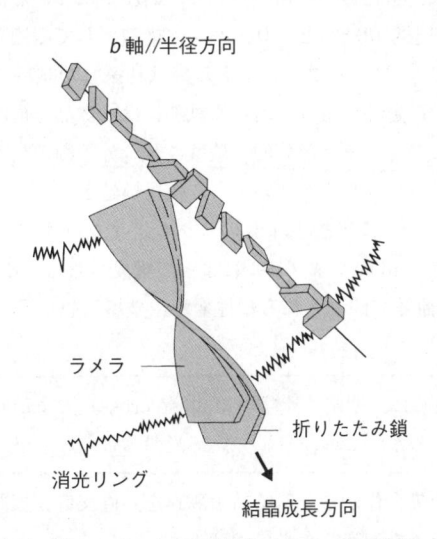

図2　ポリエチレンの球晶中でのラメラ積層の様子（"基礎高分子科学"，p. 115 より）

様に分子鎖はその表面で折りたたまれる．半径方向に沿ったb軸まわりのラメラのねじれは，分子鎖をラメラ表面に対して傾斜配向させることとなり，単結晶の中空ピラミッド構造と同様にPE分子鎖は結晶学的要請を満たしている．ラメラの厚みは結晶化温度および熱処理温度の上昇とともに増加する．

3） 伸びきり鎖結晶（ECC）　PE溶融物を融点近傍で長時間結晶化するか，400 MPa以上の高圧力下で結晶化すると分子鎖

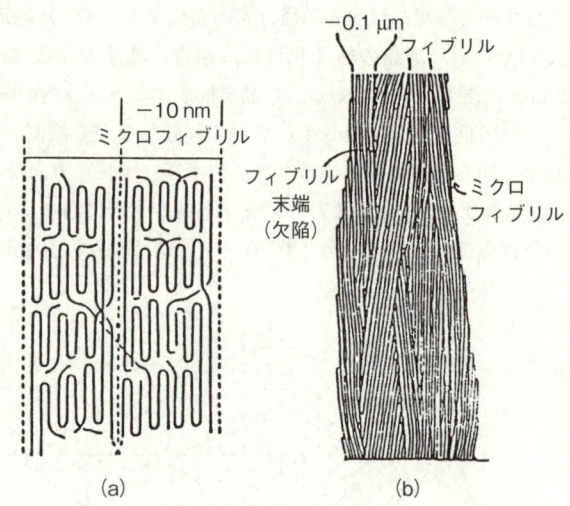

図3　Peterlinのミクロフィブリル-フィブリル繊維構造モデル　(a) ミクロフィブリル，(b) ミクロフィブリルよりなる繊維構造（A. Peterlin, *Pure Appl. Chem.*, **39**, 1 (1974)）

が折りたたまれることなく伸びきり結晶（ECC）が生成する．高圧下では分子間相互作用や干渉性が著しく増加するため，高分子鎖の熱運動は抑制され，融解直前に常圧下では観察されない液晶状態の高圧相が現れる．高圧下における液晶状態の分子鎖集合体が結晶化により伸びきり鎖結晶となり，バンド構造として観測される．

4） 延伸フィブリル　PEフィルムあるいは紡糸した試料を冷延伸すると延伸フィブリルが得られる．冷延伸を受ける前の原試料には，球晶を構成するラメラが存在しており，延伸によりこのラメラは部分的に破壊され，分子鎖の折りたたみ構造をかなり残したまま，分子鎖は再配列して図3のような繊維構造となる．この繊維構造は結晶と非晶相の累積構造からなる直径約10 nmのミクロフィブリルと，そのミクロフィブリルが集合した直径約0.1 μmのフィブリルによって構成される．この繊維構造モデルはPE繊維の応力-ひずみ曲線で観測される塑性変形や破壊現象をうまく説明することができる．

> **例題2**　球晶観察時に，明暗の十字（Maltese cross）および同心円状の暗部（消光リング）が見られるが，この現象について説明せよ．

■**解　答**■　球晶の集合体からなる結晶の薄膜を，直交偏光板間に置いて単色光を用いて観察すると，検光子を通過した光の強度Iは，

$$I = A^2 \sin^2 2\theta \sin^2 \frac{\pi d(n_2 - n_1)}{\lambda}$$

で表される．ここで A, θ, d, λ はおのおの，入射光（電磁波）の振幅，偏光子の偏光面からの角度，フィルム厚さおよび入射光の波長である．また n_1 と n_2 は入射光が試料中で直交成分に分かれて進むときの二つの直交平面偏光の屈折率である．PE 球晶の場合（例題 1 の図 2 参照），PE 結晶の b 軸は球晶の半径方向と一致し，b 軸のまわりで a, c 軸は半径方向に沿って周期的に回転している．それゆえ，半径方向に沿った屈折率楕円体は周期的に変化する．屈折率楕円体の β 軸（結晶 b 軸）が常に半径方向に向いているため，偏光板の直交軸と β 軸が一致したとき（$\theta = 0$, $\pi/2$, π, $(3/2)\pi$），I は零となり，消光して明暗の十字が観察される．また，c 軸が入射光方向と一致したとき，PE の a と b 軸の屈折率がほぼ等しいため $n_1 \approx n_2$ となり，I は零となる．この条件が半径方向に沿って周期的に成立するため，同心円状の消光リングが観察される．

演習問題

問題 A 1 分子量 10 万のポリエチレンのキシレン希薄溶液から単結晶（厚さ約 20 nm）を作製した．下図の単結晶中の白い丸は電子線を照射した箇所である．

1）それに対応した電子線回折図形を右下に示す．このデータから，単結晶中における斜方晶型格子の方位について説明せよ．

2）1）の結果から推定される "単結晶における分子鎖の存在形態" について，略図を描くとともに，その根拠を説明せよ．

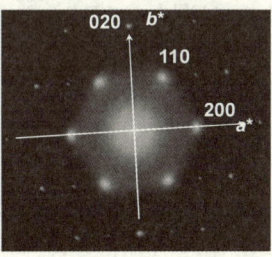

関連項目 4・1 節

4·3 ポリオレフィン

Keywords ポリエチレン，ポリプロピレン，低密度ポリエチレン，高密度ポリエチレン，イソタクチックポリエチレン

要点 ポリオレフィンは二重結合をもつアルケン（オレフィン）化合物が重合してできた高分子である．ポリエチレンやポリプロピレンが代表例として挙げられる．ポリエチレンはエチレンを重合させてつくる高分子であり，重合する圧力，温度，触媒などの条件により，材料の密度や結晶化度，温度特性，機械特性を制御することができる．たとえば，1,000気圧以上で100℃以上の高温・高圧下で重合させた低密度ポリエチレン（LDPE）や，100気圧以下の比較的低い圧力下で重合させたときに見られる高密度ポリエチレン（HDPE）が挙げられる．さらに，ポリプロピレンについては，取扱いが容易で，安価で成形しやすいことから，イソタクチックポリプロピレンが一般的に用いられている．イソタクチックポリプロピレンは側鎖にメチル基をもつため，その結晶構造は，三つのモノマーで1回転する3/1らせん構造であり，らせんの向きや高分子鎖の配置により非常に複雑な結晶多形を取ることが知られている．結晶構造によって熱的な性質が異なっており，熱処理の条件や核剤によって制御できる．また，溶融物を急冷（90℃ s^{-1}以上）させるとメゾ構造と呼ばれる結晶と無定形（非晶）の中間的な構造をとる．

ポリオレフィンについては，同じ化学構造であっても，結晶の作製温度や溶媒の存在，圧力，流動・電場などの外場によって結晶構造は大きな影響を受ける．一般的に外場などのない静置場で結晶化させると，球晶と呼ばれる高次構造が観察される．また，高圧下での結晶化では，高分子鎖が折りたたまれない"伸びきり鎖結晶"が観測される．

例題1 高密度ポリエチレン（HDPE），低密度ポリエチレン（LDPE），直鎖状低密度ポリエチレン（LLDPE）の構造についての相違を述べよ．

■解答■ 高密度ポリエチレン：分子鎖は直鎖状であり，結晶化度は非常に高い．
低密度ポリエチレン：分岐を非常に多くもつ．結晶化度は低く柔らかい．
直鎖状低密度ポリエチレン：分岐は制御可能でHDPEとLDPEの中間の性質をもつ．

■解説■ 低密度ポリエチレンはエチレンを1,000気圧以上，100度以上の高温・高圧下で重合させたものである．密度は0.910〜0.930 g cm^{-3}である．分岐が多いため，結晶化度は低く，非常にしなやかで柔らかい．フィルム状に成形すると透明になる．一般的には包装材として用いられている．

高密度ポリエチレンはエチレンを 100 気圧以下において, Ziegler–Natta 触媒やメタロセン触媒下で重合させる. 密度は 0.940 g cm^{-3} 以上であると定義されている. 分岐が非常に少なく, 一般的には高分子鎖は直鎖状である. 結晶化度は非常に高く, 硬くて強靭である. また, フィルム状に成形しても, 微結晶が多数存在しているため乳白色をしている. おもに, ポリバケツやコンテナなどの運搬用具, パイプなどに使用されている. 非常に高い分子量のものは耐摩耗性が高いことから人工関節や軸受け, ローラーなどに用いられる.

直鎖状低密度ポリエチレンは LLDPE (linear low density polyethylene) と呼ばれ, エチレンと α-オレフィン (ブテン, ヘキセンなど) を共重合して得られる. 密度は 0.910〜0.940 g cm^{-3} であり, HDPE と LDPE の中間の性質をもつ. α-オレフィンの分率を変えることで, 側鎖の長さや密度を制御することも可能であり, 物性も大きく変化させることが可能である.

―― 演習問題 ――

問題 A 1 1950 年代なかばに開発された Ziegler–Natta 触媒を用いて重合したポリエチレンは高い融点を示すことが知られている. その理由を述べよ. また, このようにして重合されたポリエチレンの特徴を述べよ.

問題 B 1 ポリエチレンが示す "折りたたみ鎖結晶" と "伸びきり鎖結晶" について結晶生成条件と凝集状態の違いについて説明せよ.

問題 B 2 ポリプロピレンは立体規則性によって三つに分類可能である. それぞれについて説明し, 結晶構造から融点の差について議論せよ.

問題 C 1 イソタクチックポリプロピレンが, らせん構造をとる理由について説明せよ.

問題 C 2 LLDPE では, α-オレフィンの分率を制御することによって, 長鎖分岐や短鎖分岐を導入することが可能である. LLDPE 中に含まれる長鎖分岐および短鎖分岐が物性や加工性に及ぼす影響について簡単に説明せよ.

関連項目 4・1 節, 4・2 節

4・4 エンジニアリングプラスチック

Keywords　汎用プラスチック，スーパーエンプラ，ガラス転移温度，融解エンタルピー

要点　エンジニアリングプラスチックは"エンプラ"と省略形で呼ばれることが多い．ポリエチレンやポリプロピレン，ポリ塩化ビニルなどの汎用プラスチックと比較すると高性能，高機能であり，価格も高い．一般的な定義として，エンプラは熱変形温度100℃以上，引張強度 60 MPa 以上，弾性率 2 GPa 以上の性能をもつものをいう．エンプラは，耐熱性，機械的強度，耐摩擦・摩耗性，耐薬品性，寸法安定性，電気特性などに優れているため，その用途は幅広く，電機・電子機器，自動車，機械，医療用機器などに利用されている．エンプラの中で耐熱性がさらに高く，150℃以上の高温でも長期使用できるものについても開発が進んでおり，特殊エンプラまたはスーパーエンプラという．スーパーエンプラについては，汎用エンプラほどの市場規模はないが，耐熱性などの付加価値をつけることによって，価格は高いがユニークな特徴をもつものが開発されている．

一般的に，高分子の耐熱性を向上させるには，ガラス転移温度（T_g）を高くすることで達成できる．高分子の分子設計を制御することによって，高機能・高性能高分子の開発がなされている．たとえば，分子設計の段階で，分子間の凝集力を高くすることで融解エンタルピー（$\Delta_m H$）を大きくさせることが考えられる．また，分子の対称性を上げ，主鎖に曲がりにくい剛直な部分を付与することで，分子そのものを動きにくくして，耐熱性を向上させることが考えられる．さらに高温での安定性を付与するために，強固な主鎖結合の高分子鎖への導入などが考えられる．その一例として，図1にポリカーボネートとポリフェニレンスルフィドを示す．二重結合をもつ芳香環を主鎖に導入すると結合エネルギーが高く，剛直になり，さらに分子間に働く凝集力も強くなるため耐熱性が向上する．

図1　ポリカーボネート（a），ポリフェニレンスルフィド（b）の構造式

> **例題1** 5大汎用エンプラを列挙し，結晶性と非晶性に分類せよ．

■**解 答**■ 結晶性：ポリアセタール，ポリアミド，ポリブチレンテレフタレート（PBT）
非晶性：ポリカーボネート，変性ポリフェニレンエーテル

■**解 説**■ 一般的に結晶性高分子は系内に微結晶が存在するため，半透明～不透明になりやすく，機械部品や装置の内部部品に用いられることが多い．金属に比べ，非常に軽く，成形加工性も優れているので，家電製品などの軽量化に寄与している．一方，非晶性高分子は透明性や着色性がよいので，外装部品，DVDやCDのような光学材料などとして用いられている．しかし，非晶性であるため薬品には弱い．

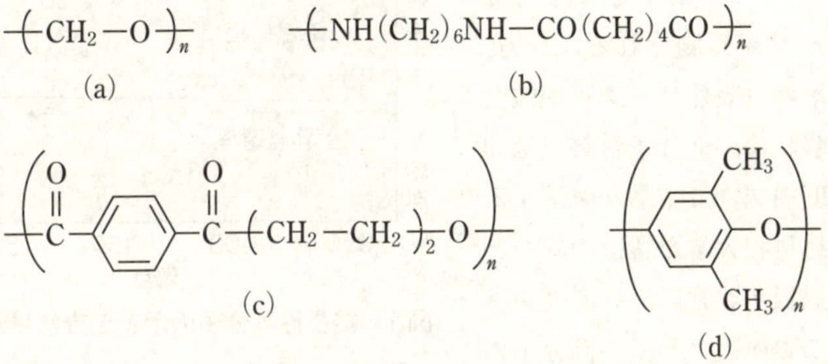

$$-\!\!\left(CH_2-O\right)_{\!n}\!\!- \quad -\!\!\left(NH(CH_2)_6NH-CO(CH_2)_4CO\right)_{\!n}\!\!-$$
(a)   (b)

(c) PBT構造式, (d) 変性ポリフェニレンエーテル構造式

図2 ポリアセタール（a），ポリアミド（ナイロン6）（b），PBT（c），変性ポリフェニレンエーテル（d）の構造式

演習問題

問題A1 エンプラの代表例である芳香族ポリイミド（カプトン）の構造式を書き，その特徴を述べよ．（**ヒント**：主鎖の中の剛直な部分およびポリイミドの主鎖分子間の相互作用に着目せよ．）

問題B1 ケブラー（Kevlar®）に代表されるアラミド繊維がなぜナイロンに比べて高い T_g，高い T_m を示すのか説明せよ．（**ヒント**：ナイロンもケブラーもポリアミドである．分子構造に着目せよ．）

問題C1 エンプラもしくはスーパーエンプラの中から具体的なポリマーを挙げて，1）繰返し構造の特徴，2）おもな合成法，原料・資源，3）物性の特徴（長所・短所），4）おもな用途・応用例，を挙げよ．

■**関連項目**■ 4・1節，4・3節，4・5節

4・5 結晶の熱的性質

Keywords 融点,融解エンタルピー,融解エントロピー

要点 結晶性高分子材料では,ガラス転移温度(T_g)と**融点**(T_m)の間で結晶成長が観測される.示差走査熱量測定(differential scanning calorimeter, DSC)や光学顕微鏡,光散乱,X 線回折などの手法で結晶成長を評価できる.図1に一般的な結晶性高分子の DSC 曲線を示す.結晶化に伴ってエントロピーが小さくなるため,発熱ピークが観測される.一方,融解時に融解熱(吸熱ピーク)が観測される.融解時に,低分子材料では非常に狭い温度領域内で結晶が融解するが,高分子材料の大きな特徴の一つとして,融解過程が非常に広い温度領域で起こる.この原因として,高分子の

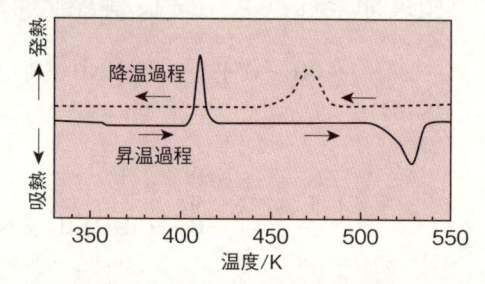

図1 結晶性高分子の示差走査熱量測定の一例

融点が"結晶の大きさ"に依存していることを表している.X 線散乱を用いると結晶の大きさの温度依存性を評価できる.一般的に,融点 T_m は結晶の**融解エンタルピー**($\Delta_m H$)を用いて,

$$T_m = T_m^\circ [1 - 2\sigma_e/(l\Delta_m H)]$$

と記述できる.ここで,σ_e は板状結晶の表面エネルギー,l は結晶の厚みである.T_m° は平衡融点と呼ばれ,無限大のサイズをもつ"仮想的な"高分子結晶の融解温度である.定式を見ると,結晶の厚み l が大きくなるに従って,T_m は大きくなる傾向があることがわかる.すなわち,小さな結晶ほど融点が低く,大きな結晶は融点が高いことが示される.さらに,平衡融点 T_m° は,液相および結晶相のギブズの自由エネルギーが釣り合う点として決定される.圧力一定の条件で結晶相(C)と液相(L)のギブズの自由エネルギーはそれぞれ,$G_C = H_C - TS_C$ および $G_L = H_L - TS_L$ で記述できる.平衡融点においてギブズの自由エネルギーは等しいので $H_C - TS_C = H_L - TS_L$ が成立する.mol 当たりの $\Delta_m H (= H_C - H_L)$,**融解エントロピー**($\Delta_m S = S_C - S_L$)を用いて,

$$T_m^\circ = \Delta_m H / \Delta_m S$$

となる.これらのことから,高分子の融解エントロピーを小さくしたり,融解エンタルピーを大きくすることで,より高融点の試料を設計することが可能である.エントロピーを小さくするために,液晶のような非常に剛直な成分を導入すること,またエンタ

ルピーを大きくするために，主鎖の相互作用を大きくして結晶コンホメーションの安定性を大きくする（ベンゼン環などを導入，主鎖に水素結合を導入）ことなどが考えられる．

例題 1 結晶性高分子のガラス転移温度 T_g や結晶化温度 T_c，融点 T_m を求めるのに DSC は非常に有効である．ある結晶性高分子を溶融状態から急冷した試料に対して DSC 測定を行って図 1 の結果を得た．このとき，昇温速度および降温速度は一定であった．昇温過程の曲線において T_g，T_c，T_m がどこにあるかを示すとともにそのように判断した理由を述べよ．

■**解　答**■　T_g：360 K．ガラス転移によって高分子材料は比熱の変化が観測される．そのため，ベースラインが"ずれて"見える箇所である．

T_c や T_m は変化し始める温度（on-set 温度）で評価するので，

T_c：405 K．結晶化に伴いエントロピーが小さくなるため発熱が観測される．

T_m：510 K．結晶の融解に伴って，吸熱が起こるため吸熱側にピークが観測される．

演習問題

問題 A1　低分子では圧力が一定のとき，結晶の融解は，特定の融点で非常にシャープに起こることが知られている．しかし，高分子では，図 1 のように，吸熱ピークが非常に幅広い領域に及んでいる．この違いを考察せよ．

問題 B1　高分子系において，融解エンタルピーおよび融解エントロピーはどのようなパラメーターによって決定されるかを述べ，ポリテトラフルオロエチレン（融点601 K），ポリエチレン（414.7 K），ポリエチレンオキシド（342.8 K）の順序で融点が変化する理由を考察せよ．（ヒント：融解エンタルピー $\Delta_m H$ と融解エントロピー $\Delta_m S$ は次の通り．ポリテトラフルオロエチレン：$\Delta_m H = 3.42$ kJ K^{-1} mol，$\Delta_m S = 5.69$ kJ K^{-1} mol，ポリエチレン：$\Delta_m H = 4.11$ kJ K^{-1} mol，$\Delta_m S = 9.91$ kJ K^{-1} mol，ポリエチレンオキシド：$\Delta_m H = 8.67$ kJ K^{-1} mol，$\Delta_m S = 25.29$ kJ K^{-1} mol．）

問題 C1　結晶性および非晶性高分子を，溶融状態から冷却して凝固させた．

1）このときの体積変化の様子を横軸を温度，縦軸を体積として模式的に示せ．

2）1）のような体積変化に相違が見られる理由を高分子鎖の構造変化の違いから論ぜよ．

関連項目　4・4 節

4·6 結晶化現象

Keywords 結晶核生成，結晶成長

要点 通常，高分子の結晶化はガラス転移温度（T_g）以上，かつ融点（T_m）以下の温度範囲で観測される．結晶化では，一般的に溶融体（ガラス状態）の"ランダムコイル"状態から，結晶核が生成し，結晶核を中心にしてラメラ構造が成長するという"核生成・成長（nucleation and growth）"が起こる．結晶化に伴い，高分子鎖はランダムコイルから結晶コンホメーションへの変化が起こり，規則正しく配列していく．nmスケールではいわゆる結晶格子が低分子化合物と同様に観測される．サブミクロンスケールでは"ラメラ構造"形成によって周期構造が観測される．μmスケールでは，通常の条件では，微結晶や球晶などが観測されることが多く，球晶などによるμmスケールの不均一さにより光が散乱され不透明な試料になることが多い．また，結晶化に伴う吸熱や体積変化を観測することによって結晶化プロセスの進行を議論することができる．

　結晶化現象は"結晶核生成"と"結晶成長"に分けて考えると理解しやすい．**結晶核生成**については，原理的に平衡融点からの"過冷却度"によって支配される．過冷却度が大きい，すなわち結晶化温度が低いほど結晶核生成速度は大きくなると考えられる．しかし，現実には，結晶核剤（nucleating agent）を人為的に混入させて，結晶核の表面自由エネルギーを低下させることで核形成に必要な過冷却度を小さくする．すなわち高温で結晶核生成速度を大きくできる．

　一方，**結晶成長**については，ラメラの成長面に高分子鎖が取込まれて成長する過程であると考えられる．また，高分子の結晶成長は T_m と T_g の中間付近の温度で最も速くなることが知られている．過冷却度が小さい間は，ラメラの成長面に鎖が"くっつく"ことが律速段階となるため，過冷却度が大きいほど結晶成長が加速される．一方，T_g 近くになると，溶融体中の高分子鎖セグメントの易動度が減少するため，結晶成長速度が減少する．

例題1 以下は室温で透明なポリエチレンテレフタレートフィルムを昇温させたときに観測される様子の記述である．A〜Fに当てはまる語句を答えよ．

　PETフィルムの温度を室温から徐々に上げると70℃付近で（A）状態からゴム状態になる．さらに温度を上げていくと100℃以上で，だんだん透明性を失う．これはPETの（B）領域が熱による撹乱を受けて分子鎖が再配列し（C）することを示している．さらに温度を上げると280℃付近で（D）し，再び透明となる．

これを室温以下に急冷すると, （E）なフィルムが得られる. 一方, ゆっくりと室温に冷却すると（F）フィルムが得られる.

■**解　答**■　A：ガラス, B：非晶, C：結晶化, D：融解（溶融）, E：透明, F：白濁（不透明）

■**解　説**■　ポリエチレンテレフタレートの T_g は 70 ℃ 付近である. 70 ℃ 以下ではガラス状態, それ以上ではガラス転移が起こってゴム状態になる. また, T_g 以上の温度では結晶化が始まるため, 非晶領域が結晶へと変化する. 球晶が発達するにつれて, フィルムは不透明となる. また, 生成した結晶は T_m で融解し, 再び透明となる.

演習問題

問題A1　4・5節の図1の DSC 曲線において, 昇温過程および降温過程で結晶化に伴う発熱ピークの位置に違いが確認された. その理由を述べよ.

問題B1　結晶化速度の温度依存性は一般的に右図に示すような釣鐘型の曲線となる. その理由を簡潔に述べよ.

問題C1　球晶成長をモデル化すると一般的に Avrami の式で記述できる. Avrami の式は, 以下のようにして導出できる. ここで, 結晶核は単位時間・単位体積当たり N_0 個発生し, 時刻 τ で発生した結晶核が球晶の半径 r 方向に一定速度 $\dot{r}$ で成長して球晶をつくるとする.

1) 非常に短い時間 dt 当たりの結晶の体積の増加量は,

$$dv = 4\pi r^2 (t - \tau) N_0 \dot{r} dt = 4\pi r^2 (t - r/\dot{r}) N_0 dr$$

であることを示せ.

2) 球晶の体積分率は $\phi_c = 1 - \exp[(-\pi N_0 \dot{r}^3 / 3) \cdot t^4]$ であることを示せ.

3) 試料の時刻 t における体積が $V(t)$ で表されるとき, ϕ_c を $t=0, t=t, t=\infty$ のときの体積 $V(0), V(t), V(\infty)$ を用いて表現し, Avrami プロットを用いて $\phi_c / \phi_c^\infty = 1 - \exp(-Kt^n)$ の K および n を求める方法を述べよ.

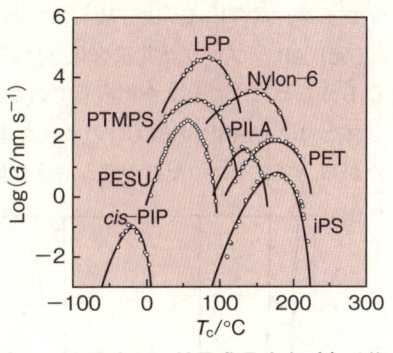

図1　各温度での結晶成長速度〔奥居徳昌ら, 繊維学会誌, **61**, 157（2005）〕

関連項目　4・1節〜4・5節

4・7 ブロック共重合体の構造と相転移

Keywords　ランダム共重合体，ブロック共重合体，弱偏析，中偏析，強偏析

要点　共重合体とは複数のモノマー種からなる高分子である．構成するモノマーがランダムに分布しているものを**ランダム共重合体**（ランダムコポリマー），各モノマー種がブロック状に連なっているものを**ブロック共重合体**（ブロックコポリマー）と呼ぶ．ブロック共重合体の構造や導入可能なモノマー種は，重合方法に強く依存している．アニオン重合法をはじめとしたリビング重合の発展により，さまざまなブロック共重合体が合成可能になり，その物理的性質の理解も進んでいる．また，ブロック間をカップリングすることによるブロック共重合体化，分岐構造の導入なども可能である．ブロック共重合体は，成分数，各ブロックの配列の違いにより区別される．たとえば，（二元）ABジブロック共重合体とは，AAAAAAAABBBBBBのようにモノマーAおよびBが二つのブロックを形成している共重合体であり，（三元）ABCトリブロック共重合体とはAAAABBBBCCCのような連鎖をもつ共重合体を指す．同じ化学組成でありながら，ブロックの配列が違う共重合体は異なる高次構造や物性を示す．

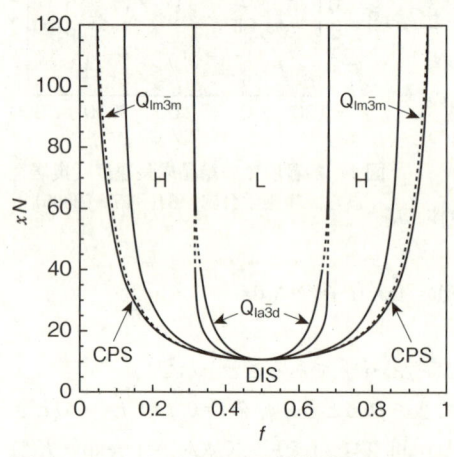

図1　MatsenらによるSCF計算結果　$Q_{Im\bar{3}m}$は体心立方格子の球状ドメイン相，Hは二次元ヘキサゴナルのシリンダー相，$Q_{Ia\bar{3}d}$は二つの3分岐構造からなる立方相であるダブルジャイロイド相を示す．CPS（closed packed sphere）相は実験的に確認されていない（M. W. Matsen, F. S. Bates, *Macromolecules*, **29**, 1091 (1996)）

通常，ブロック共重合体を構成する異なるモノマー種のブロック間には斥力的相互作用が働くが，各ブロックは共有結合で結ばれているため，マクロに相分離することが許されず，ミクロ相分離と呼ばれる共重合体分子の大きさ程度の相分離を起こす．ミクロ相分離を起こすブロック共重合体の物性には，ブロックを構成するポリマーの物性が強く反映される．たとえば，ポリスチレン（PS）とポリブタジエン（PB）からなるブロック共重合体がミクロ相分離している場合には，それぞれに対応する二つのガラス転移温度（T_g）が観測される．

ブロック共重合体は，ミクロ相分離することで，各ブロックがドメインを

形成し,秩序構造を発現する.最も単純な二元 AB ジブロック共重合体の場合には,相互作用の程度を示すパラメーターである χ,重合度 N,組成比 f_A ($f_B=1-f_A$) により熱力学的平衡状態の秩序構造が決定される.ブロック共重合体の最初の相図の理論的導出は,**弱偏析**(weak segregation limit, WSL)において自由エネルギーをオーダーパラメーター $\psi(r) = \langle \phi_A - f \rangle$ に対して Landau 展開することで求められた.後年,**中偏析**(intermediate segregation)に拡張した SCF(self-consistent field,自己無撞着の場またはつじつまの合う場)理論を用いて,さまざまな秩序構造を形成するブロック共重合体の自由エネルギーが計算され,ラメラ,ジャイロイド,シリンダー,球の規則構造が平衡構造として存在していることが示された.図 1 に Matsen らによる SCF 計算結果を示す.それぞれの構造は図中に示す空間群の対称性をもっている.

一方,**強偏析**(strong segregation limit, SSL)の理論においては,各ブロック間の斥力が大きく,混合が起こらないことを仮定している.そのため,秩序–無秩序転移近傍で相互作用の弱い場合には適当な理論ではないが,ブロック共重合体の秩序構造中での自由エネルギーが界面エネルギー,ドメイン内で伸張されるブロック共重合体のエントロピー弾性などで記述でき,比較的単純に秩序構造形成を理論的に議論できる.

例題 1 A,B,C のモノマー種からなる線状ブロック共重合体で考えられる配列をすべて挙げよ.ただし,A,B,C の各モノマーはそれぞれ一つのブロックを形成するとし,両末端の区別がつかないとする.

■**解 答**■ 各ブロック名をそれぞれ,A,B,C とすると,ABC,ACB,BAC の 3 種類が考えられる.

例題 2 AB ジブロック共重合体において A の重合度を N_A,B の重合度を N_B とした場合,A の体積分率 f_A,および B の体積分率 f_B はどのように表せるか.ただし,A,B のモノマー当たりの体積は同一とする.

■**解 答**■ AB ジブロック共重合体 1 分子中における A,B 各モノマー当たりの体積は同一で v とすると,A の占める体積は $N_A v$,B の占める体積は $N_B v$ である.したがって,

$$f_A = N_A v / (N_A v + N_B v) = N_A / (N_A + N_B)$$
$$f_B = N_B / (N_A + N_B)$$

が得られる.

例題 3 ポリスチレン(PS)とポリブタジエン(PB)からなる PS–PB ジブロック共重合体と PS–PB–PS トリブロック共重合体がある.両者ともに PS,PB 固有のガラス転移温度(T_g)を示した.片方は室温でエラストマーの性質を示したが,他

方は弾性的な回復をしなかった．理由を説明せよ．

■解　答■　PS–PB および PS–PB–PS はともにミクロ相分離しているために，PS，PB それぞれの T_g を示していると考えられる．したがって室温では，PS はガラス状，PB はゴム状である．トリブロック共重合体の場合，ガラス化した PS ドメインの間を PS–PB–PS 分子が橋架けするため，ガラス状 PS ドメインを架橋点としてネットワークが形成され，エラストマーの性質を示す．

例題 4　組成比が 0.5 のブロック共重合体はラメラを形成する．組成比が 0.5 から増加する場合，あるいは減少する場合，ラメラ→ジャイロイド→シリンダー→球と構造が変化することが知られている．この順に構造が現れる理由を説明せよ．

■解　答■　組成比が 0.5 のブロック共重合体は対称なため，界面が平面である構造が最も安定である．一方で，組成比が非対称になる場合，界面が曲率をもつドメイン構造が安定になり，ジャイロイド，シリンダー，球状構造の順に曲率が増加するので，この順に転移が起こる．

演習問題

問題 A1　ブロック共重合体が巨視的な相分離をせず，特定の大きさのドメインに相分離する（ミクロ相分離）理由を説明せよ．

問題 A2　ポリマー A とポリマー B を溶媒中で混合し，溶媒を蒸発させて混合物を作製したところ，白濁した試料が得られた．一方で，AB ジブロック共重合体試料は透明であった．その理由を説明せよ．

問題 B1　ブロック共重合体のミクロ相分離構造の研究には，電子顕微鏡および小角 X 線（中性子）散乱がよく用いられる．未知の構造を同定する場合の，それぞれの手法の有利な点，不利な点を挙げよ．

問題 B2　規則的な構造をもつ結晶は X 線を数度以上の広角に回折する．一方で，非晶性ブロックからなるブロック共重合体は X 線を 1 度以下の小角領域に回折・散乱させる．X 線の波長が 0.15 nm 程度であるとして理由を説明せよ．

問題 B3　あるブロック共重合体が自己組織化し，構造周期が D である秩序構造を形成した．D を増加させた場合，また，D を減少した場合には復元力が働くため D は一定値となる．復元力が働く理由を定性的に説明せよ．

問題 C1　強偏析での AB ジブロック共重合体のラメラ構造について考えよう．この場合の AB 間相互作用によるエネルギーは界面張力，

$$\gamma_{AB} = \frac{k_B T}{a^2}\sqrt{\frac{\chi_{AB}}{6}}$$

で与えられる．ただし，a はセグメント長，χ_{AB} は AB 間の相互作用パラメーター，k_B はボルツマン定数，T は温度である．1分子当たりの占める界面の面積を Σ とすると，1分子当たりの界面エネルギーは $\gamma_{AB}\Sigma$ で与えられる．ラメラの1周期はブロック共重合体の二層膜からなることから，Σ をラメラ周期 λ，全セグメント数 N，セグメント長 a を用いて表し，1分子当たりの界面による自由エネルギーを，Σ を用いずに示せ．

問題 C 2 Flory-Huggins の理論を用いて，ブロック共重合体が無秩序状態の場合の1分子当たりの相互作用エネルギーを示せ．ただし，全セグメント数 N，相互作用パラメーターχ_{AB}，A ブロックの組成 ϕ_A，B ブロックの組成 ϕ_B，ボルツマン定数 k_B，温度 T とせよ．

問題 C 3 ブロック共重合体分子が周期 λ のラメラ中にある場合の，1分子当たりのエントロピー弾性による自由エネルギーへの寄与を計算せよ（ただし，無秩序状態での形態のエントロピー弾性を基準とする）．ここで，全セグメント数 N，セグメント長 a，ボルツマン定数 k_B，温度 T とする．

問題 C 4 問題 C 1 から問題 C 3 の結果を用いて，ラメラ構造と無秩序構造間の1分子当たりの全自由エネルギー変化を示せ．ただし，界面エネルギー変化，混合による相互作用エネルギー変化，伸張によるエントロピー弾性エネルギー変化のみを考えればよい．これを用いて自由エネルギーを最小値とするラメラ周期 λ_{min} を求めよ．

関連項目 4・8 節

4・8 平均場近似

Keywords　Landau 展開，ランダム位相差近似

要点　自己組織化したブロック共重合体の平衡構造は，仮定した構造の自由エネルギーを計算して比較することで決定される．ブロック共重合体の最初の相図は，弱偏析 (weak segregation limit, WSL) において自由エネルギーをオーダーパラメーター $\psi(r) = \langle \phi_A - f \rangle$ に対して Landau 展開することで求められ，球，シリンダー，ラメラが安定相として決定された．平均濃度からのわずかなゆらぎをオーダーパラメーターとして展開しているため，弱偏析で正しい理論であり，秩序–無秩序転移の近傍への適用に限られる．$\psi(r)$ に対しての展開項の係数はランダム位相差近似 (RPA) を用いて計算され，オーダーパラメーター $\psi(r)$ に対して 4 次まで Landau 展開された自由エネルギー，

$$f(\psi) = \tau \psi^2 + \frac{u}{4} \psi^4 \tag{1}$$

に近似することができる．RPA により計算される係数は $\tau = 2(\chi_s N - \chi N)/c^2$，ただし χ_s はスピノーダル点 (均一混合状態が熱力学的に不安定になる温度) における相互作用パラメーターであり，$\chi_s N$ は共重合体の形態から計算される．また，c は定数，u は f と N の関数である．ミクロ相分離のスピノーダル条件は $\tau = 0$ であり，$\tau > 0$ の場合，$f(\psi)$ は $\psi = 0$ において極小となり，ミクロ相分離は進行しない．一方で，$\tau < 0$ の場合，$f(\psi)$ は $\psi = 0$ において極大，$\psi \neq 0$ の 2 点において極小点をもち，二つのドメインにミクロ相分離することを示すことができる．

また，得られた係数 τ の逆数は実験で測定可能な小角領域の X 線や中性子散乱強度に比例し，無秩序状態においての組成のゆらぎと関連している．RPA と散乱で測定された散乱関数を比較することで未知の χ などの熱力学的パラメーターを決定することが可能である．

演習問題

問題 B1　A ホモポリマーと AB ジブロック共重合体のブレンドでは，A ホモポリマーと AB ジブロック共重合体のマクロ相分離と，A 成分，B 成分のミクロ相分離の二つの可能性がある．マクロ相分離では $q = 0$，ミクロ相分離では $q = q_m \approx 1/R_g$ において散乱強度が発散することからそれぞれのスピノーダル点を決定している．マクロ相分離とミクロ相分離で異なる波数 q での発散を考えるのはなぜかを説明せよ．

問題 B2　1980 年に弱偏析を用いて得られたブロック共重合体の相図では，現在平

衡構造と考えられているジャイロイド構造は含まれていなかった．弱偏析などの理論で平衡構造を決定する場合の問題点を指摘せよ．

関連項目　4・7節

5

高分子の物性

●**学習目標**● 材料を使う際には，その性質を理解し，制御する必要がある．この章では，高分子の熱的安定性や力学強度，また，成型加工を考える上で重要なレオロジーを学ぶ．次いで，有機デバイスを作製する際に必要な高分子の電気特性や光学特性について考え，最後に，高分子を化粧品や吸水材に応用展開する際に必要な膨潤について学ぶ．

5·1 高分子の弾性率

Keywords　応力，引張弾性率（ヤング率），せん断ひずみ，せん断弾性率（剛性率）

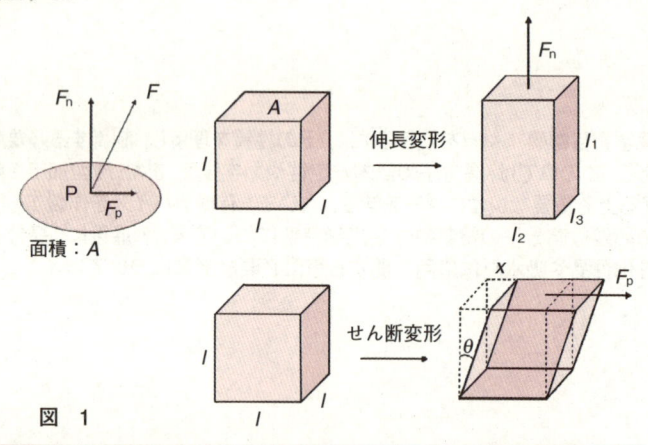

要点　物体が外力によって変形する様子を考える．外力を取去ったとき，変形が完全に戻る場合を弾性変形，変形が残る場合を流動といい，弾性変形の限界を弾性限界という．弾性率は高分子の力学物性を理解する上で重要な物性値である．いま，面積を A，A に加える力を F とする．この際の応力（σ）は F/A で与えられ，物体のサイズには依存しない．図1の場合，F_n/A は法線応力（σ_n），F_p/A は接線応力（σ_p）と定義できる．一辺の長さが l の立方体に法線応力 σ_n を加えて伸長する．j 方向の伸長は，ひずみ（ε）として定義され，$(l_j-l)/l$ で与えられる．この際の応力とひずみの比（σ_n/ε）が引張弾性率（ヤング率）（E）となる．また，せん断変形を加えた際の変形はせん断ひずみ（γ）で定義され，$x/l=\tan\theta$ で与えられる．この際の弾性率はせん断弾性率（剛性率）（G）といい，同様に σ_p/γ で与えられる．また，物体に一様な力が働いて変形する場合を体積変形といい，その際のひずみは変形前後の体積 V_0 および V を用いて $(V_0-V)/V_0$ と定義する．応力は，伸長変形の場合と同様に F/A で与えられる．力学的に等方性の物体では，体積弾性率を K，ポアソン比を ν として，$E=2G(1+\nu)=3K(1-2\nu)$ の関係が成立する．

図 1

例題1　完全弾性体では，応力（σ）を加えると同時に一定のひずみ（ε）が生じ，応力を取去るとひずみが消失する．応力と時間（t）の関係，ひずみと時間の関係を図示し，また，応力とひずみの関係を図示せよ．

■解　答■

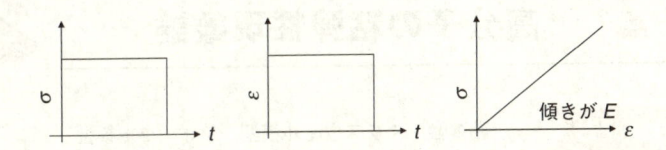

例題2　変形の際に体積変化がないとすれば，引張弾性率とせん断弾性率はどちらが大きくなるか答えよ．

■解　答■　体積変化がないのでポアソン比 ν は 0.5 である．したがって，引張弾性率はせん断弾性率の 3 倍大きくなる．

演習問題

問題A1　ポアソン比を定義せよ．

問題B1　一般に，ガラス状態にある高分子の弾性率には分子量依存性が観測されない，その理由を述べよ．

問題B2　長さ l のゴムに外力 f を加え，dl だけ伸長したとき，

$$f = (\partial U/\partial l)_{T,V} - T(\partial S/\partial l)_{T,V} \tag{1}$$

が成立することを示せ．ただし，等温条件下で伸長によってゴムの体積は変わらないものとする．

問題C1　実験によって張力に対する内部エネルギーの寄与とエントロピーの寄与を分離して求める方法について述べよ．

関連項目　5・2節〜5・5節

5・2 高分子の粘弾性現象論

Keywords　粘弾性，マクスウェル模型，フォークト模型

要点　**粘弾性**(viscoelasticity)とは粘性および弾性の両方をあわせもつ性質のことである．粘弾性を示す物体を粘弾性体といい，高分子は粘弾性体の代表的な物質である．粘弾性は線形と非線形に分けられる．線形粘弾性とは，粘弾性体に刺激を加えた際の応答挙動が線形で表せる性質のことであり，刺激が小さいときに観測される．この性質を表すために**マクスウェル模型**や**フォークト模型**がよく用いられる．一方，非線形粘弾性とは，粘弾性体に刺激を加えた際の応答挙動が非線形となってしまう性質のことである(5・3節参照)．大変形の場合や，濃厚溶液，多相系材料，また，結晶性高分子によくみられる性質である．非線形粘弾性現象として，ワイセンベルグ効果とバラス効果が有名である．ワイセンベルグ効果は高分子濃厚溶液中で棒を回転させると，液体が棒に巻き付きながら這い上がる現象である．バラス効果は，押出機の出口につける口金(ダイ)から高分子液体を押し出すと押出された液体の径がダイの径よりも大きくなる現象である．非線形粘弾性の理解は高分子工業の発展の鍵となっている．

例題 1　理想弾性体(弾性率 E)および純粘性体(粘性率 η_E)からなるマクスウェル要素に時間 $t=0$ でひずみ ε を印加した際の応力 σ の時間変化を求め，それらを図示せよ．

■解答と解説■　理想弾性体および純粘性体では，それぞれ，フックの法則およびニュートンの法則が成り立つ．

$$\sigma = E\varepsilon \qquad \text{フックの法則} \qquad (1)$$

$$\sigma = \eta(d\varepsilon/dt) \qquad \text{ニュートンの法則} \qquad (2)$$

図 1 は理想弾性体のばねと純粘性体のダッシュポットが直列につながれたマクスウェル要素を示している．このマクスウェル要素の伸びは，ばねとダッシュポットの伸びの和で表される．したがって，要素全体のひずみ ε はばねとダッシュポットのひずみの和 ($\varepsilon_1+\varepsilon_2$) となる．また，応力は単位面積当たりに印加された力なので，要素全体，ばねおよびダッシュポットの応力はすべて等しく，$\sigma=\sigma_1=\sigma_2$ となる．

フックおよびニュートンの法則を用いれば，

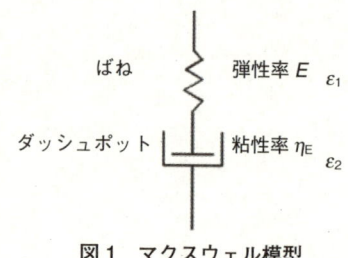

図 1　マクスウェル模型

$$\frac{d\varepsilon}{dt} = \frac{1}{E} \cdot \frac{d\sigma}{dt} + \frac{\sigma}{\eta_E} \tag{3}$$

となる．一定ひずみなので $d\varepsilon/dt = 0$ となり，$t = 0$ から t まで応力変化を σ_0 から σ として方程式を解くと，

$$\sigma(t) = \sigma_0 \exp(-t/\tau) \tag{5}$$

が得られる．ここで，τ は緩和時間であり，系の粘性率と弾性率の比 η_E/E になっている．したがって，マクスウェル要素に時間 $t = 0$ でひずみ ε を印加した際の応力 σ は図2に示したように指数関数的に減衰することになる．

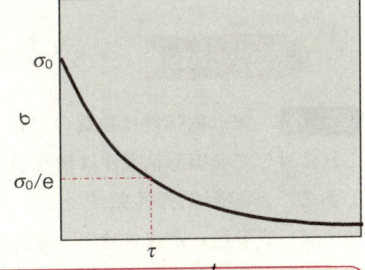

図2 応力緩和

例題 2 ワイセンベルグ効果とバラス効果を図示せよ．

■ **解　答** ■　下図参照．

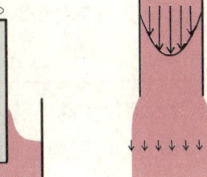

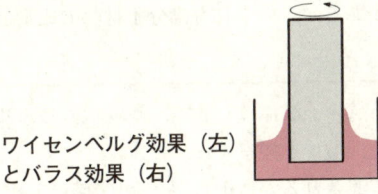

ワイセンベルグ効果（左）とバラス効果（右）

――― 演習問題 ―――

問題 B1　例題1で見たように高分子固体に一定ひずみを加えると，応力は時間とともに減衰する．この際，高分子固体中では分子鎖レベルでどのようなことが起こっているか考察せよ．

問題 B2　マクスウェル要素に正弦的なひずみを加えた際の複素弾性率（E^*），動的貯蔵弾性率（E'），動的損失弾性率（E''）および損失正接（$\tan \delta$）を求めよ．また，E' および E'' の周波数依存性を図示せよ．

問題 C1　ガラス状高分子の動的貯蔵弾性率 E' および動的損失弾性率 E'' を温度および周波数の関数として測定すると，低温側から，メチル基緩和，側鎖緩和，主鎖の局所的な運動（ローカルモード），主鎖のミクロブラウン運動などに対応した緩和過程が観測される．主鎖のミクロブラウン運動，すなわち，セグメント運動は一般的に α 緩和過程と呼ばれる．α 緩和のピーク温度が，その試料のガラス転移温度に対応するには，周波数は何 Hz で測定すべきか考察せよ．ただし，α 過程の緩和時間は 100 秒とする．

関連項目　5・1節，5・3節～5・5節

5・3 高分子の非線形粘弾性

Keywords　シアシニング，ひずみ硬化，ダンピング

要点　線形粘弾性は物質の緩和を平衡状態近傍で見たときの粘弾性応答であるが，これに対して非線形粘弾性は物質が平衡状態から大きく離れた状態で見せる粘弾性応答である．非線形粘弾性領域ではボルツマンの重畳原理（"基礎高分子科学"，p. 200，(5・36)式参照）が成立せず，物質のふるまいは流動様式や流動速度に依存して複雑に変化する．このため測定は簡単ではなく，予測も難しいが，物質の成形加工においてはきわめて重要な性質である．非線形粘弾性領域で高分子に観察される現象には，定常せん断流動下での**シアシニング**，定常伸長流動下での**ひずみ硬化**，ステップせん断変形における緩和弾性率の**ダンピング**，などがあるが，いずれも高分子材料の成形加工性に大きな影響を与えている．

例題1　分子量が大きく，濃度が高い高分子液体に対して，階段状のせん断ひずみ（ひずみ量 γ）を与えて応力の時間変化 $\sigma(t)$ を観察する．
1）線形粘弾性領域はどのように定義されるか．$\sigma(t)$ と γ の関係で示せ．
2）非線形粘弾性領域での高分子液体の典型的な振舞いを図示して説明せよ．

■**解答**■　1）線形粘弾性領域では $\sigma(t)$ は γ に比例し，$\sigma(t) = \gamma G(t)$ と書くことができる．この $G(t)$ は線形緩和弾性率（5・2節参照．せん断弾性率）と呼ばれる応答関数で，γ によらない．多くの場合，$\gamma \ll 1$ のときに上記の条件を満たす．

2）γ が大きくなると緩和弾性率は γ に依存し，長時間側では $G(t, \gamma) = h(\gamma) G(t)$ と表される，ひずみ-時間分離形となることが知られている．ここで $h(\gamma)$ はダンピング関数と呼ばれる非線形効果を表す関数で，$\gamma \ll 1$ では $h(\gamma) = 1$ で，γ が大きくなるにつれて単調減少する．図1にポリスチレン

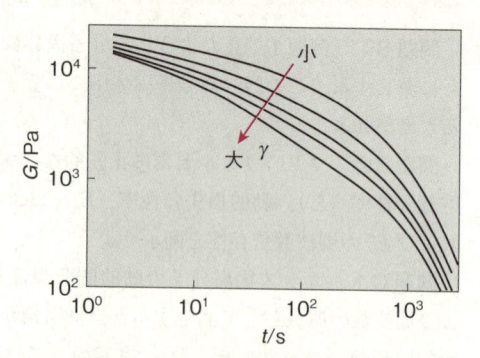

図1　ポリスチレンの濃厚溶液の階段状せん断ひずみ下での緩和弾性率　最大のカーブは $\gamma < 0.7$ の線形領域で得られた $G(t)$．以下，$\gamma = 1.79, 2.56, 3.07, 4.02$ で得られた $G(t, \gamma)$　(K. Osaki, S. Kimura and M. Kurata, *J. Polym. Sci., Polym. Phys.* **19**, 517〜527 (1981) を参考に作成)

の濃厚溶液で得られた $G(t, \gamma)$ の時間変化を示す．γ が大きくなるほど $G(t, \gamma)$ が小さくなっている．また $t>1000$ sec の時間域では $G(t, \gamma)$ にひずみ–時間分離形（上下方向のシフトで異なる γ の $G(t, \gamma)$ が相互に重なる）が成立することがわかる．

演習問題

問題 A 1 分子量が大きく，濃度が高い高分子液体に対して，以下の測定量を観察したとき，線形粘弾性応答と非線形粘弾性応答がどのような条件で見られ，またどのような挙動として観察されるかを図示して説明せよ．

1) せん断速度 $d\gamma/dt$ が一定の，定常せん断流下での粘度成長曲線（粘度の時間変化）

2) せん断速度 $d\gamma/dt$ が一定の，定常せん断流下でのフローカーブ（定常粘度のせん断速度に対する変化）

3) 伸長ひずみ速度 $d\varepsilon/dt$ が一定の，定常一軸伸長流動化での粘度成長曲線（粘度の時間変化）

問題 A 2 物質の緩和時間を τ，外から与える変形のひずみ速度を $\dot{\gamma}$ とするとき，$D_b = \tau\dot{\gamma}$ で定義される無次元量をデボラ数（Deborah number，下の Box 7 参照）と呼ぶ．物質の粘弾性応答が線形/非線形となるときの条件を D_b で論ぜよ．

問題 B 1 動的粘弾性測定で物質の線形粘弾性を調べる場合，線形領域での測定であることを確認するにはどのようにすればよいか答えよ．

関連項目　5・1節，5・2節，5・4節，5・5節

Box 7　Deborah 数

Deborah 数は聖書に現れる女士師の名前にちなんで 1926 年に Reiner により導入された．Deborah がある戦いに対する勝利と神への賛美として "神々の前に山々も溶け去った" と歌ったとされている．山は人間の観察時間では動かない，つまり固体であるが，人間の観察時間よりも非常に長い神の観察時間では流れて液体とみなせる．このことを Deborah 数で整理する．緩和時間 τ の粘弾性体を観察時間 τ_o で観察するとき，$D_b = \tau/\tau_o > 1$ ならば固体とみなせ，逆に $D_b = \tau/\tau_o < 1$ ならば液体とみなせる．ひずみ速度の逆数を流動の特徴的時間と考えて $D_b = \tau\dot{\gamma}$ とも定義される．

5・4 高分子の粘弾性の分子論

Keywords Rouse 模型，Zimm 模型，管模型

要 点 高分子の粘弾性の分子論では，応力光学則に基づいて，高分子を構成する部分鎖の配向で応力が決まると仮定し，部分鎖のダイナミクスを何らかのモデルで記述する．部分鎖のダイナミクスを記述するモデルの基本となるのは，エントロピーばねでビーズをつないだ Rouse 模型で，分子量が比較的小さいときの濃厚系高分子溶液の挙動をよく再現する．Rouse 模型と同様のばね-ビーズ模型で，ビーズ間の流体相互作用を考慮した Zimm 模型は希薄溶液の挙動を表す．濃厚系の挙動は，絡みあいの効果を Rouse 模型に対する管状の幾何的束縛として取入れた管模型で説明される．

例題 1 ゴム領域から終端流動域において，高分子液体のせん断応力は以下の式で与えられる．

$$\sigma(t) = \frac{3v_s k_B T}{a^2} \langle u_x(t) u_y(t) \rangle = 3v_s k_B T S(t) \tag{1}$$

ここで v_s は高分子セグメント（部分鎖）の数密度，a はセグメント長さ，$k_B T$ は熱エネルギー，$\boldsymbol{u}$ はセグメントベクトルで，u_x と u_y はその x 成分，y 成分を示す．$S(t)$ は配向関数と呼ばれ，以下で定義される．

$$S(t) \equiv \frac{1}{a^2} \langle u_x(t) u_y(t) \rangle \tag{2}$$

各セグメントは理想鎖であるとし，セグメント間の相互作用は（応力光学則に基づいて）無視するとして，この式を導出せよ．

■**解 答**■ 高分子内の一つの部分鎖（セグメント）に注目し，部分鎖の張力を $\boldsymbol{f}$ とする．この部分鎖がせん断面（y 面とする）を貫通していれば，$\boldsymbol{f}$ のせん断方向（x 方向とする）の成分である f_x が応力に寄与する．部分鎖が y 面を貫通する頻度は u_y で与えられるので，系内の全部分鎖の寄与を考えると，$\sigma = v_s \langle f_x u_y \rangle$ である．次に $\boldsymbol{f}$ を考える．部分鎖が理想鎖であるとすると，末端間ベクトル $\boldsymbol{R}$ の分布関数が $P(\boldsymbol{R}) \propto \exp(-3R^2/2a^2)$ で与えられる（"基礎高分子科学"，p. 62 参照）．この分布は平衡分布であるためボルツマン分布 $P(\boldsymbol{R}) \propto \exp(-U(\boldsymbol{R})/k_B T)$ に一致する．両式の比較により部分鎖の自由エネルギーは $U(\boldsymbol{R}) = 3k_B T R^2 / 2a^2$ となる．これはばね定数を $K = 3k_B T/a^2$ とするばねと同じである．したがって部分鎖に働く張力は $\boldsymbol{f} = K\boldsymbol{u}$ となるので，$\sigma = v_s \langle f_x u_y \rangle = 3k_B T v_s \langle u_x u_y \rangle / a^2$ となって与式を得る．

演習問題

問題 A1 管模型に基づいて，絡みあった直鎖状高分子の最長緩和時間と重心の拡散定数，それぞれの分子量依存性を計算せよ．

問題 B1 図のような Rouse 模型の緩和弾性率 $G(t)$ は以下の式で与えられる．

$$G(t) = \frac{cRT}{M} \sum_{p=1}^{N} \exp\left(-\frac{p^2 t}{\tau_R}\right)$$

$$\tau_R = \frac{\zeta N^2 a^2}{6\pi^2 k_B T} \qquad (3)$$

ここで c は高分子の濃度，M は分子量，ζ はセグメントの摩擦係数，N は1分子当たりのセグメント数，a はセグメントの長さである．この式を導出せよ．

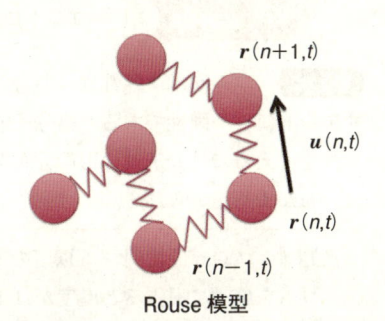

問題 B2 Rouse 模型では温度時間換算則が成立することを説明せよ．

問題 B3 Rouse 模型のゼロせん断粘度は分子量に比例することを示せ．

問題 C1 管模型の緩和弾性率 $G(t)$ に関する次式を導出せよ（"基礎高分子科学"，p. 209，(5・44) 式参照）．

$$G(t) = G_N \sum_{p=1}^{N} \frac{8}{(2p-1)^2 \pi^2} \exp\left(-\frac{(2p-1)^2 t}{\tau_{rep}}\right)$$

$$\tau_{rep} = \frac{\zeta N^3 a^2}{\pi^2 k_B T} \propto M^3$$

Rouse 模型

関連項目 5・1節〜5・3節，5・5節，5・6節，5・12節，5・13節

5・5 ゴムの物性

Keywords エントロピー弾性

要点 ゴムが示す弾性は，おもに架橋点間での分子鎖の形態エントロピーがもたらす**エントロピー弾性**である．高分子液体が示す弾性も起源は同じである．エントロピー弾性を考えるには分子鎖の形態分布関数が必要となるが，理想鎖の分布関数であるガウス分布がよく用いられる．

例題 1 ゴム弾性に関する以下の文を読んで（1）～（9）を適当な字句で埋めよ．

ゴムを急激に引張ると温度が（1）する．この現象は（2）効果と呼ばれ，熱力学的には以下のように説明される．内部エネルギーの変化 dU を，定積比熱 C_V，エントロピー S，温度 T，圧力 p，体積 V，張力 f，長さ l について書くと $dU = C_V dT = (3) dS - (4) dV + (5) dl$ と表される．急激に引張るので断熱過程と考えると（6）である．またゴムのポアソン比を 0.5 とすると（7）である．したがって $dT = (8)$ と書くことができ，上記の現象を説明する．

■解答■ 1：上昇，2：Gough-Joule，3：T，4：p，5：f，6：$dQ = TdS = 0$，7：$dV = 0$，8：$(f/C_V) dl$

■解説■ 内部エネルギーの変化と引張りによりなされた仕事は等しいので $dU = dQ + dW = TdS - pdV + fdl$ である．断熱過程では外部からの熱の出入りがないので $dQ = TdS = 0$ となり，ポアソン比が 0.5 の物質は変形に対して体積が保存するので $dV = 0$ となる．したがって右辺第 3 項だけが残る．得られた式から，dl が正（つまり引張る）ならば dT も正（温度上昇）となることがわかる．

例題 2 架橋点間の部分鎖が理想鎖のゴムを考える．すべての部分鎖は長さ b のセグメント N 個からなっているとする．このゴムの剛性率は $G = \nu k_B T = \rho RT/M$ で与えられることを示せ．ここで ν は部分鎖の数密度，ρ は部分鎖鎖密度，M は部分鎖の分子量である．

■解答■ まず系の全自由エネルギー A をせん断ひずみ γ の関数として求める．ひずみがない場合，部分鎖の末端間ベクトル R の分布関数がガウス分布であるとすれば $P(R) \propto \exp(-3R^2/2Nb^2)$ となる（"基礎高分子科学"，p. 62 参照）．これは平衡状態での分布関数なのでボルツマン分布 $P(R) \propto \exp(-U(R)/k_B T)$ に一致する．両式の比較により部分鎖の自由エネルギーは $U(R) = 3k_B T R^2/2Nb^2$ となる．それぞれの部分鎖は他

の部分鎖に対して独立に振舞うと仮定し，さらに系の全自由エネルギーがすべての理想鎖の自由エネルギーの和で書けるとすると，

$$A_0 = \frac{3k_\mathrm{B}T}{2Nb^2}\sum_i R_i^2 = \frac{3k_\mathrm{B}T}{2Nb^2}n\langle R_i^2\rangle, \quad \langle R_i^2\rangle = \frac{1}{n}\sum_i R_i^2$$

となる．ここで n は部分鎖の数，$\langle\ \rangle$ はアンサンブル平均を表す．系にひずみが γ のせん断変形を加えたとき，すべての部分鎖がアフィン変形（微視的な変形と巨視的な変形が一致する変形）するとすれば，

$$\boldsymbol{R}(R_x, R_y, R_z) \to \boldsymbol{R}'(R_x+\gamma R_y, R_y, R_z)$$

となる．したがって変形後の $\boldsymbol{R}'$ についての平均は，

$$\langle \boldsymbol{R}'^2\rangle = \langle \boldsymbol{R}^2\rangle\left(1+\frac{\gamma^2}{3}\right)$$

となる（ここで理想鎖では R_x, R_y, R_z はそれぞれ独立で等価であるとするので，$\langle R_x^2\rangle = \langle R_y^2\rangle = \langle R_z^2\rangle = \langle \boldsymbol{R}^2\rangle/3$，$\langle R_x R_y\rangle = \langle R_y R_z\rangle = \langle R_x R_z\rangle = 0$ であることに注意）．よって自由エネルギーとして，

$$A(\gamma) = \frac{3k_\mathrm{B}T}{2Nb^2}n\langle \boldsymbol{R}'^2\rangle = A_0 + \frac{1}{2}nk_\mathrm{B}T\gamma^2$$

を得る．単位体積当たりの A を γ で微分したものが応力であり，さらにそれを γ で除したものが剛性率であるから，系の全体積を V とすると，

$$G \equiv \frac{\sigma}{\gamma} = \frac{1}{\gamma V}\frac{\mathrm{d}A}{\mathrm{d}\gamma}$$

$$= \frac{nk_\mathrm{B}T}{V} = \nu k_\mathrm{B}T$$

となる．またアボガドロ数を N_A とすれば $\nu = \rho N_A/M$ であるから与式を得る．

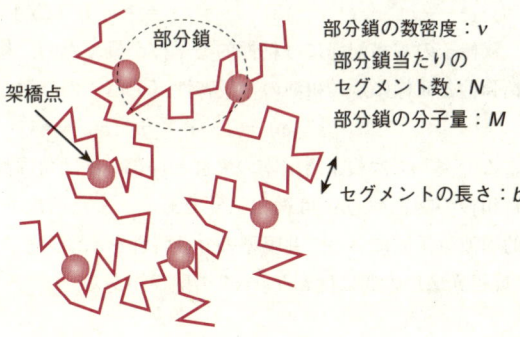

図1 ゴムのモデル

部分鎖の数密度：ν
部分鎖当たりのセグメント数：N
部分鎖の分子量：M
セグメントの長さ：b

部分鎖
架橋点

演習問題

問題A1 例題2で考えた理想網目を伸長比 λ で一軸伸長させると，張力が以下となることを示せ．

$$f = \nu k_\mathrm{B}T\left(\lambda - \frac{1}{\lambda^2}\right)$$

関連項目 5・1節，5・4節，5・12節，5・13節

5・6 誘電率，圧電性，焦電性，強誘電性

Keywords 分極，デバイの分散式，誘電緩和，α過程（主分数），Vogel-Fulcher 則

要点 誘電性は電極から印加された外部電場 E により，絶縁体に電気分極 P が生じ，それによりエネルギーが蓄積される現象である．電極には，電場をつくるための電荷と分極に由来する電荷が蓄積するために，電気変位 D は次式のようになる．

$$D = \varepsilon_0 E + P = \varepsilon E = \varepsilon_r \varepsilon_0 E \tag{1}$$

ε を誘電率（単位 $\mathrm{F\,m^{-1}}$），ε_r を比誘電率と呼ぶ．また，次式のように分極には，おもに 1) 電子分極，2) イオン（原子）分極，3) 双極子（極性基）の配向分極が寄与する．

$$P = N(\alpha_e + \alpha_i + \alpha_d) E_i \tag{2}$$

α_e, α_i, α_d はそれぞれ 1), 2), 3) に対応する分極率，N は単位体積当たりの分子数，E_i は局所電場である．誘電率はコンデンサーの電気容量 C（電極面積 A，電極間隔 L）の測定から求められる．

$$\varepsilon = \varepsilon_r \varepsilon_0 = LC/A \tag{3}$$

双極子の電場配向には粘性的な摩擦が働くため，複素誘電率 ε^* の周波数依存性には，粘弾性と同様に，緩和型の分散特性（デバイの分散式），誘電緩和が現れる．

$$\varepsilon^*(\omega) = \varepsilon'(\omega) - i\varepsilon''(\omega) = \varepsilon_\infty + \Delta\varepsilon/(1+i\omega\tau) \tag{4}$$

ここで ε', ε'' は複素誘電率の実部と虚部，ω は角周波数，τ は誘電緩和時間，ε_∞ は誘電緩和後の誘電率，$\Delta\varepsilon$ は緩和強度である．また，電子分極，イオン分極はいずれも光学的周波数領域において共鳴型の分散特性を示す．また，電子分極のみの誘電率と屈折率（可視光域）の間には $\varepsilon_e/\varepsilon_0 = n^2$ の関係がある．

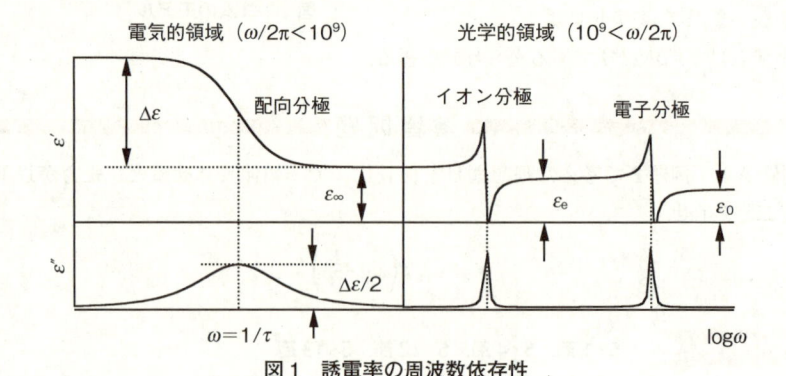

図1 誘電率の周波数依存性

5・6　誘電率，圧電性，焦電性，強誘電性　107

例題1　無極性分子からなる絶縁体に外部電場を印加し，分極が生じた場合を考える．分子数を N，分極率を α とし，局所電界 $E_i = (\varepsilon_r + 2)E/3$（ローレンツの局所場）を考慮すると，次の Clausius-Mossoti の式が成り立つことを示せ．

$$\frac{\varepsilon_r - 1}{\varepsilon_r + 2} = \frac{N\alpha}{3\varepsilon_0} \tag{5}$$

■**解　答**■　(1) および (2) 式より $\varepsilon_0 E + N\alpha E_i = \varepsilon_r \varepsilon_0 E$ が得られる．この式に局所電界 E_i を代入することで，Clausius-Mossoti の式が示される．

■**解　説**■　有極性分子（双極子モーメント μ）の場合，双極子配向の効果がこれに加わり，(5) 式は次のように修正される．

$$\frac{\varepsilon_r - 1}{\varepsilon_r + 2} = \frac{N}{3\varepsilon_0}\left(\alpha + \frac{\mu^2}{3k_B T}\right) \tag{6}$$

電子遷移やイオン分極（α）の効果は温度に依存しないのに対して，双極子配向（μ）の効果は温度に依存することから，それぞれの寄与を分離可能であることがわかる．

例題2　交流電場を用いて高分子の複素誘電率スペクトルを測定したところ，配向分極に起因する緩和型の分散特性が得られた．双極子の配向運動の観点から図1に示した緩和型の分散特性を説明せよ．

■**解　答**■　双極子は緩和周波数 $1/\tau$ よりも低い周波数では電場に追随して配向できるが，高い周波数では追随できなくなる．結果として，高周波で誘電率は小さくなる．また，緩和周波数付近で配向は位相遅れを伴いながら，電場に追随するため，エネルギーの損失が大きく，複素誘電率の虚部が大きくなる．

例題3　ガラス転移温度（T_g）以上の温度において，ポリイソプレンは異なる二つの主要な誘電緩和を示す．その違いはポリイソプレンのもつ双極子モーメントを2方向のベクトルに分解して，A，B それぞれの成分に由来する緩和モードを考えると理解しやすい．このことについて，以下の問に答えよ．
　1）より低周波数域に観測される緩和モードを A，B から選べ．
　2）緩和時間が分子量に依存する緩和モードを A，B から選べ．
　3）ガラス転移点以下で観測されなくなる緩和モードを A，B から選べ．
　4）ポリ酢酸ビニルにおいても同様に観測される緩和モードを A，B から選べ．

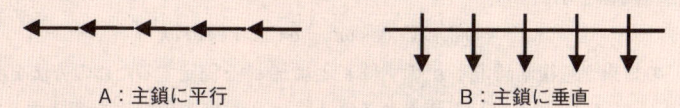

A：主鎖に平行　　　B：主鎖に垂直
図2　ポリイソプレンの双極子モーメント

■**解　答**■　1) A　2) A　3) AおよびB　4) B

■**解　説**■　Aでは双極子モーメントが一次元的に並んでいるために，その総和は**末端間ベクトル**に帰着される．このため，この緩和モードは高分子鎖全体の配向過程を反映する．運動単位が大きいためにより低周波数域に観測され，分子量に依存するという特徴がある．また，緩和時間の分子量依存性はべき乗則，$\tau \sim M^\nu$ に従うことが知られている．このような緩和モードを**ノーマルモード**と呼ぶ．主鎖に沿って同じ向きの双極子モーメントをもつ必要があり，ノーマルモードを示す高分子はポリプロピレンオキシドなど数少ない．

一方，Bの示す緩和モードは**ミクロブラウン運動**により各セグメントの双極子が互いに独立な双極子のように振舞うことに起因している．このため，ノーマルモードに比べて運動単位が小さく，高周波数域に観測される．また，分子量にもあまり依存せず，多くの極性高分子において観測されている．非晶性高分子において，このような緩和モードは **α過程**（α分散）または**主分散**と呼ばれる．

いずれの緩和モードもガラス転移温度に向かってスローダウンし，最後は凍結する．その挙動は次式に示す **Vogel-Fulcher 則**（WLF 則と等価）に従う．

$$\tau = \tau_0 \exp\{T_A/(T-T_V)\} \tag{8}$$

ただし，T_V は通常，ガラス転移温度 T_g よりも約 50 ℃ 低い温度となることが多い．また，T_A は温度と同じ単位をもつ係数である．

演習問題

問題 A 1　面積 1.0 cm^2 の平板電極 2 枚で厚さ 1.0 mm のポリスチレンのフィルムを挟んで平行平板コンデンサーを作製した．その容量を測定したところ，2.3 pF となった．このポリスチレンの比誘電率 ε_r を求めよ．

問題 A 2　右の表に高分子の比誘電率 ε_r と屈折率 n の値を示す．極性基（配向分極）の誘電率への寄与が大きい順に並べよ．

高分子	ε_r	n
ポリエチレン	2.30	1.49
ナイロン 66	4.05	1.58
ポリカーボネート	2.80	1.59
ポリ塩化ビニル	2.92	1.54
ポリメタクリル酸メチル	3.10	1.49

問題 B 1　複素誘電率 $\varepsilon^* = \varepsilon' - i\varepsilon''$ の高分子をつめた容量 $\varepsilon^* C_0 (= \varepsilon_0 A/L)$ のコンデンサーに交流電圧 $V = V_0 \exp(i\omega t)$ を印加すると，電流 $I = I' + iI''$ が流れた．

1) 以下の関係を示せ．

$$I' = \omega C_0 \varepsilon'' V_0 \cos \omega t - \omega C_0 \varepsilon' V_0 \sin \omega t \tag{9}$$

2) 1) の結果から複素誘電率 ε^* の実部 ε' と虚部 ε'' を測定するための方法を説明せよ．

3) 電流が $I = I_0 \sin(\omega t - \delta)$ と表されるとき，エネルギーの損失を意味する誘電正接が次式で表されることを示せ．

5・6 誘電率，圧電性，焦電性，強誘電性

$$\tan\delta = \varepsilon''/\varepsilon' \tag{10}$$

問題B2 Debye の分散式から得られる Cole–Cole プロットが半円を描くことを証明せよ．また，図3の複素誘電率の周波数依存性に示すような，周波数の離れた二つの緩和過程が存在する場合に得られる Cole–Cole プロットの概形を図示せよ．

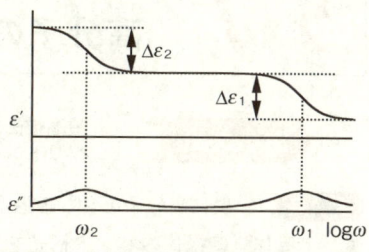

図3 二緩和をもつ誘電率スペクトル

問題B3 図4は高分子の常誘電状態（無電場下）を模式的に表したものである．以下の問に答えよ．

1）図4にならって強誘電状態の模式図を描け．
2）強誘電状態における D–E 曲線を模式的に描き，残留（自発）分極を示す点をグラフ中に指示せよ．
3）電気力学的基本式 $D_i = \varepsilon_i E_i + d_{ij} T_j$ を用いて圧電性を説明せよ．ただし，添字 i, j は方向を示し，d_{ij} は圧電ひずみ定数，T_j は応力である．

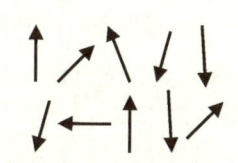

図4 常誘電状態の模式図

4）3）の電気力学的基本式を書き換えて，焦電率 p に関する関係式 $p = (\partial P/\partial T)_E$ を導出せよ．ただし，P は分極，T は温度である．
5）圧電性高分子は生体材料への応用が期待されている．その生体の部位を答えよ．

問題C1 双極子の配向分極の大きさ P は双極子と外部電場のなす角を θ とすると，$P = N\mu\langle\cos\theta\rangle$ と表される．ここで，μ は双極子モーメント，N は単位体積当たりの双極子の数，$\langle\ \rangle$ は統計平均を意味する．配向がボルツマン分布にしたがうものとすると，双極子配向の分極率 α_d は次式で与えられることを示せ．

$$\alpha_d = N\mu^2/3k_B T \tag{11}$$

ただし，Langevin 関数 $L(x) \equiv \coth x - 1 \approx x/3\,(x \ll 1)$ の近似を用いてよい．

問題C2 双極子モーメントの運動を図5のように自然長 0，バネ定数 k のバネで固定点（電荷 $-q$）につながれた質量 m の電荷 q の1次元運動によってモデル化する．ただし，電荷は粘性率 η の粘性液体中にあるものとし，固定点上の電荷とのクーロン力は考慮しないものとする．このモデルにおいて，周波数 ω の交流電場 $E(t) = E_0 \exp(i\omega t)$ を印加した際の運動方程式から，Debye の分散式（緩和型の分散特性）を導け．また，電子分極やイオン分極が共鳴型の分散特性を示すのに対して，配向分極は緩和型の分散特性を示す．上記のモデルを用いて，この違いを説明せよ．

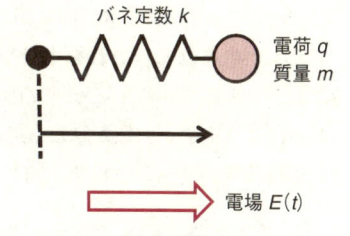

図5 双極子運動のモデル化

5・7　高分子の電子状態

Keywords　最高被占バンド，最低空バンド，バンドギャップ，ソリトン

要点　一般に高分子を含む縮退系の電子状態はバンド構造で議論する．下図に，金属，半導体，絶縁体のバンド構造を示す．半導体，絶縁体では**最高被占バンド**（HO）と**最低空バンド**（LU）の間に電子の占めることのできない**バンドギャップ**が開いている．半導体，絶縁体の違いはこのバンドギャップの大きさで決まる．

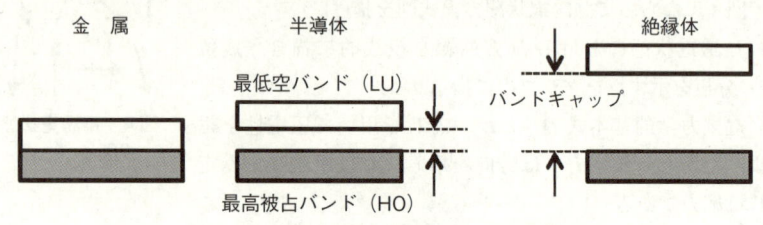

図1　金属，半導体，絶縁体のバンド構造

　ポリアセチレンはベンゼンと同じようにπ電子の非局在化が起こるなら金属的となる（図2 (a)）．しかし，実際にはパイエルス不安定性により，図2 (b) や (c) のように結合交替が発生し，バンドギャップが開いた半導体（絶縁体）となる．

図2　ポリエンの電子状態　非局在状態 (a)，結合交替状態 (b)，(c)

　ここで，図2 (b) と (c) はエネルギー的に等価であるので，同じ確率で出現する．もし，(b) と (c) が一本鎖内に同時に発生すると，図3 (a) のように，その境界にはラジカルが生まれる．これを**中性ソリトン**と呼び，図3 (b) のようなバンド構造をもつことが知られている．ギャップの中央にソリトン準位が位置し，この準位からアクセプターにより電子が引抜かれたものを**正荷電ソリトン**，ドナーにより電子を注入されたものを**負荷電ソリトン**と呼び，図3 (c) (d) のようなバンド構造で表される．

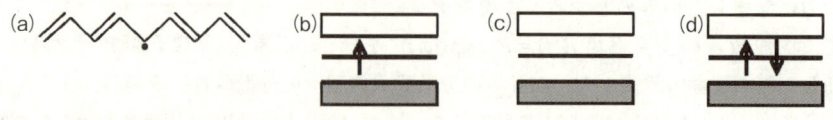

図3　中性ソリトンの電子状態　(a)，中性 (b)，正荷電 (c)，負荷電ソリトンのバンド構造 (d)

5・7 高分子の電子状態

例題1 ドーパントとポリエンの間で電子の授受が起こると荷電ソリトンではなくポーラロンが生まれることがある．トランス形ポリアセチレンを例に正負それぞれのポーラロンの電子状態を描け．また，正負ポーラロンそれぞれのバンド構造を図示せよ．

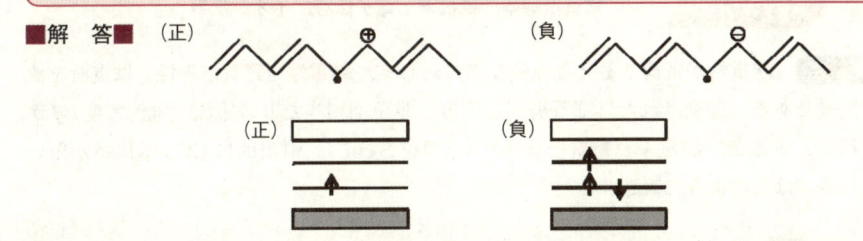

■**解 答**■ （正）　　　　　　　　　　（負）

（正）　　　　　　　　　　（負）

■**解 説**■ ポーラロンは中性ソリトンと荷電ソリトンが結合したものとみなすことができる．また，図ではラジカルと電荷が隣接して描かれているが，実際は一定数のモノマー間に広がった電子状態であることが知られている．

演習問題

問題A1 ポリエン $-(CH_2)_n-$ のバンドギャップ ΔE は次式で与えられるとする．

$$\Delta E = 19.2(n+1)/n^2 \text{(eV)} \tag{1}$$

このポリエン鎖が390 nmの可視光を吸収するとき，最小の n を求めよ．ただし，n は整数とする．また，n が大きくなると，吸収することのできる光の波長はどのように変化するかを論じよ．

問題B1 シス形ポリアセチレン，ポリパラフェニレンではソリトンや荷電ソリトンが不安定で，ポーラロンが生成される．その理由を説明せよ．

問題B2 ポーラロンが同一鎖内で二つ結合するとバイポーラロンが生まれる．ポリチオフェンを例に正負それぞれのバイポーラロンの電子状態を描き，そのバンド構造を図示せよ．

問題C1 ポリエンの π 電子系を長さ L の一次元井戸型ポテンシャルに閉じこめられた $2n$ 個の電子によってモデル化する．以下の問に答えよ．

1）整数 i（$=1, 2, 3, \cdots$）を用いてこのモデルの電子系エネルギーを表せ．

2）HO準位とLU準位のエネルギー差を計算せよ．

3）$L=0.24n$(nm)，$n=3$ としたとき，このポリエンが吸収することのできる光のうち，最長波長のものを求めよ．

4）3）で求めたものの次に波長の長い吸収帯の波長を求めよ．ただし，光吸収により $i=l$ から $i=m$ のエネルギー準位に電子遷移が起こるとき，$m-l=$ 奇数ならその遷移が許容されるが，$m-l=$ 偶数ならその遷移は許容されないことに注意せよ．

5・8 高分子の導電性

Keywords 電気伝導率, 抵抗率, 電子伝導, イオン伝導

要点 誘電性が電荷を蓄える性質なのに対して，**導電性（電気伝導性）**は電荷を流す性質である．印加された外部電場 E により，単位面積当たりの電流（電流密度）J が流れたとすると，**導電率（電気伝導率）** σ（単位 S cm^{-1}，慣用的に CGS 単位系が用いられる）は次のように表される．

$$J = \sigma E \tag{1}$$

σ の逆数は**抵抗率** ρ（単位 Ω cm）と呼ばれる．

σ は単位体積当たりの電荷キャリヤー数（キャリヤー濃度）n，キャリヤーのもつ電荷量 q，キャリヤーの移動度 μ の積によって表される．

$$\sigma = nq\mu \tag{2}$$

電気伝導には電子，ホール（正孔）などの電子性キャリヤーによる**電子伝導**と，イオン性のキャリヤーによる**イオン伝導**がある．

σ の値は物質によって大きく異なる．導体は 10^2 S cm^{-1} 以上，絶縁体は 10^{-9} S cm^{-1} 以下とされ，その間は半導体とされる．たとえば，導体である銅は 6×10^5 S cm^{-1} であるのに対して，絶縁体であるテフロンは 10^{-18} S cm^{-1} オーダーである．

例題 1 電場 E 下での電子の一次元運動を次式のように表すものとする．

$$m\frac{dv}{dt} = -eE - \frac{mv}{\tau} \tag{3}$$

ここで，m, v, e はそれぞれ電子の質量，速さ，電荷量である．τ は緩和時間であり，右辺第二項は摩擦（抵抗）に関する成分である．

1) 電子は電場により加速されるが，摩擦によりやがて定常の速さに達する．この定常の速さ v_0 を求めよ．
2) 電子密度を n としたとき，単位面積当たりの電流 J を求めよ．
3) 電子の移動度を $\mu = e\tau/m$ としたとき，導電率が (2) 式で表されることを示せ．

■解答■ 1) 定常状態では慣性項（左辺）が 0 となり，$-eE - mv_0/\tau = 0$ となる．これより，定常速さは $v_0 = -eE\tau/m$ で表される．

2) 電流はある断面を通過する電子数であるため，$J = (-e)nv_0 = e^2n\tau E/m$ となる．

3) (1) 式より導電率は $\sigma = e^2n\tau/m$ と表される．これに移動度の式を用いることで，導電率が $\sigma = ne\mu$，すなわち (2) 式のように表される．

■**解　説**■　物質中を伝導する電子は不純物，格子欠陥，およびフォノン（格子振動）の散乱を受ける．これが抵抗の起源である．本問ではこの抵抗を，緩和時間 τ を用いて表した．なお，不純物や格子欠陥による散乱を起源とする抵抗は温度にあまり依存しないが，フォノンによる抵抗は特に低温において温度依存性が顕著である．

> **例題2**　ポリエチレンオキシド（PEO）にリチウム塩を添加した．導電率（イオン伝導）は以下の場合にどのように変化するか，その理由とともに答えよ．また，2）に関してはその変化について式を用いて表現せよ．
> 1) リチウム塩の添加量を 0 から徐々に増やした．
> 2) ゴム状領域から温度を徐々に下げた．

■**解　答**■　1) 導電率は上昇するが，やがて極大値となり，その後は低下する．初期過程において導電率は，キャリヤー濃度の増加により上昇する．しかし，リチウムイオンは PEO の複数のエーテル酸素と溶媒和し，ガラス転移温度を上昇させる．このため PEO の運動性が低下（すなわちキャリヤー移動度が低下）し，導電率は減少に転じる．

2) 導電率は低下する．ガラス転移点に近づくにつれて，PEO の運動性が低下するためである．解析には次の二つの式がよく用いられる．ただし，C_1, C_2, A, B は定数，T_0 は T_g を基準とする参照温度，T_K は自由体積が 0 となる温度である．

$$\log|\sigma(T)/\sigma_0(T_0)| = C_1(T-T_0)/[C_2 + (T-T_0)] \tag{4}$$

$$\sigma(T) = (A/T^{0.5})\exp|-B/(T-T_K)| \tag{5}$$

---**演習問題**---

問題 A1　断面積 $S = 1.0\ \text{cm}^2$，長さ $L = 1.0\ \text{cm}$ の円柱状の高分子固体に電圧 1.0 V をかけたところ，電流 1.0 μA が流れた．この物質の導電率 σ を求めよ．

問題 B1　1) 半導体のキャリヤー濃度 n は次式のように表されるものとする．

$$n = 2(2\pi m k_B T/h^2)^{3/2}\exp[-E_g/(k_B T)]$$

ここで，m, e, μ, E_g をそれぞれキャリヤーの質量，電荷量，移動度，励起エネルギーとして，$d\sigma = dT$ を求め，導電率の温度依存性について，導体との違いとともに論じよ．ただし，キャリヤーはバンド伝導し，移動度は温度によらないものとする．

2) ドーピングした導電性高分子ではキャリヤー濃度の温度依存性は小さく，ホッピング伝導に起因する移動度の温度依存性が強く見られる．バリアブルレンジホッピング（VRH）を例に導電率の温度依存性を論じよ．

問題 C1　複素導電率 σ^* と複素誘電率 ε^* の間に次式の関係があることを示せ．

$$\sigma^*(\omega) = i\omega\varepsilon^*(\omega)$$

直流導電率が大きな物質では低周波域の誘電分散の観測が困難である理由を述べよ．

5·9 高分子の屈折率

Keywords　分極率, Lorentz-Lorenz 式, 原子屈折, 分子屈折

要 点　屈折率 n は真空中を進む光の速度 c と媒体中を進む光の速度 v の比であり，$n=c/v$ で表される．光がもつ交流電界により媒体（物質）内の電子が振動し，その振動する電子が光を再放出する連続的な過程により光が物質中を伝搬するが，上記の作用により物質中での光の速度は一般に真空中よりも遅くなる．光の交流電界により引き起こされる分子レベルの電子振動（分極と呼ばれる）の程度は**分極率** α で表され，この値が大きいほど光の速度は遅くなり屈折率は高くなる．巨視的な物性値である屈折率は，微視的な分極率 α と次の **Lorentz-Lorenz 式**の関係で結ばれている．

$$\frac{n^2-1}{n^2+2} = \frac{4\pi}{3}N\alpha = \frac{4\pi}{3}\frac{\rho N_A}{M}\alpha = \frac{[R]}{V_0} = \phi \tag{1}$$

$$n = \sqrt{\frac{1+2\phi}{1-\phi}} \tag{2}$$

ここで，N は単位体積中の分子数，ρ は密度，N_A はアボガドロ数，M は分子量である．また $V_0(=M/\rho)$ はモル体積で原子半径（ファンデルワールス半径）と結合距離から推測でき，$[R]$ は**分子屈折**と呼ばれ**原子屈折**の和として与えられる．なお，α は体積の次元を有するため，屈折率において意味をもつのは分子の専有体積（$V_{int}=V_0/N_A$）当たりの分極率 α/V_{int} である．また分極率 α は本来，分子構造の異方性を反映した 2 階のテンソル量であり，この異方性が複屈折の原因となるが，上式ではスカラー量（三つの主値の平均値）として扱っている．

ポリマーを原子団の集合とみなすと，各原子団の分子屈折 $[R]$ とモル体積 V の関係は図 1 のようになる．(1) 式から ϕ は各原子団が示す直線（図 1 の破線）の傾きとなり，この値はほぼ屈折率に比例する．各原子団の傾きが 1.3〜1.7 になることから，ポリマーの屈折率もほぼ 1.3〜1.7 の範囲にある．

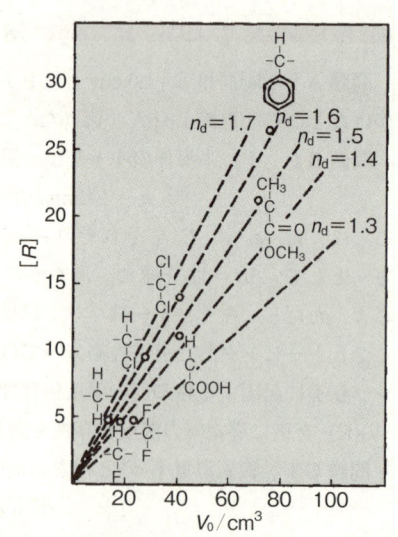

図 1　原子団の $[R]$-V_0 相関図〔大塚保治, 高分子, **33**, 226 (1984)〕

5・9 高分子の屈折率   115

表1 原子屈折（日本化学会 編，"化学便覧 基礎編 II，改訂3版"，p.558，丸善（1984）による）

結合様式	記号	原子屈折$[R]_D$
水素	$-H$	1.100
塩素（アルキル基に結合）	$-Cl$	5.967
塩素（カルボニル基に結合）	$(-C=O)-Cl$	6.336
臭素	$-Br$	8.865
ヨウ素	$-I$	13.900
酸素（ヒドロキシ基）	$-O-(H)$	1.525
酸素（エーテル）	$>O$	1.643
酸素（カルボニル基）	$=O$	2.211
硫黄（2価）	$(C)-S^{II}-(C)$	7.80
硫黄（4価）	$(C)-S^{IV}-(C)$	6.98
硫黄（6価）	$(C)-S^{VI}-(C)$	5.34
窒素（N-オキシイミド）	$(O)-N=(C)$	3.901
窒素（Schiff 塩基型）	$(C)-N=(C)$	4.10
炭素	$>C<$	2.418
メチレン基	$-CH_2-$	4.711
シアノ基	$-CN$	5.415
二重結合	⌐	1.733
三重結合	⌐	2.336

表2 物質の屈折率

物質名	屈折率 (n)
真空	1.00
水	1.33
エタノール	1.36
石英（SiO_2）	1.46
水晶（SiO_2）	1.54
サファイア（Al_2O_3）	1.77
ダイヤモンド	2.42
P(VDF_{80}-$TrFE_{20}$)[a]	1.402
PMMA[b]	1.490
ポリカーボネート	1.577
PET[c]	1.578
ポリスチレン	1.586
PES[d]	1.637
PEN[e]	1.643

[a] ビニリデンフロリド–トリフルオロエチレン共重合体，[b] ポリメチルメタクリレート，[c] ポリエチレンテレフタレート，[d] ポリエーテルスルホン，[e] ポリエチレンナフタレート

> **例題1** 原子屈折（表1）の加成性を用いて，ポリカーボネート（PC）の屈折率を求めよ．なお，PCの密度（ρ）は $1.20\,\mathrm{g\,cm^{-3}}$ とする．

■**解　答**■ ポリカーボネートは以下に示す繰返し構造を有している．

$$\left[-O-\underset{O}{\overset{\parallel}{C}}-O-\!\!\left\langle\!\!\bigcirc\!\!\right\rangle\!\!-\!\underset{CH_3}{\overset{CH_3}{C}}\!-\!\!\left\langle\!\!\bigcirc\!\!\right\rangle\!\!-\right]_n$$

繰返し単位（$C_{16}O_3H_{14}$）の分子量（M）は254．原子団の分子分極は，ベンゼン環：$6C+4H+3(C=C)=24.11$，エステル（$-COO-$）：$C+>O+=O=6.27$，$-C(CH_3)_2-$：$3C+6H=13.85$，エーテル（$-O-$）：1.64 であるので，$[R]=69.98$ となる．(1) 式に $[R]$ と ρ を代入して ϕ を求めると，(2) 式から $n=1.575$ となるが，屈折率の実測値は 1.577 であるので，PC の場合，計算値と実測の対応はきわめてよい．

演習問題

問題 A1 真空中での光速を 30 万 $\mathrm{km\,s^{-1}}$ として，表2からダイヤモンド中での光速

を求めよ．また水晶（SiO_2 の単結晶）の屈折率が石英（SiO_2 の非晶質ガラス）の屈折率よりも高い理由を考察せよ．

問題 B1　眼鏡用レンズに使われる高屈折率ポリマーの n は 1.76, 反射防止膜に使われる低屈折率ポリマーの n は 1.34 といわれる．図1と表2を参考に，どのような分子設計をすれば，このような高／低屈折率を示すポリマーが可能となるかを考察せよ．

問題 C1　(1) 式を温度で偏微分し，屈折率の温度依存性（dn/dT）を表す式を導け．ここで，分極率の温度依存性（$d\alpha/dT$）は無視してよい．高分子の dn/dT は一般に正か負か，また $|dn/dT|$ を増大させるにはどの物理量を制御することが有効であるか．

参 考 書

1. 井出文雄，寺田 拡 著，高分子学会 編，"光ファイバ・光学材料"，共立出版 (1987).
2. 小池康博 著，高分子学会 編，"高分子の光物性"，共立出版 (1994).
3. 日本化学会 編，"透明ポリマーの屈折率制御"，学会出版センター (1998).

関連項目　5・10節, 5・11節

5·10 高分子の複屈折

Keywords 固有複屈折, Vuks 式, 複屈折性, 配向係数, 円偏光, 楕円偏光

要点 ある高分子の繰返し単位あるいはセグメント単位の分極率 α が異方性をもち, かつ分子鎖が配向している場合, 屈折率の異方性すなわち複屈折が生じる. 特に, 分子鎖がある軸に沿って完全に配向した場合の複屈折は固有複屈折 (Δn^0) と呼ばれる.

i (=x, y, z) 方向の屈折率 n_i と 2 階の分極率テンソルの $\hat{\alpha}$ 成分の関係を表す Vuks 式が知られている.

$$\frac{n_i^2-1}{n_{av}^2+2} = \frac{4\pi}{3}\frac{\rho N_A}{M}\alpha_{ii} \tag{1}$$

ここで, α_{ii} は $\hat{\alpha}$ の i 方向の成分であり, n_{av} は平均の屈折率 ($=\sqrt{(n_x^2+n_y^2+n_z^2)/3} \approx (n_x+n_y+n_z)/3$) である. 高分子鎖が完全に配向し, かつ分子軸まわりの異方性が平均化された場合, 分子軸方向の屈折率を $n_{//}^0$, その軸に垂直な方向の屈折率を $n_\perp^0$ とすると, 固有複屈折は $\Delta n^0 = n_{//}^0 - n_\perp^0$ で表され, Vuks 式と Lorentz-Lorenz 式から,

$$\Delta n^0 = \frac{n_{av}^2+2}{n_{//}^0+n_\perp^0}\left(\frac{4\pi}{3}\right)\frac{\rho N_A}{M}(\alpha_{//}-\alpha_\perp) \approx \frac{2\pi}{9}\frac{(n_{av}^2+2)^2}{n_{av}}\frac{\rho N_A}{M}\Delta\alpha \tag{2}$$

となる. ここで, $\alpha_\perp$ と $\alpha_{//}$ はそれぞれ $\hat{\alpha}$ における分子軸方向と垂直な方向の主値 ($\hat{\alpha}$ テンソルの対角成分) であり, $\Delta\alpha(=\alpha_{//}-\alpha_\perp)$ が正となる高分子を正の複屈折性, 負となる高分子を負の複屈折性と呼ぶ. 図 1 に示すように, ある高分子の $\Delta\alpha$ が正であっても負であっても, 分子鎖が等方的に配向している場合 (=配向が完全に無秩序である) は Δn はゼロだが, 分子鎖がある方向に配向した場合は微視的な分極率異方性

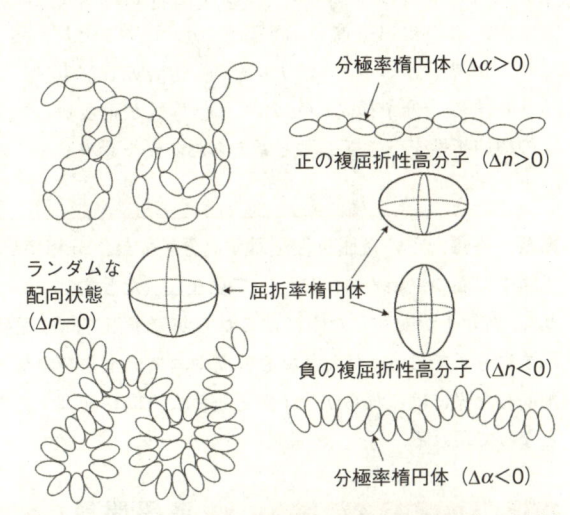

図1 分極率の異方性と複屈折 (屈折率楕円体) の関係
図の左は無配向時, 右は水平方向への配向時を示す.

($\Delta\alpha$) が巨視的な複屈折 (Δn) となって現れ，正または負の複屈折性を示す．

理想的な液晶や完全な結晶でない限り，高分子鎖がある軸に沿って完全に配向することはないため，実際の試料が示す複屈折 Δn は，Δn^0 よりも小さな値をとる．分子軸まわりの異方性が平均化された回転対称系において，分子鎖配向の程度を表す指標である配向係数 $f\,(=P_{200})$ を用いると

$$\Delta n = f \cdot \Delta n^0 \tag{3}$$

の関係があるため，Δn は定性的な配向の評価法として用いられる．また，何らかの方法で Δn^0 を決定することができれば，複屈折の測定をもとに配向係数 P_{200} を推定することが可能となる．

厚さ d の透明な複屈折性媒体に光が入射すると，入射面内における最も屈折率の高い方向（x 軸方向，n_x）とそれに垂直な方向（y 軸方向，n_y）の二つの直線偏光に分かれて進行する．出射時の偏光状態は二つの偏光の間に生じた光路長の差，$d(n_x-n_y)$ に応じて決まる．円偏光および楕円偏光とは，ある点にいる観測者が自分に向かって進んでくる光を観測したときに，電界の振動方向が時間とともに回転する偏光であり，電界ベクトルの軌跡がそれぞれ円および楕円となるものをいう．複屈折性の高分子はこの偏光状態の制御に広く用いられている．

例題 1 表 1 に示すように，多くの高分子（ポリカーボネート，ポリエチレンテレフタレート（PET），ポリ塩化ビニル，ポリフェニレンオキシド（PPO），ポリエチレン）は正の複屈折性を示すが，負の複屈折性を示す高分子（ポリスチレン，ポリメチルメタクリレート（PMMA））も存在する．分子構造のどのような特徴が正と負の複屈折性を引き起こすと考えられるかを考察せよ．

表 1 高分子の固有複屈折の値
(小池康博 著，高分子学会 編，"高分子の光物性"，p.23，共立出版 (1994) より)

高分子	Δn^0
ポリスチレン	-0.100
PPO	0.210
ポリカーボネート	0.106
ポリ塩化ビニル	0.027
PMMA	-0.0043
PET	0.105
ポリエチレン	0.044

■**解　答**■ 正の複屈折性を示す高分子では，分極率異方性（$\Delta\alpha$）の大きな芳香環が主鎖中にかつ主鎖の方向に沿って存在し（たとえば，p-フェニレン基や 2,6-ナフチレン基），高分子が配向した際にはこれらが分子鎖方向に配列する．一方，負の複屈折性を示す高分子では $\Delta\alpha$ が大きな芳香環やエステル基が側基として存在するため，高分子が配向した際にはこれらが分子鎖と垂直な方向に配列する．この違いが複屈折性の正，負となって現れる．

演習問題

問題 A 1 レンズに用いられる透明高分子では，複屈折をできるだけ小さくすること

が求められる．その理由について考察せよ．

問題 B1 光波長板や偏光分離素子には，できるだけ大きな正の複屈折を有する高分子が求められる．このような光学用高分子の分子設計は，どのような指針に基づけばよいかを考察せよ．

問題 C1 延伸により高分子鎖が配向しても複屈折性を示さない高分子を分子設計あるいは調製するには，どのような方法が考えられるかを考察せよ．

参 考 書
1. 井出文雄，寺田拡 著，高分子学会 編，"光ファイバ・光学材料"，共立出版 (1987)．

関連項目　5・9節

5・11 光伝送

Keywords ステップインデックス型，屈折率分布型，コア，クラッド，光吸収損失，電子遷移吸収，分子振動吸収

要点 高分子の光ファイバーには，**ステップインデックス（SI）型**と**屈折率分布（GI）型**がある．SI型は均一で高い屈折率をもつ**コア**を低い屈折率の**クラッド**が覆った構造をしている．一方，GI型では中心軸からの距離に対して屈折率が放物線状に低くなるよう設計されている．光をSI型ファイバーのコアに入射する場合，入射角が臨界角 θ_c よりも大きくなると光は全反射し，コア内に閉じ込められて伝送される．ファイバー内を進む光は，SI型，GI型ともに進む距離が経路により異なるが，SI型ではコア内の屈折率が均一なため，入射角の小さな光は反射の回数が多く，同時に入射した場合でも入射角の大きな光に比べて出射のタイミングが遅れる．一方，GI型では光の速度が高屈折率の中心付近で小さくなり，低屈折率の周辺部では大きくなるため，出射のタイミングを揃えることができ，高速の光伝送に適している．

高分子の**光吸収損失**は，**電子遷移吸収**および**分子振動吸収**によるが，光ファイバーによる伝送には可視〜近赤外の光源が用いられるため，分子内のC-H結合による振動吸収の影響が大きく，5倍音，6倍音，7倍音の振動吸収がそれぞれ735 nm，627 nm，549 nm付近に現れる．赤外光領域に観測される基

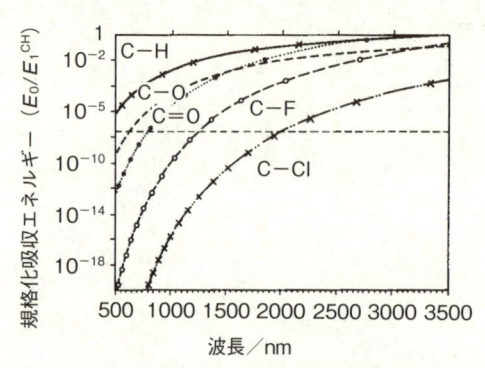

図1 C-X結合における倍音振動吸収の波長と規格化エネルギー（W. Groh, *Macromol. Chem.*, **189**, 2861 (1988)）

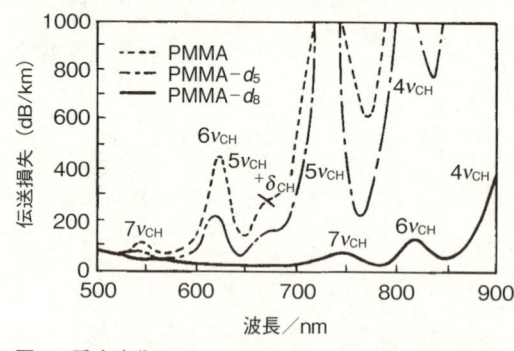

図2 重水素化によるPMMA光ファイバーの伝送損失の低減化 （T. Kaino, K. Jinguji, S. Nara, *Appl. Phys. Lett.*, **41**, 802 (1982)）

本振動吸収は化学結合を構成する原子が重くなるほど長波長にシフトし，また倍音の吸収強度は次数が上がるほど小さくなるため（図1），C−H結合の水素原子をより重い原子に置換することにより，可視から近赤外域の透明性を向上させることができる．これまでにポリメチルメタクリレート（PMMA）中の水素原子を重水素やフッ素に置換することにより（図2），また分子内に水素を含まないペルフルオロポリマーを用いることにより非常に低損失なプラスチック光ファイバーが実現している．

> **例題1** 光ファイバーにおける信号の伝送損失は通常，dB km^{-1}（dB：デシベル）という単位で表され，出射光量 A に対する入射光量 B の比が L_B(dB) であるとき下記の関係となる．
>
> $$L_B = 10 \log_{10} \frac{B}{A}$$
>
> では，図2において波長633 nmにおけるPMMAとPMMA-d_8の光ファイバー伝送損失がそれぞれ280, 30 dB km^{-1}であったとすると，PMMAをすべて重水素化することにより，長さ10 mのPMMA光ファイバーの光損失を何%低減させることができるか．

■**解　答**■　PMMAとPMMA-d_8の光ファイバーの伝送損失の差は250 dB km^{-1}なので，10 m当たり2.5 dBとなる．これを例題中の式に代入すると，2.5(dB) = 10 log$_{10}$ [100(%)/x(%)] となり，これより $x=56$%となる．

演習問題

問題A1　石英ガラス製の光ファイバーに対する高分子製の光ファイバーの長所と短所をあげよ．

問題B1　高分子系光ファイバーの作製には，コアとクラッドで屈折率をわずかに変化させる技術が必要となる．光吸収損失をできるだけ増加させずに透明高分子の屈折率をわずかに変化させる方法として，どのようなものが考えられるか．

問題B2　光学材料の透明性を制限する要因として，材料による光の吸収のほかに光散乱による伝送損失がある．高分子光ファイバーにおける散乱損失の原因としてどのようなものが考えられるか．

参　考　書

1．末松安晴，伊賀健一　著，"光ファイバ通信入門（改訂4版）"，オーム社（2006）．
2．小池康博　著，高分子学会　編，"高分子の光物性"，共立出版（1994）．

5·12 ゲル

Keywords 合成ゲル, 天然ゲル, 化学ゲル, 物理ゲル, 架橋点の数, 網目鎖の数, 架橋点の官能数

5·12·1 ゲルの分類と特性

要 点 ゲルは高分子が架橋された三次元の網目が溶媒を吸収して膨らんだものと定義することができる. ゲルは, 網目を構成する高分子, 溶媒, 架橋点に着目して分類されることが多い. 有機・無機の合成高分子で構成される場合は**合成ゲル**, タンパク質や多糖などの天然高分子で構成される場合は**天然ゲル**と呼ばれる. 溶媒としては空気などの気体も考えられるが, 水や有機溶剤などの液体が一般的であり, 水で膨潤したゲルはハイドロゲルあるいはヒドロゲルと呼ばれる. 架橋形式による分類は, ゲルの性質に密接に関連しており特に重要である. すべてのゲルが明確に2種類に分類されるわけではないが, 共有結合により架橋されたゲルは**化学ゲル**と呼ばれ, 非共有結合により架橋されたゲルは**物理ゲル**と呼ばれる.

例題1 物理ゲルの架橋を形成する結合や作用の種類を挙げよ.

■解 答■ 水素結合, イオン結合, 配位結合, ヘリックス形成, 微結晶形成, などが挙げられる.

演習問題

問題A1 1) 水素結合および, 2) イオン結合により架橋を形成する物理ゲルの具体例を, 模式図とともにそれぞれ挙げよ.

問題A2 1) アクリルアミド, アクリル酸などのモノビニルモノマーから化学反応を用いて化学ゲルを作製する方法を簡単に述べよ.

2) ポリビニルアルコールから化学反応を用いて化学ゲルを作製する方法を簡単に述べよ.

5·12·2 ゲルの構造

要 点 ゲルは三次元の高分子網目であり, その網目構造 (図1) は**架橋点の数** (μ), **網目鎖** (隣接する架橋点をつなぐ鎖) **の数** (ν), **架橋点の官能数** (f) で特徴づけることができる. 欠陥のない理想的な網目と異なり, 実際のゲルの網目は片端のみが架橋点につながっている鎖 (ペンダント鎖もしくはダングリング鎖と呼ばれる), 網目鎖同士のほどけない絡みあい, などを含んでいる.

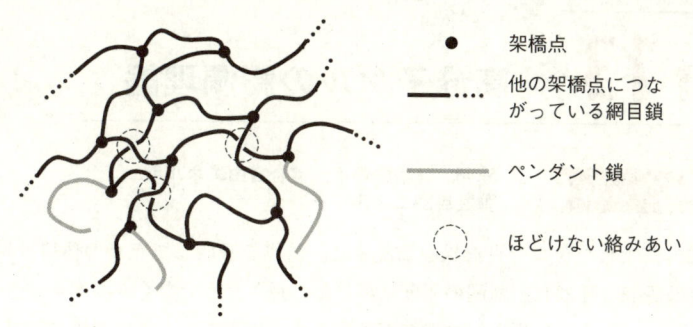

図1 ゲルの網目構造

凡例:
- ● 架橋点
- ━━ ⋯ 他の架橋点につながっている網目鎖
- ━━ ペンダント鎖
- ⃝ ほどけない絡みあい

> **例題1** 1）架橋点の官能数 f が一定であり，ペンダント鎖をもたないような網目では $\nu = \mu f/2$ の関係があることを示せ．
>
> 2）1）のような網目構造をもち，単位体積当たりの網目鎖の数が 2.0×10^{20} chains cm^{-3} であるポリスチレン網目の架橋点間の分子量 M_c と繰返し単位の数 N_c を求めよ．網目の密度 ρ は 0.90 g cm^{-3} とする．

■**解 答**■ 1）一つの架橋点は f 本の網目鎖をもつ．同一の網目鎖を二重に数えないように，μf を2で割ることにより題意が示せる．

2）ν と M_c は，次式のように関係づけられる．

$$\frac{\nu}{V_0} = \frac{\rho N_A}{M_c} = 2.0 \times 10^{20}$$

ここで，V_0 と N_A は網目の体積とアボガドロ定数である．上式より，$M_c = 2.7 \times 10^3$．繰返し単位の分子量を m_0 とすると，$N_c = M_c/m_0$ なので $N_c = 26$．

演習問題

問題A1 架橋点の官能数 f が一定であり，ペンダント鎖の数が ν_{pen} であるような網目では，$\nu = (\mu f + \nu_{pen})/2$ の関係があることを示せ．

関連項目 5・13節

5・13 高分子ゲルの膨潤理論

Keywords 膨潤，体積膨潤度，混合自由エネルギー，弾性自由エネルギー

要点 乾燥したゲルを良溶媒中に浸すと，溶媒を吸収してゲルの体積は増加する．この現象は**膨潤**と呼ばれ，膨潤の程度は網目鎖の長さだけでなく，温度や高分子鎖と溶媒分子の熱力学的相互作用などの環境因子にも強く依存する．外部環境に応答して巨視的に膨らんだり縮んだりする特性は，ゲルの重要な機能の一つである．

膨潤の程度の指標としては**体積膨潤度**（Q）がよく用いられ，Q は $Q=V/V_0$（V と V_0 はそれぞれ膨潤および乾燥状態のゲルの体積）である．Q は膨潤したゲル中の高分子の体積分率 ϕ と $\phi = Q^{-1}$ の関係がある．平衡状態での Q は，溶媒がゲルに浸透しようとする力と，体積膨張を抑えようとするゲルの弾性による力のつりあいによって決まる．ゲルが乾いた状態を基準状態とし，基準状態から膨潤により体積が変化するときの自由エネルギー（ΔA）を考える．ΔA は，ゲルと溶媒の**混合自由エネルギー**（ΔA_{mix}）と，ゲルの**弾性自由エネルギー**（ΔA_{el}）の和 $\Delta A = \Delta A_{\text{mix}} + \Delta A_{\text{el}}$ で与えられる．高分子溶液の混合自由エネルギーの結果（3・5節（2）式）を用い，ゲルの分子量が無限大であることを考慮すると，ΔA_{mix} は（1）式で表される．

$$\Delta A_{\text{mix}} = N_s k_B T [\ln(1-\phi) + \chi\phi] = \frac{V}{v_s} k_B T [(1-\phi)\ln(1-\phi) + \chi\phi(1-\phi)] \quad (1)$$

N_s は溶媒分子の数，v_s は溶媒1分子の体積，χ は高分子と溶媒の相互作用パラメーターである．ゲルの各辺の長さが膨潤によって基準状態から $x,\ y,\ z$ 方向にそれぞれ λ_i（$i=x,y,z$）倍だけ伸びたとすると，ΔA_{el} は 5・5 節問題 2 より（2）式で表される．

$$\Delta A_{\text{el}} = \frac{1}{2} N_c k_B T [\lambda_x^2 + \lambda_y^2 + \lambda_z^2 - 3] \quad (2)$$

N_c は弾性的に有効な網目鎖の数である．与えられた環境条件（温度，溶媒組成，外力など）下の平衡状態での Q（つまり平衡状態での ϕ^{-1}）は，ΔA が最小となる条件で決まる．

例題 1 溶媒中でゲルを自由に膨潤させる場合を考える．平衡状態で ϕ が満たす条件を（1）式と（2）式を用いて求めよ．

■解答■ ϕ と λ_i（$i=x,y,z$）は，$\phi^{-1} = V/V_0 = \lambda_x \lambda_y \lambda_z$ の関係がある．自由膨潤による変形は等方的なので $\lambda_x = \lambda_y = \lambda_z$ であり，ΔA_{el} は $\Delta A_{\text{el}} = (3/2) N_c k_B T(\phi^{-2/3}-1)$ となる．ΔA を最小化する条件（$\partial \Delta A/\partial \phi)=0$ を用いると，平衡状態で ϕ が満たす条件として次

式が得られる．

$$\ln(1-\phi) + \phi + \chi\phi^2 + n_c v_s \phi^{1/3} = 0 \tag{3}$$

ここで n_c は基準状態の単位体積当たりの網目鎖数であり，$n_c = N_c/V_0$ である．

■**解　説**■　χ, v_s が既知の場合，平衡状態の Q（つまり平衡状態の ϕ^{-1}）を測定すれば (3) 式を用いて n_c を求めることができる．この手法は，膨潤度による架橋密度の評価法として知られている．ただし，(3) 式は ΔA の表式（(1) 式と (2) 式）に依存しており，異なる理論の ΔA を用いれば (3) 式の表式も異なってくる．膨潤度測定により評価した n_c の値の取扱いにはこの点を留意するべきである．

■**演習問題**■

問題A1　イソプレンゴム試料を 25 ℃のベンゼン中で膨潤させたとき，平衡状態の試料の体積は乾いた状態の体積の 5.8 倍になった．(3) 式を用いて n_c を求めよ．ここで，$\chi = 0.40$，ベンゼンの密度と分子量はそれぞれ $0.879 \,\mathrm{g\,cm^{-3}}$，78.1 とする．

問題B1　(3) 式を用いて，非常に大きな膨潤を示すゲルの Q は n_c の $-3/5$ 乗に比例することを示せ．

問題B2　平衡状態まで自由膨潤した溶媒中のゲルに一定の伸長を加えたときに生じる Q の変化について考える（右図）．基準状態（図 (a)）の乾いた立方体ゲルの各辺の長さ l_0 が自由膨潤によって λ_s 倍されたとき（図 (b)），λ_s は (3) 式の解 ϕ_s を用いて $\lambda_s = \phi_s^{-1/3} = (V_s/V_0)^{1/3} = Q_s^{1/3}$ と表される．この状態から x 方向の辺の長さ l_x が $\alpha_x l_0$ になるまで伸長してその長さを保持したとき（図 (c)），y および z 方向の辺の長さ l_y と l_z は $\alpha_y l_0$ と $\alpha_z l_0$ になったとする．各方向の単位面積当たりの力，つまり応力 $\sigma_i \,(i=x, y, z)$ は次式で与えられる．

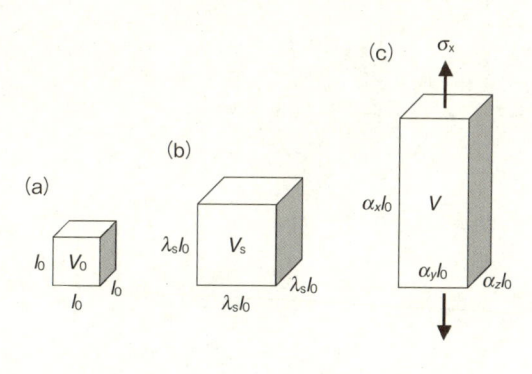

$$\sigma_i = \frac{1}{l_j l_k}\left(\frac{\partial \Delta A}{\partial l_i}\right) = \frac{1}{V_0 \lambda_j \lambda_k}\left(\frac{\partial \Delta A}{\partial \lambda_i}\right) \tag{4}$$

平衡状態ではゲルの側面に力は働かないので $\sigma_y = \sigma_z = 0$ である．これを用いると，伸長下の平衡状態で ϕ が満たす条件として次式が求められる．

$$[\ln(1-\phi) + \phi + \chi\phi^2] + \frac{n_c v_s \phi_s^{1/3}}{\alpha_x} = 0 \tag{5}$$

1）(5) 式を導け．
2）伸長下の平衡状態の Q は $Q = \alpha_x^{1/2} Q_s$ のように表せることを示せ．ここで，$\phi \ll 1$ および $\phi_s \ll 1$ とする．

問題 C1　問題 B2 について，次の問いに答えよ．

a）伸長下の平衡状態の応力 σ_x は，$\sigma_x = n_c k_B T \phi_s^{1/3} (\alpha_x^{3/2} - \alpha_x^{-1})$ のように表せることを示せ．

b）伸長を印加した直後の応力 σ_x^0 と σ_x の差 $\Delta \sigma_x$ を求めよ．伸長した直後はゲルの体積に変化はないとする．

c）印加した伸長が微小であるとき（つまり $\alpha_x \approx 1$），$\Delta \sigma_x / \sigma_x^0$ を求めよ．

関連項目　3·5節，5·5節，5·12節

6

高分子の合成

●**学習目標**● 高分子を用いた新しい光学材料,電子・磁性材料,医用材料や,環境問題やエネルギー問題の解決に寄与する高分子材料の開発が強く求められている.そのための基盤技術としての高分子合成を理解することは,高分子合成を専門としない技術者にとっても重要である.この章では,高分子合成の基礎知識を学ぶ.材料開発では高分子の末端が重要視されているので,それを意識した内容になっている.重合機構だけでなく末端基構造にも注意しよう.

6・1 高分子生成の基礎様式：重合の基礎

Keywords　逐次重合，連鎖重合

要点　高分子生成反応の分類をまとめると図1のようになる．合成高分子はその重合様式により，**逐次重合**と**連鎖重合**の二つに分類される．逐次重合では最初にモノマー同士の反応でオリゴマーが生成し，これらオリゴマーが互いに反応することで最終的に巨大な高分子になる．一方，連鎖重合では開始剤を起点としてモノマーが順番に反応してポリマー鎖が成長する．連鎖重合ではラジカルやイオンが活性種となるため，連鎖移動などの副反応が起きやすいが，副反応を抑制する（重合活性種の活性を抑える）条件下で重合を行うと，開始剤の数だけポリマーが生成する（リビング重合）．この手法により，ブロック共重合体や星型ポリマーなどの特殊構造高分子が合成される．

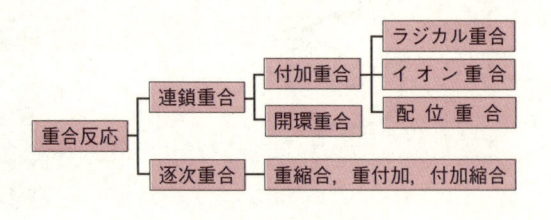

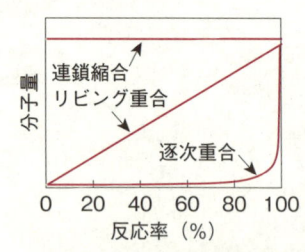

図1　高分子合成反応の分類

図2　分子量と反応率の関係

モノマーが反応してポリマーが生成するためには，モノマーより生成化合物であるポリマーのほうが安定でなければならない．ポリマーが生成する反応はモノマーの並進運動の自由度が失われるためエントロピー的には不利であり，エンタルピー的な安定化寄与の大きさが重要となる．

例題1　下記3種の重合において，モノマーのポリマーへの転化率に対する生成するポリマーの分子量の関係を説明せよ．

1) $\text{C}_6\text{H}_5-\text{CH}=\text{CH}_2$ 　$\xrightarrow{\text{BuLi}}_{\text{THF},\ -78\,^\circ\text{C}}$

2) $\text{CH}_2=\text{CH}-\text{OCOCH}_3$ 　$\xrightarrow{(\text{NH}_4)_2(\text{SO}_4)_2}_{\text{H}_2\text{O},\ 乳化剤}$

3) $\text{H}_2\text{N}-\text{C}_6\text{H}_4-\text{NH}_2$ ＋ ClOC−C$_6$H$_4$−COCl 　$\xrightarrow{\text{Et}_2\text{N}}_{\text{DMF}}$

■**解答**■　1) 分子量は転化率とともに直線的に増加する（スチレンのリビングアニ

オン重合).
2）分子量は転化率に関係なく一定である（酢酸ビニルのフリーラジカル重合).
3）分子量は転化率が1に近づくにつれて，急激に増加する（逐次重合).

> **例題2** タンパク質のモノマーおよびその反応性基は何であるか．また，タンパク質ではどのような作用が特異な高次構造を発現しているか答えよ．

■**解　答**■　タンパク質のモノマーはアミノ酸であり，その反応性基はカルボン酸とアミンである．タンパク質はポリアミドであり，分子間でアミドの水素結合が働き，高次構造である β 配列や α ヘリックス構造をとっている（8・1節参照).

$$\underset{H_2N\ \ COOH}{\overset{Ph}{|}} \xrightarrow[>200℃]{-H_2O} \underset{N\ \ O}{\overset{Ph}{|}}_n \qquad Ph:\bigcirc$$

> **例題3** あるモノマー溶液に重合開始剤を加えたところ，溶液の粘度は時間とともに増大した．この反応溶液には，高分子量のポリマーとともにモノマーが残存していた．この重合は，逐次重合であるか，付加重合であるか，理由とともに答えよ．

■**解　答**■　重合は，逐次重合と連鎖重合の二つに分類される．重合後の溶液中に高分子量のポリマーとモノマーが共存するのは，一般には連鎖重合である．なぜなら，連鎖重合では成長するポリマー鎖にモノマーが順次反応していくからである．逐次重合の場合には，モノマー同士，オリゴマー同士でポリマーが生成するため，高分子量のポリマーが生成する条件下ではモノマーは存在しない．

――――――――― 演習問題 ―――――――――

問題A1　ビニルモノマーに開始剤を加えて重合させて，高分子量のポリマーを得た．この反応が進行する理由を重合前後のエンタルピー差から説明せよ．ただし，25℃における結合エネルギーは次の値を用いよ．C=C：610 kJ mol^{-1}，C–C：347 kJ mol^{-1}．

問題A2　ホルムアルデヒドは重合してポリオキシメチレンになるが，二酸化炭素やケトンは重合しない．重合前後のエンタルピー差から説明せよ．ただし，25℃における結合エネルギーは次の値を用いよ．C=O(二酸化炭素)：803 kJ mol^{-1}，C=O(ケトン)：748 kJ mol^{-1}，C=O(ホルムアルデヒド)：694 kJ mol^{-1}，C–O：359 kJ mol^{-1}．

問題B1　連鎖重合での重合度 x_n と重合時間 t の関係を求め，逐次重合のそれと比較せよ．

関連項目　1・1節，2・1節

6・2 重縮合の基礎

Keywords　数平均重合度，反応率，分子量分布，重合速度

要点　**a）反応速度および平衡と分子量**　逐次重合の反応式は（1）式で表される．

$$\text{A-R-A} + \text{B-R'-B} \longrightarrow \text{(R-ab-R'-ab)}_n + n\text{X} \tag{1}$$

生成するポリマーすべてが線状であり，2種の2官能性モノマーが当量存在するとき，生成するポリマーの**数平均重合度** x_n は，

$$\text{数平均重合度}\; x_n = \frac{1}{1-p} \tag{2}$$

ただし，p は官能基の**反応率**（$0<p<1$）である．

重合が平衡に達したとき，平衡定数 K および数平均重合度 x_n は下記のようになる．

$$K = \frac{p^2}{(1-p)^2} \tag{3}$$

$$x_n = 1 + \sqrt{K} \tag{4}$$

生成するポリマーが環化する場合には，（2）式は以下のようになる．

$$\text{数平均重合度}\; x_n = \frac{1}{1-p\left(1-\dfrac{1}{X^a}\right)} \tag{5}$$

ただし，$a = V_p/V_c$，V_p＝成長反応速度，V_c＝環化反応速度，X は1以上の定数である．

b）等量性と分子量　反応性基 A をもつモノマー（Ⅰ）が B をもつモノマー（Ⅱ）より少ない場合には，得られるポリマーの末端はすべて官能基 B となり，重合は停止する．反応性基 A，B の数をそれぞれ N_a，N_b とすると，得られるポリマーの数平均重合度は以下のようになる．

$$x_n = \frac{1+r}{2r(1-p)+(1-r)} \qquad \text{ただし}\; N_a/N_b = r \tag{6}$$

c）分子量分布　当量の反応性基が反応する場合の逐次重合における**分子量分布**（x_w/x_n）は以下の式で与えられる．ただし x_w は重量平均重合度である．

$$\frac{x_w}{x_n} = 1 + p \tag{7}$$

したがって，反応性基がすべて消費された理想状態において，逐次重合で得られるポリマーの分子量分布は2になる．

> **例題1** 反応（1）で表される逐次重合の例として N_a mol の二塩基酸と N_b mol のグリコールからポリエステルが生成する反応について以下の問に答えよ．
> 　1）$N_a = N_b$ のとき，平衡定数 K を官能基の反応率 p で示せ．
> 　2）$N_a = N_b$ のとき，生成ポリマーの数平均重合度 x_n と官能基の反応率 p の関係を導け．
> 　3）$N_a < N_b$ のとき，生成ポリマーの数平均重合度 x_n と官能基の反応率 p の関係を導け．

■**解　答**■　1）重合速度を R とすると，R は官能基の減少速度であるから，
$$R = -d[COOH]/dt = k_{+1}N_a(1-p)(N_b - pN_a) - k_{-1}p^2 N_a^2$$
ただし，k_{+1}，k_{-1} はそれぞれ正反応，逆反応の速度定数である．

平衡状態では $R=0$ なので，
$$k_{+1}N_a(1-p)(N_b - pN_a) = k_{-1}p^2 N_a^2$$
$$\therefore \quad K = k_{+1}/k_{-1} = p^2 N_a^2 / N_a^2 (1-p)^2 = p^2/(1-p)^2 \quad (\because N_a = N_b)$$

2）数平均重合度 $x_n =$ モノマー数 / ポリマー数 $= 2N_a/[2N_a(1-p)] = 1/(1-p)$

3）$N_a/N_b = r \ (<1)$ とすると，

$x_n =$ モノマーの総数 / 反応後の分子の総数

$$= \frac{[官能基の総数/2]}{[(残存するAの官能基の数 + 同数のBの官能基の数 + 過剰のBの数)/2]}$$

$$= [(N_a + N_b)/2]/([N_a(1-p) + N_a(1-p) + (N_b - N_a)]/2)$$

$$= \frac{1+r}{2r(1-p) + 1 - r} \quad (\because N_a/N_b = r)$$

> **例題2**　逐次重合における分子量分布が（7）式となることを証明せよ．

■**解　答**■　重縮合における反応度 p とは，官能基が反応した確率が p であるということであり，未反応の官能基，つまり末端に残る確率は $(1-p)$ となる．重合度 n の高分子が生成するためには，$(n-1)$ 回反応が繰返される必要があるため，その確率は p^{n-1} となる．また，末端に未反応の官能基が残っていなくてはならないので重合度 n の高分子を生成する確率は（8）式で表される．

$$重合度 n の高分子を生成する確率 = p^{n-1}(1-p) \quad (8)$$

ここで，重縮合の初期に存在したモノマー数を N_0，反応度 p において生成する分子の総数を N とすると，重合度 n の高分子の分子数 N_n は，（9）式で表される．

$$N_n = Np^{n-1}(1-p) = N_0 p^{n-1}(1-p)^2 \quad (9)$$

したがって，重合度 n の高分子のモル分率 f_n および重量分率 w_n はモノマーユニットの分子量を M として，

$$f_n = N_n/N = p^{n-1}(1-p) \tag{10}$$

$$w_n = nN_nM/N_0M = np^{n-1}(1-p)^2 \tag{11}$$

(10) 式および (11) 式から，それぞれ数平均重合度 x_n および重量平均重合度 x_w を，以下のように表すことができる．

$$x_n = \sum_{n=1}^{\infty} nf_n = \sum_{n=1}^{\infty} np^{n-1}(1-p) = \frac{1-p}{(1-p)^2} = \frac{1}{1-p} \tag{12}$$

$$x_w = \sum_{n=1}^{\infty} nw_n = \sum_{n=1}^{\infty} n^2 p^{n-1}(1-p)^2 = \frac{(1-p)^2(1+p)}{(1-p)^3} = \frac{1+p}{1-p} \tag{13}$$

これらより，分子量分布 $x_w/x_n (= M_w/M_n)$ を導くことができる．

$$\text{逐次重合における分子量分布 } x_w/x_n = 1 + p \tag{14}$$

演習問題

問題A1 テレフタル酸とエチレングリコールからポリエチレンテレフタレート（PET）ができる反応に関して以下の問に答えよ．

1) 官能基の反応率が 99 % のとき，得られるポリマーの数平均重合度を求めよ．

2) テレフタル酸 1.02 mol，エチレングリコール 1.00 mol を重合に用い，エチレングリコールのヒドロキシ基の反応率が 99 % であったとき，生成するポリマーの数平均重合度を求めよ．

問題B1 ある自己縮合型モノマーの重合を行ったところ，環化が併発し，重合度が大きくはならなかった．環化を含む重合において，数平均分子量は (5) 式で表せる．(5) 式における $X=1.1$ として，$p \to 1$ のとき，数平均重合度が 20 以上となるためには，ポリマーの成長速度と環化速度差がどのくらいあればよいか計算せよ．

問題B2 カルボン酸とアルコールからのポリエステル合成はカルボン酸が触媒として働くため 3 次反応である．反応速度式をたて，数平均重合度 x_n と時間の関係を求めよ．ただし，カルボン酸とアルコールは等 mol 入っており，それらの初期濃度は C_0 とする．

問題B3 ヘキサメチレンジアミンとセバシン酸の高温溶液重縮合において，時間ごとに残存するアミンの定量を行い，そこから反応速度定数を求めた．右の表から，重合の活性化エネルギーを求めよ．ただし気体定数 $R = 8.31 \text{ J K}^{-1} \text{ mol}^{-1}$ とする．

問題C1 4,4'-オキシジアニリン（ODA）を溶媒に溶かし，イソフタル酸ジクロリドを加えてポリアミドを合成した．アミンと酸クロリド（IPC）からアミドが生成する以外の反応は進行せず，生成するポリマーはすべて直鎖状であるとして，以下の問に答えよ．

高温溶液重縮合によるポリアミド生成反応の各温度における速度定数

温度/℃	速度定数 / L mol^{-1} min^{-1}
145	3.90×10^{-3}
160	1.21×10^{-2}
167	1.92×10^{-2}
175	3.37×10^{-2}
185	5.90×10^{-2}

1) 両モノマーを 1.000 mmol ずつ用い，溶媒 1 mL 中で重合を行った．重合時間 12 分，24 分，60 分，120 分後のポリマーの数平均分子量を測定したところ，それぞれ 7,560, 16,760, 40,460, 79,620 であった．重合の速度定数を求めよ．

2) 両末端アミンのオリゴマーを合成したい．数平均重合度が 3, 6, 9 のオリゴマーを合成するために両モノマーを合計 1 g 使用したとき，各モノマーの物質量（mol）を計算せよ．

問題 C2 アミンとカルボン酸からポリアミドが生成する反応の平衡定数は 300，ポリエステルでは 1 である．これらの値から，それぞれのポリマーの数平均重合度を計算せよ．また，カルボン酸から直接高分子量のポリエステルを合成するには系内から水を除去すればよい．数平均重合度 1 万のポリマーを得るために許される残存水分量を求めよ．

関連項目 2・4 節，6・1 節

Box 7　ポリマーの環化

高分子の構造式を表記する場合は，一般的には末端構造は示さないことが多い．これは，末端構造の違いによる高分子自体の物性変化は無視できると考えられてきたからである．しかし，近年，精密重合法と機器分析法の発展と相まって，高分子の末端構造の重要性が認識されるようになってきた．逐次重合で得られる高分子の末端構造はそのモノマーがもつ官能基であるということが前提であり，これより官能基の反応率 p と数平均重合度 X_n との関係式 (2) が導かれる．これが意味することは，反応率が 1 になると数平均重合度は無限大になるということである．しかし，反応する官能基の数が減ってくると，分子間で反応できる可能性が減少し，相対的に分子内で反応して大環状高分子が生成する可能性も無視できなくなる．実際，重縮合で生成する高分子は線状でなく大部分が大環状高分子であり，反応度と重合度との関係は，(2) 式と合わず，関係式 (5) に従う．つまり実際の逐次重合では，反応度が 1 となっても，大環状高分子が生成するため，平均重合度は無限大にならず，成長反応速度 V_p と環化反応速度 V_c との比はモノマーの構造によって異なる．

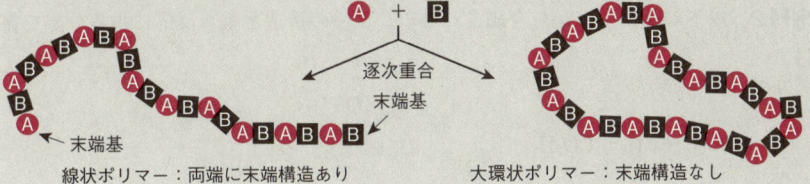

線状ポリマー：両端に末端構造あり　　大環状ポリマー：末端構造なし

6・3 重縮合の方法

Keywords 置換反応，求核置換重合，求電子置換重合，カップリング重合

要点 重縮合にはさまざまな置換反応が適用され，その反応様式により分類できる．

また，逐次重合は，工業的な重合プロセスの観点から，溶融法，溶液法，界面法，気相法，および相間移動触媒法に分類される．

> **例題 1** 以下のポリマー合成に関して，用いるモノマーおよび重合条件を述べよ．
> 1）エステル交換法によるポリエチレンテレフタレート（PET）の合成
> 2）イソフタル酸ジクロリドとビスフェノール A の界面重合によるポリアリレートの合成
> 3）ピロメリット酸無水物（PMDA）と 4,4′-オキシジアニリン（ODA）からのポリアミド酸ならびにポリイミドの合成

■**解 答**■ 1）テレフタル酸ジメチルに 2 倍以上の物質量（mol）のエチレングリコールおよび触媒（酢酸カルシウムなど）を入れ，加熱融解する．エステル交換によりメタノールが留出する．反応管をさらに加熱するとエチレングリコールが留出し，重合が始まる．重合管を減圧にして加熱を続けることで高分子量の PET が生成する．

2）ビスフェノール A に過剰の水酸化ナトリウムと相間移動触媒を水に溶かして撹拌する（A 液）．ビスフェノール A の 96 モル％程度のイソフタル酸ジクロリドを無水塩化メチレンに溶解させ A 液に滴下し，撹拌速度を 2500 回転付近として重合させると高分子量のポリアリレートが得られる．

3）ODA をジメチルアセトアミドなどのアミド系溶媒に溶解させる．この溶液を冷やしながら PMDA をゆっくりと固体のまま加え，室温で 4 時間撹拌するとポリアミド酸が得られる．これをガラス板に流延し，減圧オーブンで段階的に 250 ℃まで加熱すると脱水環化し，ポリイミドが得られる．

> **例題 2** 以下のモノマーから合成されるポリマーの構造と重合反応による分類を書け．
> 1）
> $HO_2C-(CH_2)_8-CO_2H$ + $H_2N-\text{C}_6\text{H}_4-O-\text{C}_6\text{H}_4-NH_2$ $\xrightarrow{\Delta}$

2) F–C₆H₄–CO–C₆H₄–F + HO–C₆H₄–OH $\xrightarrow{K_2CO_3}$

3) C₆H₅–O–C₆H₅ + ClCOCl $\xrightarrow{AlCl_3}$

4) 2,6-ジメチルフェノール + O_2 $\xrightarrow{CuCl}$

■**解　答**■　1) <u>求核アシル置換重合</u>：この重合は，アシル基に対する求核種（アルコール，フェノール，チオール，アミンなど）の反応からなる．

$$-[HNOC-(CH_2)_8-CONH-C_6H_4-O-C_6H_4-]_n-$$

2) <u>芳香族求核置換重合</u>：電子密度の高いハロゲン化アリールへの求核反応は起こりにくいため，スルホニル基，ケトン基，シアノ基，ニトロ基などの電子吸引基の存在が必要である．ハロゲンの反応性は F>Cl>Br>I となる．

$$-[O-C_6H_4-CO-C_6H_4-O-C_6H_4-]_n-$$

3) <u>芳香族求電子置換重合</u>：電子密度の高い芳香環を求核剤とする重合は Friedel–Crafts 反応によるものがほとんどである．ルイス酸としては塩化アルミニウム（$AlCl_3$），溶媒にはジクロロエタン，二硫化炭素，ニトロベンゼンが用いられる．

$$-[C_6H_4-O-C_6H_4-CO-]_n-$$

4) <u>酸化カップリング重合</u>：酸化剤を用いて C–C, C–O, C–N, C–S などの結合を生成する反応である．工業的には 2,6-ジメチルフェノールの銅イオンを触媒とする酸化重合が行われている．

$$-[(2,6-(CH_3)_2C_6H_2)-O-]_n-$$

演習問題

問題A1　イソフタル酸ジクロリドと 4,4′-オキシジアニリンの重合をアミド系溶媒中で行った．同じ条件下で塩化リチウムを加えて重合を行ったところ，より高分子量体が得られた．この理由を述べよ．

問題A2　ポリエーテルスルホンの合成経路を，1) 芳香族求核置換重合，および 2) 芳香族求電子置換重合のそれぞれで化学反応式を書け．

6・4 重付加

Keywords 付加反応, 数平均重合度

要点 逐次重合のうち, 素反応が**付加反応**であるものを重付加という. 重縮合で扱った速度論や分子量の反応度への依存性, 分子量分布などはそのまま適用できる. ただし, 重縮合と異なり, 脱離成分がないため, 重合の平衡定数 K は以下の式で与えられる.

$$K = p/[C_0(1-p)^2] \tag{1}$$

ただし p は官能基の変換率, C_0 は官能基の初濃度である. この式から, 平衡に達したときのポリマーの**数平均重合度**は,

$$x_n = (1+\sqrt{1+4KC_0}-1)/2 = 2KC_0/(\sqrt{1+4KC_0}-1) \tag{2}$$

となる. 重付加では K が1より十分に大きいため, $x_n \approx (KC_0)^{1/2}$ となる.

例題1 下記二つの重合を, モノマーの初期濃度 0.1 M と 5 M で行った. このとき, それぞれの重合で得られるポリマーの数平均重合度を求めよ.

1)
$n\mathrm{H_2N-R-NH_2} + n\mathrm{ClC(O)-R'-C(O)Cl} \longrightarrow \mathrm{+(HN-R-NH-C(O)-R'-C(O))_n}$ (K=300)

2)
$n\,\mathrm{(epoxide)R(epoxide)} + n\mathrm{H_2N-R'-NH_2} \longrightarrow \mathrm{+(CH(OH)-R-CH(OH)-N(H)-R'-N(H))_n}$ (K=2000)

解答 1) の場合, 6・2 節の (4) 式より重合度は濃度と無関係に $x_n = 1 + 300^{1/2} \approx 18.3$ となる. 一方, 2) では (2) 式より初期濃度 0.1 M のとき, $x_n \approx (2000 \times 0.1)^{1/2} = 14.1$, 初期濃度 5 M のとき, $x_n \approx (2000 \times 5)^{1/2} = 100$ となる.

例題2 ジイソシアナートとジオールからポリマーを合成したい. この重合における官能基の反応性と重合機構を説明し, 重合の化学反応式を示せ.

解答 イソシアナートは中央の炭素原子が電子不足になっており, 求核攻撃を容易に受ける. 今, ジオールが一方のモノマーとして存在しているので, OH 基上の酸素の非共有電子対がイソシアナート基の電子不足炭素を求核攻撃し, ポリマーが生成する. なお, イソシアナートの反応性は芳香族>脂肪族であり, アルコールの反応性は, 第一級>第二級>第三級の順である.

$\mathrm{O=C=N-R-N=C=O} + \mathrm{HO-R'-OH} \longrightarrow \mathrm{+(C(O)N(H)-R-N(H)C(O)-O-R'-O)_n}$

6・4 重付加

例題3 以下のモノマーから合成されるポリマーの構造と重合反応の分類を書け.

1) CH₂=CH−C(=O)NH₂ — t-BuONa, Δ →

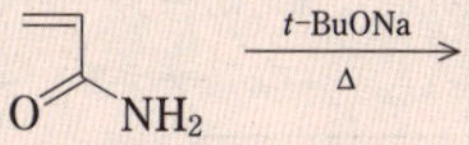

2) [テトラフェニルシクロペンタジエノン−Ph−O−Ph−テトラフェニルシクロペンタジエノン] + HC≡C−C₆H₄−C≡CH — Δ →

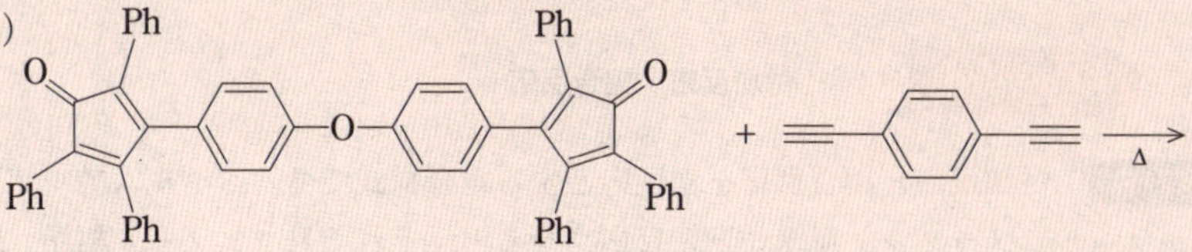

3) [エポキシド−CH₂−O−C₆H₄−O−CH₂−エポキシド] + Ph−NH₂ — Δ →

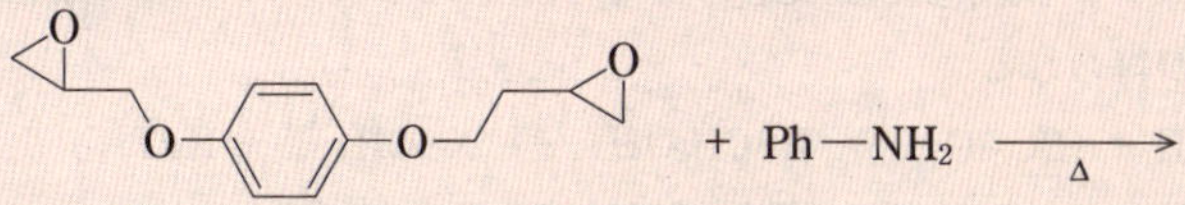

■**解 答**■ 1) 水素移動重付加:累積二重結合や電子不足二重結合とアルコール,アミン,チオールなどの活性水素化合物との反応である.

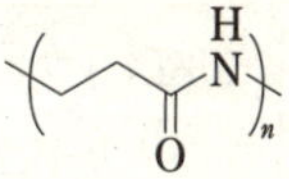

2) 環化重付加:共役ジエンとジエノフィルとの反応を利用したものである.

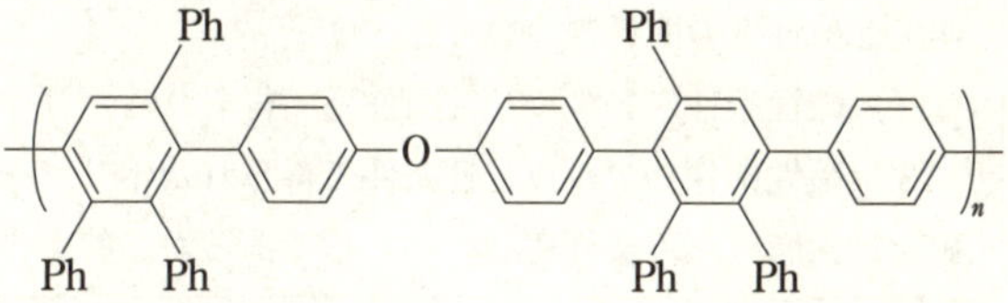

3) 開環重付加:エポキシド,エチレンイミン,オキセタン,アゼチジンなどが環ひずみのため求核試薬と反応して開環重付加する.

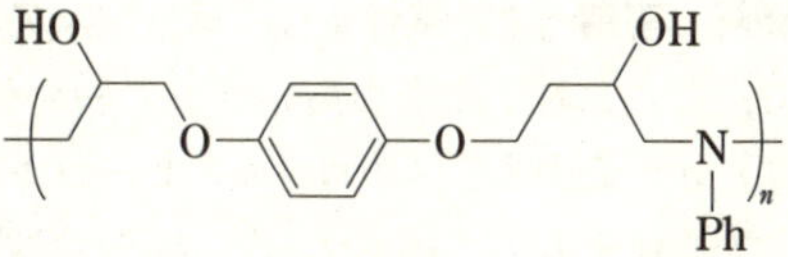

演習問題

問題A1 エピクロロヒドリンとビスフェノールAから両末端エポキシ基の入ったオリゴマー(プレポリマー)を合成したい.
 1) プレポリマーの重合度が5になるようなモノマーの混合比を求めよ.
 2) プレポリマーに第三級アミンを添加した際の硬化反応の機構を説明せよ.

問題A2 重付加において (2) 式を導け.

問題A3 ポリウレタンフォームはクッションなどに使われている.ポリウレタンフォームには硬質と軟質がある.これらの合成法に関して詳細に述べよ.

問題B1 ポリウレタン弾性繊維をつくる工程は,1) ジオールよりも少し過剰のジイソシアナートを加える,2) 生成したプレポリマーにヒドラジンを反応させ,後重合させる,3) 加圧下にて加熱する,からなる.これらの工程を化学反応式を用いて説明せよ.

関連項目 7・2節

6·5 付加縮合

Keywords 付加反応, 縮合反応

要点 付加反応と縮合反応を素反応とする重合様式である. ホルムアルデヒドをフェノール, メラミン, 尿素などと反応させると, それぞれフェノール樹脂, 尿素樹脂, メラミン樹脂が得られる.

$$X-H + H_2C=O \longrightarrow X-CH_2OH \xrightarrow{X-H} X-CH_2-X + H_2O$$

一般に, 塩基触媒では付加反応が, 酸触媒では縮合反応が起こりやすい.

> **例題1** フェノールとホルマリンから得られる樹脂に関して以下の問に答えよ.
> 1) 酸性条件, アルカリ性条件下で進行する素反応をそれぞれ説明し, 素反応の速度と酸性度の関係について述べよ.
> 2) 酸性条件, アルカリ性条件下で得られるポリマーの構造に関して説明せよ.
> 3) 酸性条件, アルカリ性条件で得られたポリマー (オリゴマー) はそれぞれ熱硬化性樹脂, 熱可塑性樹脂のどちらであるか, 答えよ.

■解 答■ 1) 酸性条件では, 酸はアルデヒドのカルボニル基に付加して活性化させる. ここに電子密度の高いフェノールが求核付加し, メチロール (ヒドロキシメチル基) が生成する. メチロールのヒドロキシ基に酸が付加し, 水が脱離, ベンジルカチオンが生成する. これをフェノールが求核攻撃して縮合し, フェニレンメチレンが多数生成し, ノボラック樹脂となる. メチロール化反応はフェノールのパラ位で優先的に起こるが, Caなどの2価の金属を加えると, キレート効果によりオルト位が優先する.

a) 付加反応

b) 縮合反応

ノボラック樹脂

一方，アルカリ性条件ではフェノール性ヒドロキシ基のプロトンが酸塩基反応で引抜かれてフェノラートが生成し，芳香核の電子密度が非常に高くなり，これがカルボニル基を求核攻撃し，メチロールを生成する．このとき生成する樹脂をレゾール樹脂という．

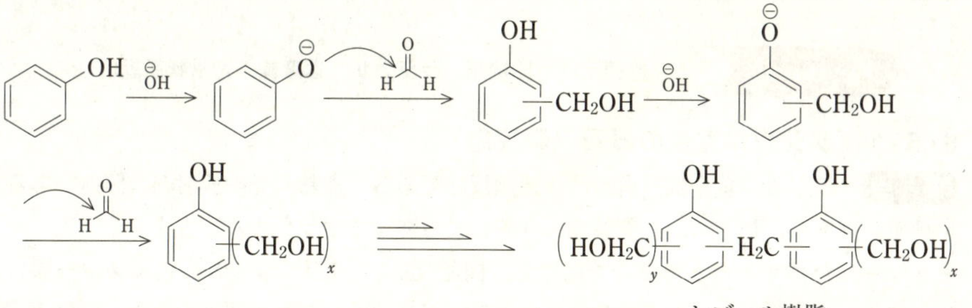

[反応機構図：フェノール → フェノラート → メチロール体 → レゾール樹脂]

レゾール樹脂

　したがって，起こりうる素反応は付加反応と縮合反応である．付加反応はアルカリ性，酸性のどちらでも進行する．反応速度は酸性側で中くらい，中性で小，アルカリ性領域で大である．一方，縮合反応は酸性条件で起こりやすく，pHが減少すると速度が増加する．

　2）酸性条件下では付加，縮合が引き続き進行するため，ポリフェノールが生成する．一方，アルカリ性条件下では付加のみが進行し，メチロールを多数もつフェノール誘導体が生成する．

　3）酸性条件：熱可塑性樹脂，アルカリ性条件：熱硬化性樹脂

― 演習問題 ―

問題A1 中性のレゾールは熱硬化性樹脂である．レゾールの硬化機構を説明せよ．

問題B1 尿素とホルムアルデヒドからユリア樹脂（尿素樹脂）が得られる．
　1）尿素とホルムアルデヒドの付加反応を化学反応式で示せ．
　2）上記生成物と尿素との縮合反応を化学反応式で示せ．
　3）酸性の場合に得られる水に不溶なポリメチレン尿素と，アルカリの場合に得られる水に可溶なメチロール尿素の構造式を示し，酸ならびに塩基触媒における反応機構を説明せよ．

問題B2 ノボラック樹脂はそのままでは硬化しないが，ヘキサメチレンテトラミンのような硬化剤を加えることで硬化する．このときの反応機構を書け．

問題B3 フェノールとホルムアルデヒドの重合で，酸性条件下でマンガンや亜鉛，マグネシウム，カルシウムなど2価の金属イオンを添加する場合と，何も添加しない場合で，得られるポリマーの構造はどのように変わると考えられるか．キレートという用語を用いて説明せよ．

関連項目 7・2節

6・6 ラジカル重合

Keywords　連鎖反応，開始剤，ラジカル，速度論，定常状態近似

6・6・1　ラジカル重合の概要（素反応）

要点　ラジカル重合は，典型的な**連鎖反応**である．加熱，光や放射線の照射，あるいは重合反応系に加えられた**開始剤**の分解によって，まず**ラジカル**が生成する．次いでモノマーに付加することで重合を開始し（開始反応），成長ラジカルへのモノマーの付加の繰返し（成長反応）や連鎖移動反応の後，ポリマーラジカル間での停止反応によってポリマーが生成する．

一般的なモノマーとしては，モノ置換エチレンや1,1-ジ置換エチレンが用いられ，一般的な開始剤としては，アゾ化合物，過酸化物や有機金属化合物などが用いられる．

> **例題1**　過酸化ベンゾイル（BPO）を開始剤とするトルエン中でのメタクリル酸メチル（MMA）のラジカル重合について，各素反応を反応式で示せ．

■**解　答**■

a）開始反応

b）成長反応

6·6 ラジカル重合

c) 連鎖移動反応

d) 停止反応

演習問題

問題 A 1 モノマーの構造を $CH_2=CHX$ として，ラジカル重合に関する以下の問いに答えよ．

1）生成するポリマーにおける頭-尾構造，尾-尾構造，頭-頭構造の相対的な生成量に対する置換基 X の効果について一般的に解説せよ．

2）ドデシルメルカプタン（ドデシル基：炭素数 12 の直鎖状アルキル基）を連鎖移動剤として加えたときの連鎖移動反応を反応式で示せ（ドデシル基は R で示せばよい）．

3）連鎖移動剤を積極的に加えるのは，どのような目的のためか．二つ示せ．

4）停止反応の速度定数は，ポリマー鎖が伸びていく反応の速度定数よりも，数桁大きい．それにもかかわらず，実際にはポリマーが得られる．それはなぜか．

6・6・2 ラジカル重合の速度論

要点 各素反応の競争によって重合速度や生成ポリマーの構造，平均分子量などが決まるため，開始剤，モノマー，溶媒，温度などの重合条件変化によって各素反応がどのように変化するかを速度論的に理解することが重要となる．ただし，重合の進行とともにモノマー濃度などが変化するため，<u>速度論</u>の解析はモノマー転化率 10 % 以内の重合初期を対象とする．また，1 本のポリマー鎖に注目すると，開始反応，成長反応，停止反応（連鎖移動反応）の順番に素反応が進行するが，ラジカル重合系ではこれらの素反応が同時に起こっていることを念頭におく必要がある．

例題 2 ラジカル単独重合における成長反応速度は，開始剤濃度およびモノマー濃度にどのように依存するか．定常状態近似を用いて，その関係式を導け．

■解 答■ 開始剤を I，開始剤由来の一次ラジカルを R・，モノマーを M，ポリマーラジカルを P・，ポリマーを P とすると，ラジカル重合の開始反応，成長反応，停止反応とそれぞれの速度定数は次のように表される．

開始反応
$$I \xrightarrow{k_d} 2R\cdot$$
$$R\cdot + M \xrightarrow{k_i} P\cdot$$

成長反応
$$P\cdot + M \xrightarrow{k_p} P\cdot$$

停止反応
$$2P\cdot \xrightarrow{k_t} P \text{ または } 2P$$

ここで，次の仮定をおく．

1）成長反応の速度定数は成長ラジカルの大きさ（鎖長）には無関係に一定である．

2）成長ラジカルの生成速度と消失速度は等しい．

3）生成ポリマーの平均重合度はきわめて大きく，モノマーは成長反応によってのみ消失する．

4）連鎖移動反応が起こっても重合速度は低下しない．

上記仮定 2)（ラジカル濃度の定常状態近似）より $R_i = R_t$ が成立する（ここで，R_i は開始反応速度，R_t は停止反応速度）．開始剤一つ当たりで二つのラジカルが生成することと，開始剤効率 f を考慮すると，$R_i = 2k_d f[I] = k_t[P\cdot]^2 = R_t$，すなわち，$[P\cdot] = (2k_d f/k_t)^{0.5}[I]^{0.5}$ となる．これを成長反応速度式に代入すると，$R_p = k_p[P\cdot][M] = (2k_d f/k_t)^{0.5} k_p [I]^{0.5}[M]$ となる．このことから，ラジカル重合の成長反応速度は，開始剤濃度の 0.5 次，モノマー濃度の 1 次に比例する．

■**解 説**■　ラジカル重合の開始反応は，開始剤の分解によって生成した 1 次ラジカルがモノマー分子と反応するところまでと定義されるが，開始反応速度式にモノマー濃度は入らない．これは，開始剤の分解が律速段階であるためである．

ラジカルは中性の活性種であるため，ラジカル活性種 2 分子による停止反応が起こる（イオン重合では起こらない）．また，開始剤は徐々に分解してラジカルを供給し続ける．そのため，重合期間中，ラジカルの供給と消失が繰返されることになり，ラジカル活性種がある一定の濃度にあると仮定できる（<u>定常状態近似</u>）．これはラジカル重合でのみ有効な仮定である．

また，k_d および f は開始剤の分解速度定数と開始反応に関与する 1 次ラジカルの割合を示したもので，重合反応そのものには関係しないことから，$k_p/k_t^{0.5}$ の大きさがそのモノマーのラジカル重合のしやすさを示す尺度になると考えてよい．

演習問題

問題 A 1　2,2′-アゾビスイソブチロニトリル（AIBN）の分解速度はアレニウス式に従い，パラメーターは次の通りである．活性化エネルギー：$128.9 \text{ kJ mol}^{-1}$，頻度因子：$1.58 \times 10^{15}$．60 ℃，80 ℃，100 ℃での分解速度定数と半減期をそれぞれ計算せよ．

問題 B 1　スチレンの塊状重合において，過酸化ベンゾイル（BPO）を開始剤に用いると開始剤効率 f はほぼ 1.0 であるのに対して，2,2′-アゾビスイソブチロニトリル（AIBN）を開始剤に用いると 0.5〜0.8 になる．化学反応式を使ってその理由を説明せよ．

問題 C 1　ある開始剤（$[I]_0 = 6.0 \times 10^{-2} \text{ mol L}^{-1}$）を用いた 60 ℃でのあるモノマー（$[M]_0 = 8.8 \text{ mol L}^{-1}$）のラジカル重合のパラメーターは，$k_d = 4.72 \times 10^{-4}$（$\text{min}^{-1}$），$f = 0.7$，$k_p = 4.28 \times 10^4$（$\text{L mol}^{-1} \text{ min}^{-1}$），$k_t = 1.27 \times 10^9$（$\text{L mol}^{-1} \text{ min}^{-1}$），である．連鎖移動反応は起こらず停止反応は再結合だけが起こるとして，下記の項目を算出せよ．

1）定常状態でのラジカル濃度
2）初期重合速度
3）10 分後のモノマー転化率（％）
4）モノマー転化率 10 ％以内で得られる初期重合体の数平均重合度

関連項目　2・1 節，6・7 節，6・8 節，6・13 節

6·7 ラジカル重合の方法

Keywords 塊状重合,溶液重合,懸濁重合,乳化重合,分散重合

要点 目的とするポリマーの形態や用途によって,さまざまなラジカル重合法が用いられる.モノマー,開始剤,溶媒や反応媒体,添加剤の種類によって,**塊状(バルク)重合,溶液重合,懸濁重合,乳化重合,分散重合(沈殿重合)** に分けられる.これらは大きく均一系重合と不均一系重合とに分けられる.各重合の特徴を表1に示す.

表1 各重合法の特徴

重合方法		モノマー	開始剤	溶媒	特徴
均一系重合	塊状重合	液状	モノマーに可溶	なし	高分子量・高純度のポリマーが生成,重合熱の除去が困難
	溶液重合	油溶性,水溶性	溶媒に可溶	水や有機溶媒(ポリマーが可溶)	重合反応の速度制御が容易,実験室での速度論の研究に利用
不均一系重合	懸濁重合	油溶性	モノマーに可溶	水	分散安定剤添加,撹拌必要,高分子量ポリマー生成,粒子径調整可能
	乳化重合	油溶性	水溶性	水	乳化剤添加,高分子量・微粒子状ポリマー生成,ラテックス生成
	分散重合(沈殿重合)	油溶性,水溶性	溶媒に可溶	水や有機溶媒(ポリマーが不溶)	分散安定剤,微粒子状ポリマー生成,ポリマー単離が容易

例題1 以下の重合法を比較せよ.
1) 塊状重合と懸濁重合
2) 懸濁重合と乳化重合

■**解答**■ 1) 塊状(バルク)重合は溶媒を用いずにモノマーとモノマーに溶解する開始剤のみを用いて重合する方法である.高分子量・高純度のポリマーが得られるが,重合後期に反応系の流動性が著しく低下するため,高反応率まで到達しにくいことや重合熱の除去が困難などの欠点をもつ.

懸濁重合は,少量の水溶性ポリマー存在下,油溶性のモノマーを水中に分散させて重合する方法である.開始剤はあらかじめモノマーに溶解しておくため,塊状重合系が水中に分散しているとみなすことができる.水中に分散しているため,重合熱の除去が容易であり,撹拌速度や分散安定剤の種類や濃度によって,種々の大きさの微粒子状ポリ

マーを得ることができるため，広く用いられている．

2）懸濁重合も乳化重合も，水中に分散させた油溶性モノマーを重合させ，微粒子状ポリマーが生成する点は同じである．しかし，懸濁重合では油溶性開始剤と分散安定剤として水溶性ポリマーを用いるのに対して，乳化重合では水溶性開始剤と乳化剤を用いる点が異なる．その結果，懸濁重合は塊状重合と同様の特徴を示し，一般的な速度論に従う．一方，乳化重合は一般的な速度論には従わず，1 cm³ 当たりの成長反応速度 R_p および得られるポリマーの数平均重合度 x_n はそれぞれ，$R_p = k_p(N/2)[M]$ および $x_n = k_p N[M]/\rho$ （ここで，N は 1 cm³ 中の粒子数，ρ は 1 cm³ 中 1 秒当たりのラジカルの生成速度）で表され，塊状重合よりも高分子量のポリマーが得られる．

■**解 説**■ 溶液重合は塊状重合系に溶媒を加えたものなので，塊状重合よりも重合反応の速度制御および重合熱の除去に優れ，塊状重合や懸濁重合と同様に基本的な速度論による取扱いが可能である．一方，沈殿重合は生成ポリマーが溶媒に不溶なため，重合の進行とともに均一系から不均一系へと変化する．不均一系へと変化する際にラジカル活性種が沈殿したポリマー中に取込まれて失活しにくくなるために，ラジカル濃度の定常状態近似を仮定することができなくなる．そのため，沈殿重合は基本的な速度論に従わなくなる．

演習問題

問題 A 1 ジメチルホルムアミド中でのアクリロニトリルのラジカル重合速度は開始剤濃度のほぼ 0.5 次に比例したが，ベンゼン中での重合速度は開始剤濃度の 0.7〜0.9 次に比例した．その理由を述べよ．

問題 B 1 ある製品 A は，ビニルモノマーを $[M] = 2$ mol L⁻¹，$[I] = 0.04$ mol L⁻¹，温度 80 ℃ の条件でラジカル溶液重合して生産している．重合速度を変えずに数平均重合度を 1/2 にするためには，重合条件をどう変更すればよいかを説明せよ．ただし，開始剤，モノマー，溶媒への連鎖移動は無視でき，不均化停止反応だけが起こるものとする．

問題 C 1 60 ℃ におけるスチレンの塊状重合と乳化重合の重合速度と数平均重合度について，両者の速度定数は等しく，連鎖移動反応は無視できるものとして，次の条件を用いて比較せよ．$[M] = 5$ mol dm⁻³，$R_i = 8 \times 10^{-9}$ mol dm⁻³ s⁻¹，$k_p = 176$ dm³ mol⁻¹ s⁻¹，$k_t = 3.6 \times 10^7$ dm³ mol⁻¹ s⁻¹ およびアボガドロ数 N_A を 6.0×10^{23} mol⁻¹ とし，乳化重合では 1 cm³ 中の粒子数 N を 1×10^{15} 個 cm⁻³ とする．

関連項目 1・1 節，2・1 節，6・6 節，6・8 節

6・8 ラジカル共重合

Keywords コモノマー，共重合体（コポリマー），初期重合体，モノマー反応性比，Q, e 値

6・8・1 ラジカル共重合の概要

要点 ラジカル共重合は，2種類以上のモノマー（コモノマー）を同時にラジカル重合させる方法である．ラジカル共重合からランダム共重合体や交互共重合体は得られるが，ブロック共重合体やグラフト共重合体などは得られない．一般にコモノマーの反応性が異なるため，仕込みモノマーの組成と得られる共重合体（コポリマー）の組成は一致しないことが多く，モノマーの種類が増えるほど複雑になってくる．そのため，ラジカル共重合の解析の多くは，2種類のモノマーのラジカル共重合について，収率5％以内の初期重合体を用いて行われる．

代表的な解析方法としては，共重合組成式をもとにモノマー反応性比（r_1 および r_2）を算出し，ラジカル共重合の素反応や，得られた共重合体の組成，モノマー連鎖について考察を行うことが挙げられる．

例題1 2種類のモノマー（M_1 および M_2）のラジカル共重合について，以下の設問に答えよ．なお各モノマー（M_1, M_2）の成長末端は $M_1\cdot$，$M_2\cdot$ で表されるとする．

1) 成長反応として四つの反応式が考えられる．この四つの成長反応式を書き，各反応の速度式を示しなさい．

2) それぞれのモノマーの消失速度から共重合組成式（Mayo-Lewis の式）を導きなさい．ただし，$k_{11}/k_{12} = r_1$，$k_{22}/k_{21} = r_2$ とすること．

■**解答**■ 1)

$M_1\cdot + M_1 \xrightarrow{k_{11}} M_1\cdot \quad\quad R_{11} = k_{11}[M_1\cdot][M_1]$

$M_1\cdot + M_2 \xrightarrow{k_{12}} M_2\cdot \quad\quad R_{12} = k_{12}[M_1\cdot][M_2]$

$M_2\cdot + M_1 \xrightarrow{k_{21}} M_1\cdot \quad\quad R_{21} = k_{21}[M_2\cdot][M_1]$

$M_2\cdot + M_2 \xrightarrow{k_{22}} M_2\cdot \quad\quad R_{22} = k_{22}[M_2\cdot][M_2]$

2) M_1 および M_2 の消失速度はそれぞれ下式で表される．

$$-d[M_1]/dt = k_{11}[M_1\cdot][M_1] + k_{21}[M_2\cdot][M_1]$$

$$-d[M_2]/dt = k_{12}[M_1\cdot][M_2] + k_{22}[M_2\cdot][M_2]$$

共重合初期に得られる共重合体の組成比はそれぞれのモノマーの消失速度の比に対応することから，下式のように表すことができる．

$$\frac{d[M_1]}{d[M_2]} = \frac{k_{11}[M_1\cdot][M_1] + k_{21}[M_2\cdot][M_1]}{k_{12}[M_1\cdot][M_2] + k_{22}[M_2\cdot][M_2]}$$

ここで，$M_1\cdot$ が $M_2\cdot$ に変化する速度と $M_2\cdot$ が $M_1\cdot$ に変化する速度が等しいと仮定すると（定常状態近似），$k_{12}[M_1\cdot][M_2]=k_{21}[M_2\cdot][M_1]$ となり，$[M_1\cdot]=(k_{21}[M_1]/k_{12}[M_2])[M_2\cdot]$ を上の式に代入すると共重合組成式（Mayo-Lewis の式）が得られる．

$$\frac{d[M_1]}{d[M_2]} = \frac{[M_1]}{[M_2]} \left(\frac{r_1[M_1]+[M_2]}{[M_1]+r_2[M_2]} \right)$$

■解 説■ ラジカル共重合においても，重合期間中，ラジカルの供給と消失が繰返されており，ラジカル濃度について定常状態を近似できる．さらに，ラジカル濃度が変化しないことから，それぞれのラジカル（$M_1\cdot$ と $M_2\cdot$）についても定常状態を近似できる．ラジカル共重合の速度論的解析では全体のラジカル濃度ではなく，$M_1\cdot$ が $M_2\cdot$ に変化する速度と $M_2\cdot$ が $M_1\cdot$ に変化する速度（交差成長速度）からそれぞれのラジカルの定常状態近似を利用したことに注意．

また，r_1 および r_2 はそれぞれのラジカル（$M_1\cdot$ と $M_2\cdot$）が M_1 と M_2 のどちらのモノマーと反応しやすいかを示す尺度となるもので，モノマー反応性比と呼ばれる．モノマー反応性比がわかれば，共重合組成式から任意のモノマー組成で重合した際に得られる初期重合体の組成を見積もることができる．

例題2 モノマー1（M_1）とモノマー2（M_2）のラジカル共重合を行った．モノマー消費5％の段階で生成物を単離し，生成した共重合体中の M_1 の組成（モル分率）を調べ，これを仕込みモノマー中の M_1 のモル分率に対してプロットして共重合組成曲線 a～f を得た（図1）．

以下の場合について，それぞれが a～f のうちどの組成曲線に対応するのかを答えよ．また，その理由も説明せよ．

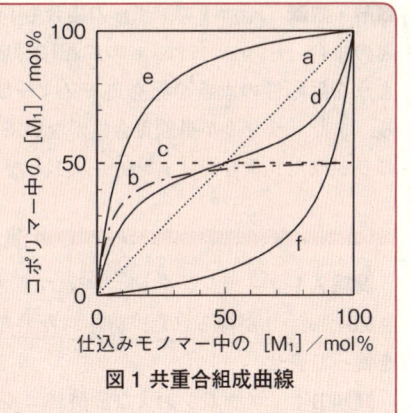

図1 共重合組成曲線

1）$r_1r_2=1$ で $r_1=r_2=1$ 2）$r_1r_2=1$ で $r_1<r_2$
3）$r_1r_2<1$ で $r_1<1, r_2<1$ 4）$r_1r_2=0$ で $k_{11}=k_{22}=0$

■解 答■ 1）a の曲線に対応する．$r_1=k_{11}/k_{12}=1$，$r_2=k_{22}/k_{21}=1$ より成長ラジカルの種類によらず，M_1 と M_2 がまったく同じ反応性を示す．得られる共重合体の組成および残存するモノマーの組成は収率に関係なく仕込みモノマーの組成と同じになることから，理想共重合とも呼ばれる．

2）f の曲線に対応する．$r_1=k_{11}/k_{12}<1$，$r_2=k_{22}/k_{21}>1$ より成長ラジカルの種類によらず，M_1 よりも M_2 のほうが速く反応する．仕込みモノマー組成を変化させても，得られる共重合体には常に仕込みモノマー組成より多く M_2 単位が含まれる．また，$r_1\times r_2$

$=1$ より，$r_1=k_{11}/k_{12}=k_{21}/k_{22}=1/r_2$ であり，いずれのラジカルに対してもモノマーの相対反応性が同じであるため，収率5％以内の重合初期においてはランダムな共重合体が得られる．しかし，重合の進行とともに残存するモノマーの組成が変化することから，重合初期に得られる共重合体の組成と，たとえば収率90％の重合後期に得られる共重合体の組成は異なることになる．

3) d の曲線に対応する．$r_1=k_{11}/k_{12}<1$，$r_2=k_{22}/k_{21}<1$ より同種のモノマー間の反応よりも異種のモノマー間の反応のほうが起こりやすくなっている．そのため，重合初期に得られる共重合体は仕込みモノマー組成に関係なく $M_1:M_2=50:50$ に近づく（そのため，逆S字型の曲線になる）．同種のモノマー間での反応も起こるので，重合の進行とともに得られる共重合体の平均組成は仕込みモノマー組成に近づく．

4) c の曲線に対応する．$r_1=k_{11}/k_{12}=0$，$r_2=k_{22}/k_{21}=0$ より同種のモノマー間の反応は起こらず，異種のモノマー間の反応だけが起こる．そのため，仕込みモノマー組成に関係なく，得られる共重合体は $M_1:M_2=50:50$ の組成を示す．同種のモノマー間の反応が起こらないことから，いずれかのモノマーが消費されると，それ以上反応は進行しなくなる．

■解 説■　$r_1r_2\neq1$ で $r_1<r_2$ の場合も f の曲線に対応する．また，モノマーの反応性が逆の場合（$r_1>r_2$）には，e の曲線に対応する．共役系モノマーと非共役系モノマーのような反応性の大きく異なるモノマー間のラジカル共重合やイオン重合でよくみられる．また，ラジカル単独重合性がないモノマーとラジカル単独重合性があるモノマーとのラジカル共重合では $r_1=0$，$r_2<1$ となり，b の曲線に対応する．

―――― 演習問題 ――――

問題A1　スチレンを M_1，無水マレイン酸を M_2 としてラジカル共重合を行うと，$r_1=0.04$，$r_2=0$ が得られた．得られた共重合体中のおもなモノマー連鎖を M_1 および M_2 を使って表せ．

問題B1　スチレンおよび酢酸ビニルのラジカル単独重合の成長反応速度定数はそれぞれ 341 および 3,700 L mol^{-1} s^{-1} であった．また，スチレンを M_1，酢酸ビニルを M_2 としてラジカル共重合を行うと，$r_1=55$，$r_2=0.01$ が得られた．以下の設問に答えよ．

1) 交差成長の速度定数（k_{12} および k_{21}）を求めよ．

2) 酢酸ビニルの重合にごく少量のスチレンを加えた場合，共重合初期の重合速度はどのような傾向を示すと予想されるか．

問題C1　モノマー1（M_1）とモノマー2（M_2）のラジカル共重合体の組成について，以下の設問に答えよ．

1) コモノマー中のモノマー M_1 の組成を $f_1=1-f_2=[M_1]/([M_1]+[M_2])$，共重合体中のモノマー M_1 の組成を $F_1=1-F_2=d[M_1]/(d[M_1]+d[M_2])$ として，共重合組成式

から次式を導け.

$$F_1 = (r_1 f_1^2 + f_1 f_2) / (r_1 f_1^2 + 2 f_1 f_2 + r_2 f_2^2)$$

2) スチレンを M_1, アクリル酸メチルを M_2 とするラジカル共重合において，コモノマー中のスチレン組成が 20 mol% の瞬間にできる共重合体の組成を求めよ.

6・8・2 Q–e スキーム

要 点 成長ラジカルによるモノマーへの付加反応の速度は，一般の化学反応と同様に成長ラジカルおよびモノマーに結合した置換基の共鳴効果および極性効果によって決まるはずであり，それらを経験的なパラメーターとして定量化されたのが Q, e 値である．2種類のモノマー (M_1 および M_2) のラジカル共重合において，$M_1\cdot$ が M_2 に付加する交差成長の反応速度定数を次式のように仮定した.

$$k_{12} = P_1 Q_2 \exp(-e_1{}^* e_2)$$

ここで，P および Q はそれぞれラジカルおよびモノマーの共鳴安定性に関する項で，e^* および e はラジカルおよびモノマーの極性に関する項である（ただし，置換基による極性効果はモノマーとラジカルで等しいと考えられるので，$e^* = e$ として扱う）．Q, e 値はスチレンを基準（それぞれ 1.0 および –0.8）とし，Q 値が 0.2 以上のモノマーを共役モノマー，それより小さいものを非共役モノマーと呼ぶ.

例題 3 アクリル酸メチルの Q, e 値（それぞれ 0.45 と 0.64）を用いて，スチレンを M_1, アクリル酸メチルを M_2 としたときの r_1 と r_2 を求めよ.

■**解 答**■ $r_1 = (Q_1/Q_2) \exp[-e_1(e_1 - e_2)]$ および $r_2 = (Q_2/Q_1) \exp[-e_2(e_2 - e_1)]$ より

$$r_1 = (1.0/0.45) \exp[0.8 \times (-0.8 - 0.64)] = 0.70$$
$$r_2 = (0.45/1.0) \exp[-0.64 \times (0.64 + 0.8)] = 0.18$$

演習問題

問題 A1 スチレンを M_1, メタクリル酸メチルを M_2 としたときの r_1 と r_2 はそれぞれ 0.52 と 0.46 であった．メタクリル酸メチルの Q, e 値を求めよ.

関連項目 2・2 節, 6・6 節, 6・7 節, 6・14 節

6・9 アニオン重合

Keywords　アニオン性開始種，成長種，求核反応

要　点　アニオン重合では，アニオン性開始種および成長種のモノマーへの求核反応によりポリマーが生成する．したがって，ビニルモノマーではC=Cに電子吸引性の置換基をもつものがアニオン重合しやすい．求核剤と反応しやすい官能基をもたないスチレンやジエン類のアニオン重合では，分子量や末端構造の制御されたポリマーの合成が可能である．

> **例題1**　1）n-ブチルリチウムとNa-ナフタレンをそれぞれ開始剤とするスチレンのアニオン重合の開始反応を記せ．
> 　　2）スチレンのアニオン重合を次の試薬により停止した場合に生成するポリマーの停止末端の構造を記せ．
> 　　(a) メタノール，(b) 二酸化炭素（続いて弱酸水溶液を加える），(c) 臭化ベンジル，(d) 1,1-ジフェニルエチレン（続いて弱酸水溶液を加える）

■**解　答**■　1）

[スチレン + n-BuLi → n-Bu-CH$_2$-CH(Ph)$^-$ Li$^+$]

[2スチレン + 2[ナフタレン]$^{•-}$Na$^+$ → 2 ベンジルラジカルアニオン Na$^+$ → ラジカルカップリング → ジアニオン二量体 → +2スチレン → 両末端カルバニオン Na$^+$]

2）

(a) -(CH$_2$-CH(Ph))$_n$-H
(b) -(CH$_2$-CH(Ph))$_n$-COOH
(c) -(CH$_2$-CH(Ph))$_n$-CH$_2$Ph
(d) -(CH$_2$-CH(Ph))$_n$-CH$_2$-CH(Ph)$_2$-H

(d) の 1,1-ジフェニルエチレンは単独でのアニオン重合はしないので，末端に 1 分子のみ定量的に導入される．

> **例題 2** 1) スチレン，α-シアノアクリル酸エチル，メタクリル酸メチル（MMA）をアニオン重合性の高いものから順に並べ，そのような順になる理由を述べよ．
> 2) スチレンと MMA の 1:1 の混合物に，開始剤としてフェニルマグネシウムブロミドを加えると，どのようなポリマーが得られるか．またそのポリマーが生成する理由を説明せよ．

■**解　答**■　1) 反応性は α-シアノアクリル酸エチル＞MMA＞スチレン．C=C に結合した置換基の電子吸引効果の大きいものほどアニオン重合反応性が高くなるため．

2) フェニルマグネシウムブロミドはまず反応性の高い MMA と反応するが（この開始剤はスチレンの重合を開始できない），その成長末端はスチレンとは反応できないので，MMA ホモポリマーのみが生成する．

演習問題

問題 A1　一般に，有機リチウムを開始剤とする MMA のアニオン重合は，開始および成長反応以外の副反応が頻発するためにリビング重合になりにくい．そのおもな副反応は，1) 開始剤とモノマー間の副反応，2) 成長末端におけるバックバイティング（back-biting）であることが知られている．これらの 2 種の副反応について説明せよ．

問題 A2　イソプレンのアニオン重合により得られるポリマーの主鎖には，最大で 4 種の繰返しユニットが混在する可能性があり，その組成比は重合条件に依存する．その 4 種の繰返しユニットの構造を記せ．

問題 A3　スチレンと p-シアノスチレンの AB 型ブロック共重合体をアニオン重合で合成したい．開始剤に加える順序はどちらを先にすべきか，その理由とともに答えよ．

問題 B1　アクリルアミドを強塩基の存在下加熱すると，水素移動重合と呼ばれるアニオン重合が進行してポリ(β-アラニン) が得られる．この重合の反応機構を説明せよ．

$$\underset{O}{\overset{}{n\underset{}{\nearrow}}}\!\!-NH_2 \xrightarrow[100°C]{t\text{-BuO}^{-}\,Na^{+}} \left[\begin{matrix}O\\\|\\\diagup\diagdown N\diagdown\end{matrix}\right]_n$$

問題 C1　Na-ナフタレンを開始剤とする 25℃における各種溶媒中でのスチレンの見かけの成長反応速度定数（$L\,mol^{-1}\,s^{-1}$）は，ベンゼン（誘電率 2.2）中は 2，ジオキサン（誘電率 2.2）中は 5，THF（誘電率 7.6）中は 550，1,2-ジメトキシエタン（誘電率 5.5）中は 3800 であると報告されている．この速度定数の溶媒依存性について定性的に説明せよ．

関連項目　6・11 節，6・12 節〜6・14 節

6・10 カチオン重合

Keywords カチオン性開始種，成長種，求電子反応

要点 カチオン重合では，**カチオン性開始種**および**成長種**のモノマーへの**求電子反応**によりポリマーが生成する．したがって，ビニルモノマーではC=Cに電子供与性の置換基をもつものがカチオン重合しやすい．成長末端のカルボカチオンは，連鎖移動反応を非常に起こしやすいため，一般に高分子量ポリマーを得ることは難しい．

例題1 カチオン重合に用いられる代表的なモノマーを3種示し，それらのモノマーがカチオン重合性を発現する理由を説明せよ．

■解答■ 下記から3種．

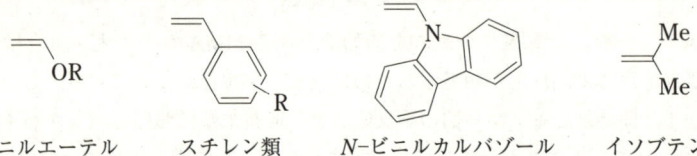

ビニルエーテル　スチレン類　N-ビニルカルバゾール　イソブテン

■解説■ ビニルエーテル，N-ビニルカルバゾール，イソブテン，電子供与性の置換基をもつスチレン類では，置換基からの電子供与によりC=Cの電子密度が上昇し，開始・成長反応であるカチオン種からの求電子付加を受けやすくなっている．また，スチレン類については成長末端カルボカチオンを芳香環が共鳴効果により安定化できることも反応性の向上に寄与している．

例題2 カチオン重合の開始剤として，カチオン源と金属ハロゲン化物の組合わせからなる開始剤系がよく用いられる．その具体例を一つ示し，これによるビニルエーテル（$CH_2=CHOR$）の開始反応の化学式を示せ．また一般的に，プロトン酸のみを開始剤とする場合に比べて，このタイプの開始剤系のほうが高分子量体を得るにはより適している理由を述べよ．

■解答■ カチオン源としては塩酸，水，塩化 t-ブチルなど，金属ハロゲン化物としては，BF_3，$SnCl_4$，$ZnCl_2$ などを挙げる．例として，$HCl/SnCl_4$ の場合の開始反応の化学式は，

$$HCl + SnCl_4 \longrightarrow \overset{\oplus}{H}\overset{\ominus}{SnCl_5} \xrightarrow{OR} H-CH_2-\overset{\oplus}{CH}-OR \quad \overset{\ominus}{SnCl_5}$$

対アニオンの $SnCl_5^-$ は HCl 単独で開始した場合の Cl^- に比べて立体的に大きいためにカルボカチオンとの相互作用が小さい．そのために停止反応が起こりにくくなり，高分子量体の合成が可能となる．

> **例題 3** プロトン酸 HB を開始剤とするトルエン中でのビニルエーテルのカチオン重合における連鎖移動反応に関して，1) モノマー移動反応，と 2) 溶媒への連鎖移動反応，の反応式を示せ．

■**解　答**■　1)

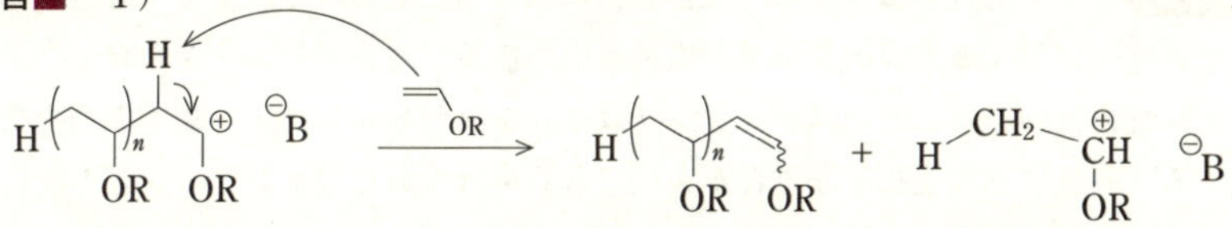

[反応式の図]

2)

[反応式の図]

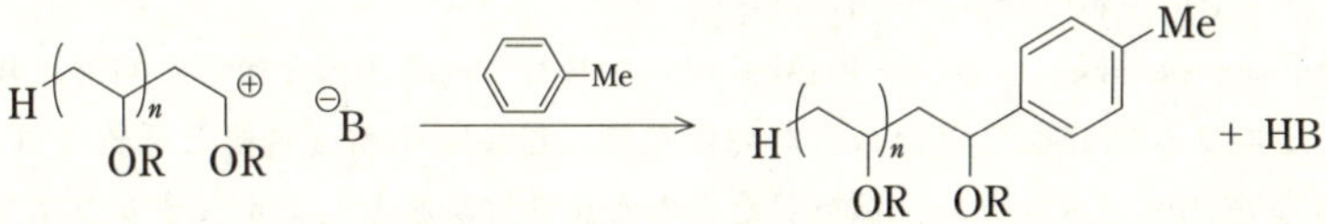

■**解　説**■　高分子量体を得るためには，重合を低温で行ってこれらの副反応を抑制する必要がある．

演習問題

問題 A1　連鎖移動反応が頻発する条件でカチオン重合を行うと，二量体が主生成物となることがある．プロトン酸を開始剤とする，1) スチレンや，2) イソブテンの二量化で得られる生成物は通常，異性体の混合物となるが，それぞれのモノマーについて生成する異性体の構造を 2 種ずつ記せ．

問題 B1　3-メチル-1-ブテンのカチオン重合により得られるポリマーの主鎖には A, B 2 種の繰返しユニットが混在しており，その組成比は重合温度に依存する．その A : B の組成比は −100 ℃の重合では 30 : 70，−130 ℃の重合では 0 : 100 となる．A, B それぞれの構造を記し，そのような温度依存性が発現する理由を述べよ．

問題 B2　2-クロロ-2-フェニルプロパンは，これをカチオン源，BCl_3 を金属ハロゲン化物とするイソブテンの重合において，開始剤および連鎖移動剤として作用することから inifer (initiator-transfer-agent) と呼ばれている．この重合の機構について説明せよ．

問題 C1　塩化メチレン中で過塩素酸アセチル（$[MeCO]^+[ClO_4]^-$）を開始剤とするスチレンのカチオン重合を行うと，生成物の分子量分布は二峰性となる．この重合系に共通イオン塩として過塩素酸テトラブチルアンモニウム（$[n\text{-}Bu_4N]^+[ClO_4]^-$）を添加すると，高分子量部の生成が抑制される理由を説明せよ．

6・11 配位重合

> **Keywords**　Ziegler-Natta 触媒，メタロセン錯体，MAO，メタセシス重合

6・11・1 不均一系触媒と均一系触媒

要点　配位重合では一般に，遷移金属に結合した成長種の，その中心金属に配位したモノマーに対する求核的な攻撃が成長反応となる．通常のアニオン重合やラジカル重合では反応性の非常に低いエチレン，プロピレンなどのオレフィン類が温和な条件で重合する．高度に立体選択的な重合が実現できる場合もある．オレフィン類の配位重合触媒には，不均一系触媒と均一系触媒の二つのタイプがある．

●**不均一系触媒**　$TiCl_3 + Et_3Al$ に代表される前周期遷移金属のハロゲン化物と有機アルミニウム化合物を組合わせた触媒系で，Ziegler-Natta 触媒と総称される．現在，$TiCl_4$ を塩化マグネシウムに担持したものが高活性触媒としてポリオレフィンの工業生産に用いられている．

●**均一系触媒**　Cp_2ZrMe_2（Cp：シクロペンタジエニル基，Me：メチル基）に代表される前周期遷移金属のメタロセン錯体やジイミン $PdMe_2$ といった可溶性の遷移金属錯体を触媒前駆体とし，これにメチルアルミノキサン（MAO：$-(AlMe-O)_n-$ という構造のポリマー）や各種のホウ酸塩をカチオン発生剤（ルイス酸として金属上の Me 基を一つ引き抜く役割をする）として加えることにより，活性種としてのカチオン性金属錯体が生成する．活性種が単一の化学種からなる場合（シングルサイト触媒と呼ばれる）が多く，錯体構造の工夫によって立体選択的重合やリビング重合が実現される．

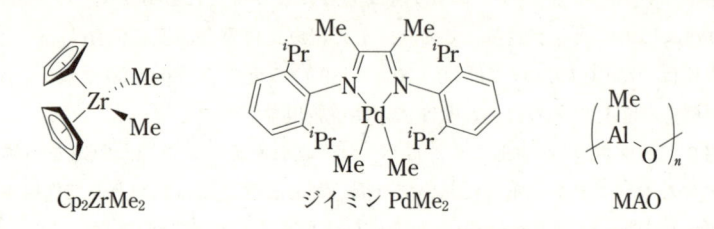

Cp_2ZrMe_2　　　ジイミン $PdMe_2$　　　MAO

> **例題 1**　エチレンのラジカル重合および配位重合により得られるポリエチレンの構造の違いを示せ．また，その違いの生じる理由を説明せよ．

■**解　答**■　高温高圧条件下で行われるエチレンのラジカル重合では，生成ポリマー主鎖への連鎖移動が頻発するため，枝分かれの多い低密度ポリエチレン（LDPE）が生成

する．これに対して，前周期遷移金属錯体を用いる配位重合では主鎖への連鎖移動は起こらず，ほぼ直鎖状のポリエチレン（HDPE）が得られる．一方，後周期遷移金属錯体を用いた重合では枝分かれ構造をもつポリエチレンが得られることが多い．

> **例題2** オレフィン類の配位重合における，遷移金属錯体へのモノマーの"配位"の役割について説明せよ．

■**解 答**■ オレフィン類の C=C 結合の結合性 π 軌道に入った二つの π 電子が，遷移金属の空の d 軌道へ供与（donation）されることによりモノマーが配位する．この電子供与により，C=C の結合次数が低下してその結合が弱まる（モノマーの活性化）．さらに C=C の電子密度の低下により，成長種の求核反応も起こりやすくなる．後周期遷移金属の場合には，金属の d 電子が C=C の反結合性 π^* 軌道へ逆供与（back-donation）されることにより，さらに C=C の活性化が促進される場合もある．1-オレフィンの場合にはこの配位により，その C=C のプロキラル面が空間的に固定され，成長鎖の末端および金属の配位子の構造も含めた総合的な立体的効果によって，成長反応における立体選択性が発現する．以上は不均一系触媒，均一系触媒の両者に共通していえることである．

← ：供与（オレフィンの π 軌道から金属の d 軌道へ）
↷ ：逆供与（金属の d 軌道からオレフィンの π^* 軌道へ）

> **例題3** Cp_2ZrMe_2 と MAO の混合物を触媒とするプロピレンの重合において，以下の連鎖移動反応により生成するポリマー（連鎖移動後の再開始によるもの）の構造を連鎖移動に起因して生成する末端構造が明確になるように記せ．1）金属中心への β-水素移動，2）MAO あるいは系中に存在する Me_3Al とのアルキル交換，3）水素添加による σ 結合メタセシス．

■**解 答**■

1) H–[CH(Me)–CH$_2$]$_n$–C(Me)=CH$_2$ 2) Me–[CH(Me)–CH$_2$]$_n$–H   3) H–[CH(Me)–CH$_2$]$_n$–H

■**解 説**■ 2）の場合は連鎖移動によって [Cp_2ZrMe]$^+$ と –CHMe–CH$_2$–Al のポリマー末端が生成する．後者は後処理によって加水分解され，–CHMe–CH$_2$–H へと変換されると考える．

他の均一系触媒や不均一系触媒を用いた重合においても同様な連鎖移動が進行する．

演習問題

問題 A1 塩化マグネシウム担持型四塩化チタン触媒における塩化マグネシウムの役割について説明せよ．

問題 B1 4族遷移金属のメタロセンジメチル錯体 Cp'_2MMe_2 (M = Ti, Zr, Hf) の助触媒として用いられるホウ酸塩には，代表的なものとして以下の三つがある．

1) $B(C_6F_5)_3$ 2) $[PhNMe_2H][B(C_6F_5)_4]$ 3) $[Ph_3C][B(C_6F_5)_4]$

これらのホウ酸塩と Cp'_2MMe_2 との反応式を示せ．また，これらのホウ酸塩のホウ素にペンタフルオロフェニル基が用いられている理由を述べよ．さらに，この3種の中でホウ酸塩系助触媒として最も効果的なものはどれか．そう判断する理由も述べよ．

6・11・2 メタセシス重合

要点 遷移金属カルベン錯体を活性種とする C=C 二重結合の組換え反応（メタセシス）を利用した**メタセシス重合**も代表的な配位重合である．ここでは環状オレフィンモノマーの開環メタセシス重合（ROMP）を扱うが，アセチレン類や α,ω-ジエン類もメタセシス重合の重要なモノマーである．ノルボルネン類をはじめとする各種環状オレフィンの ROMP において，構造の明確な Ti, Ta, Mo, Ru などのカルベン錯体を開始剤とするリビング重合が実現されている．代表的な高活性メタセシス触媒の構造を以下に示すが，これらの触媒は官能基耐性も高く，エステルやアミドをはじめとする各種の極性官能基をもつ環状オレフィンのリビング重合が可能である．

例題 1 金属カルベン錯体 $L_nM=CHR$ （L：中心金属 M に配位した配位子）を開始剤，ベンズアルデヒドを停止剤とするノルボルネンの ROMP の反応式を記せ．

■**解　答**■
開始・成長反応

演習問題

問題 A1 高活性なメタセシス触媒を用いたリビング ROMP では，モノマーが完全に消費されるまで重合を行うと，生成ポリマーの分子量分布が広くなってしまう場合がある．その原因となる副反応について説明せよ．

問題 B1 以下に示す反応式によって両末端にアセトキシ基（AcO–）をもつテレケリックなポリノルボルネン（**A**）が合成できる．この反応に必要な試薬（**B**）の構造を記せ．この重合において，触媒となる Ru 錯体に対して 20 当量の（**B**）の存在下，1 回当たり 100 当量のモノマーを 5 時間の間隔をおいて 8 回加えて反応させると，生成物は重合度約 100 の単峰性のテレケリックポリマー（**A**）となる．そのような重合結果になる理由を説明せよ．

関連項目 6・9 節，6・12 節，6・13 節

6・12 開環重合

Keywords ひずみエネルギー，分極

要点 開環重合は，重縮合と同様，主鎖に官能基を含む高分子を合成するための重要な手法であるが，ビニルモノマーの付加重合と同じく開始，成長，停止および連鎖移動の四つの素反応からなる連鎖重合であるため，重合機構が異なる．開環重合が起こるためには，第一に，環状モノマーが**ひずみエネルギー**をもつことが大切であるが，これは必要条件であり，十分条件ではない．第二の条件として，環を構成する単位にヘテロ原子を含む官能基が必要であり，これにより**分極**が生じ，イオンとの反応が容易になる．以上二つの条件を満たす環状エーテル，環状エステル（ラクトン），環状アミド（ラクタム）などが開環重合し，多くの高分子材料が生産されている．

$$(CH_2)_m\text{-}X \longrightarrow \{(CH_2)_m\text{-}X\}_n \quad -X-: -O-,\ -\underset{\underset{O}{\|}}{C}-O-,\ -\underset{\underset{O}{\|}}{C}-\overset{H}{N}-,\ \text{など}$$

> **例題 1** 開環重合性を示す，(a) 環状エーテル，(b) 環状エステル，(c) 環状アミドの具体例をおのおの一つ化学構造式と名称の両者で答えよ．重合によって得られる高分子の化学構造式も併せて書け．

■**解答**■ 例として，(a) エチレンオキシド，(b) ε-カプロラクトン，(c) ε-カプロラクタムがあり，開環重合により (a) ポリエーテル，(b) ポリエステル，(c) ポリアミドが得られる．

(a), (b), (c) の反応式

■**解説**■ 環状モノマーは，環員数はもちろんのこと，含まれる官能基の種類によっても重合性に違いが見られる．次の表に示すように，六員環エーテル（テトラヒドロピラン）は，重合しないのに対し，六員環エステル（δ-バレロラクトン）は，重合する

ことがわかっている．

環状モノマーの種類と開環重合性

官能基	環員数						
	3	4	5	6	7	8	9
−O−	○	○	○	×	○		
−CO₂−		○	△	○	○	○	
−CONH−		○	○	△	○	○	○

○：重合する　△：重合性低い　×：重合しない

例題2 エチレンオキシドの，(a) アニオン開環重合，(b) カチオン開環重合，(c) 配位アニオン重合，の重合機構を示せ．

■**解　答**■

(a) $RO^{\ominus}$ が酸素へ攻撃 → $RO\text{-}CH_2CH_2\text{-}O^{\ominus}$ $Na^{\oplus}$ ⇒ $RO\text{-}(\text{-}O\text{-})_n\text{-}O^{\ominus}$ $Na^{\oplus}$

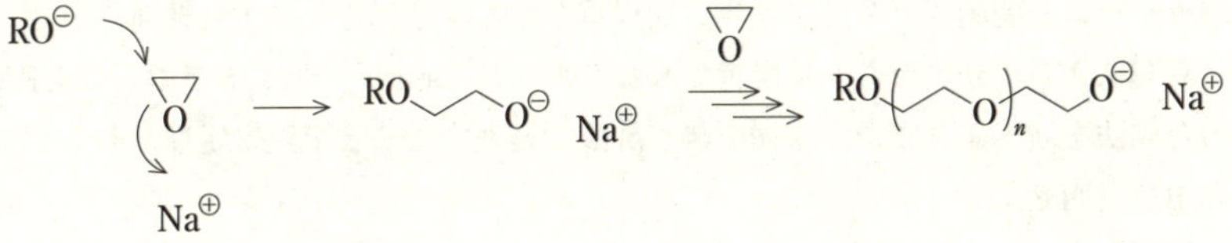

(b) エチレンオキシド + $CF_3SO_2^{\ominus}$, $H^{\oplus}$ → オキソニウム中間体-OH → $CF_3SO_2^{\ominus}$ 成長末端 ⇒ $CF_3SO_2^{\ominus}$ ポリマー-OH

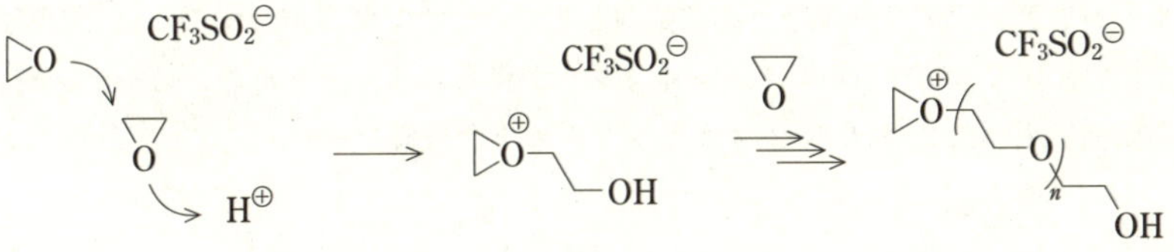

(c) $Al(OR)_3$ + エチレンオキシド → $RO\text{-}CH_2CH_2\text{-}O\text{-}Al(OR)_2$ ⇒ $RO\text{-}(\text{-}O\text{-})_n\text{-}Al(OR)_2$

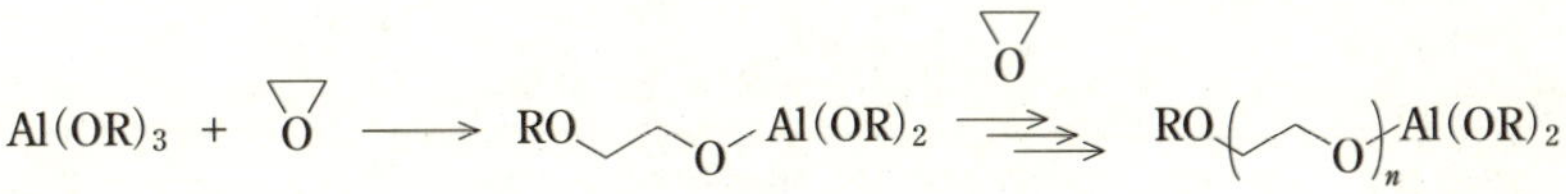

■**解　説**■　エチレンオキシドは，大きな環ひずみのため，アニオン，カチオンいずれの開始剤でも重合が進行する．アニオン開環重合では，さまざまな求核剤の攻撃により炭素–酸素結合が切断し，アルコキシドが成長アニオン，金属が対カチオンとなって重合が進行する．カチオン開環重合では，プロトン酸やルイス酸，ハロゲン化アルキルを開始剤として重合が進行し，対アニオンの性格により，成長末端が共有結合種かイオン種かが決まる．求核性の低いアニオン種の場合は，オキソニウムイオンが成長種となる．また，配位アニオン重合では，エチレンオキシドの酸素原子がアルミニウム原子に配位して活性化され，隣接するアルミニウムと結合している成長末端の酸素原子が攻撃して重合が進行する．金属ポルフィリン錯体が開始剤となり，成長末端は，ポリフィリ

ンが配位した金属アルコキシドとなる場合も知られている．

演習問題

問題 A 1　下表にラクトンの開環重合におけるエンタルピー変化とエントロピー変化を示す．これをもとにモノマーの重合性を議論せよ．

ラクトンの重合エンタルピー変化とエントロピー変化

モノマー	環員数	$-\Delta H$/kJ mol^{-1}	$-\Delta S$/kJ mol^{-1}
β-プロピオラクトン	4	75	54
γ-ブチロラクトン	5	−5	30
δ-バレロラクトン	6	11	15
ε-カプロラクトン	7	17	4

問題 A 2　ε-カプロラクトンはナトリウムメトキシドで，β-プロピオラクトンは酢酸カリウムを開始剤としてアニオン開環重合する．それぞれの重合機構を示せ．

問題 A 3　ポリアセタール樹脂であるデルリン(Delrin®）とジュラコン(DURACON®)の合成法を述べよ．また，末端を無水酢酸で処理することで熱安定性が向上する．この理由を説明せよ．

問題 B 1　2-オキサゾリン（環状イミノエーテル）は，*p*-トルエンスルホン酸エステルやハロゲン化アルキルなどを開始剤としてカチオン開環重合する．重合の際に異性化を伴い，ポリ(*N*-アシルエチレンイミン）が得られる．*p*-トルエンスルホン酸メチルを開始剤に用いた2-メチル-2-オキサゾリンの重合機構を示せ．

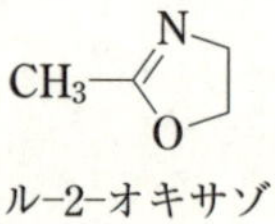

2-メチル-2-オキサゾリン

問題 B 2　α-アミノ酸-*N*-カルボン酸無水物（NCA）は，アミンにより開環重合し，ホモポリペプチドを与える．以下の問に答えよ．

1）L-アラニンから合成されるNCAの化学構造式を書け．

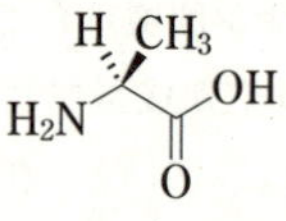

L-アラニン

2）1-ヘキシルアミン，トリエチルアミンを開始剤に用いた場合の重合機構を，おのおの示せ．

問題 B 3　ε-カプロラクタムのアニオン開環重合は，活性化モノマー機構で進行する．以下の問に答えよ．

1）活性化モノマー機構では，成長反応のほうが開始反応よりも速いので，分子量分布が広い高分子が得られる．この理由について説明せよ．

2）分子量分布を狭くするためには，どのような工夫が必要か．具体例を挙げて答えよ．

問題C1 エチレンオキシドは，大きなひずみエネルギーのため，反応性が高いにもかかわらず，カチオン重合では環状二量体の1,4-ジオキサンが主生成物となる．$Ph_3C^+AsF_6^-$ を開始剤として用いると，重合系中に三員環オキソニウム種は観測されず，次に示す重合機構が提案されている．

以下の問に答えよ．

1）ステップAが遅く，ステップBが速いのは，どのような理由によるものかを説明せよ．

2）エチレンオキシドのカチオン開環重合では，以下に示すようなバックバイティング（back-biting）反応やテールバイティング（tail-biting）反応が起こり，大環状化合物が得られやすい．これを避け，直鎖状高分子を得るための解決策としてアルコールの添加が有効である．この理由について説明せよ．

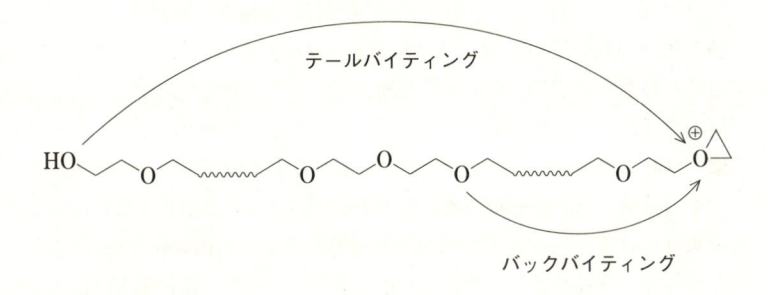

関連項目 6・9節，6・10節，6・11節

6・13 リビング重合

Keywords 　一次構造制御，ドーマント種

要点　リビング重合により，連鎖重合で分子量と末端基，モノマー連鎖を中心とする高分子の一次構造制御が達成される．リビング重合を考える上で，成長末端の理解は重要であり，成長種が本質的に安定な系とドーマント種として安定化される系に大別できる．前者には，アニオン重合，開環重合が挙げられ，後者には，カチオン重合，ラジカル重合が含まれる．近年，安定ニトロキシドラジカルの結合−解離に基づく重合（NMP），遷移金属錯体による制御／リビングラジカル重合（CRP），可逆的付加−開裂連鎖移動反応（RAFT）を利用したラジカル重合が開発され，多様なモノマーに適応可能な一般性の高い合成法となりつつある．

> **例題1**　リビング重合となるために必要な条件を挙げよ．また，これを確認する方法を答えよ．

■**解　答**■　停止反応や連鎖移動反応といった副反応がなく，モノマーが存在する限りは重合が続くことが条件である．リビング機構で重合が進行していることを確認する最も単純な方法は，生成する高分子の分子量を測定することである．開始剤が定量的に反応し，モノマーも完全に消費された場合，分子量は次式で表される．

$$\text{モノマー分子量} \times (\text{モノマーの物質量} / \text{開始剤の物質量})$$

この計算値と実測の分子量が一致していれば，副反応がないことが確認できる．また，重合が完結したのち，再度同じモノマーを加えて，分子量分布が広がることなく分子量の増加が観測されれば，成長末端が"生きている"ことを証明できる．

■**解　説**■　リビング重合では，開始反応が成長反応と比較して速いか同程度であることが多く，その結果，分子量分布の狭い高分子が生成する．しかし，これはリビング重合に必要な条件ではない（副反応の有無と速度論は基本的に関係がない）．また，リビング重合と呼んでいるものでも，モノマーが消費されきった（転化率がほぼ100％に近い）条件下では，徐々に成長末端が失活するケースもあり，厳密な定義は難しい．

--- **演習問題** ---

問題A1　テトラヒドロフラン（THF）中，−78℃でNa-ナフタレンを開始剤としてスチレンをリビング重合させ，所定時間ののちに大過剰の二酸化炭素（粉砕ドライアイス）を加え，最後に希塩酸を加えた．どのような反応を経て，最終的にどのような構

造の高分子が得られるのかを書け.

問題A2 次に示すアルコキシアミンを開始剤に用いてアクリル酸 *tert*-ブチルのリビングラジカル重合を行った. 両末端構造を含めて得られる高分子の構造式を書け.

問題B1 アルキルリチウムを開始剤に使ったメタクリル酸メチルの重合は, 副反応のためにリビング重合とはならないことがある. この理由を述べよ.

問題B2 ヨウ化水素/ヨウ化亜鉛を開始剤とするイソブチルビニルエーテルのカチオン重合は, リビング機構で進行する. この重合機構を示せ.

問題C1 次に示すケテンシリルアセタールを開始剤に使ったメタクリル酸メチルのマイケル付加型グループトランスファー重合（GTP）の開始反応と成長反応を説明せよ.

問題C2 銅錯体を用いたスチレンの原子移動ラジカル重合（ATRP）に関する次の問に答えよ.

1）1-フェニルエチルブロミド, 臭化銅(I), 2,2′-ビピリジンを用いたスチレンのATRPの重合機構を示せ.

2）上記の重合系に臭化銅(II)を加えると, どのような変化が見られるかを考察せよ.

関連項目 6・6節, 6・9節, 6・10節

6・14 ブロック共重合体

Keywords セグメント，ブロック効率

要点 ブロック共重合体の合成は，リビング重合の発展に支えられており，特に，リビングアニオン重合は最も信頼できる方法の一つである．ブロック共重合体には，2種類のセグメントからなるABジブロック共重合体やABAトリブロック共重合体，3種類のセグメントからなるABCトリブロック共重合体などがある．ただし，複雑なブロック共重合体を合成する際，ブロック効率を高くするためにモノマー添加順序などに制約があることも忘れてはならない．また，ポリマーカップリング法でもブロック共重合体が合成可能である．

例題1 スチレンセグメントとブタジエンセグメントからなるABジブロック共重合体を合成するための具体的方法を挙げよ．

■解答■ スチレン，1,3-ブタジエンは，いずれも非極性モノマーであり，リビングアニオン重合が最も容易なモノマーである．モノマーの反応性も大きく違わないので，相互にブロック共重合が可能である（いずれのモノマーを先に重合させても問題がない）．よって，s-BuLiに$-78\,℃$でスチレンを加えて重合させ，重合終了後そのままの温度で1,3-ブタジエンを加えればABジブロック共重合体が合成できる．

演習問題

問題A1 スチレン（S）とメタクリル酸メチル（M）をモノマーとするブロック共重合体の合成について，以下の問に答えよ．

1）開始剤にNa-ナフタレン（$Naph^-Na^+$）を用いてブロック共重合体を合成した．次式の中から正しいものを選び，その理由を示せ．

(a) $Naph^-Na^+ \xrightarrow{S} \xrightarrow{M} {}^+Na^-MMM\cdots MMMSSS\cdots SSSMMM\cdots MMM^-Na^+$

(b) $Naph^-Na^+ \xrightarrow{M} \xrightarrow{S} {}^+Na^-SSS\cdots SSSMMM\cdots MMM\cdots MMM^-Na^+$

(c) $Naph^-Na^+ \xrightarrow{M} \xrightarrow{S} Naph\text{-}MMM\cdots MMMSSS\cdots SSS^-Na^+$

(d) $Naph^-Na^+ \xrightarrow{S} \xrightarrow{M} Naph\text{-}SSS\cdots SSSMMM\cdots MMM^-Na^+$

2）s-BuLiを開始剤，Sを第一モノマー，Mを第二モノマーとしてジブロック共重合体を合成する際，Sの重合後に，開始剤に対して少し過剰量の1,1-ジフェニルエチレン（DPE）を加えると，ブロック効率が高くなる．この理由を考察せよ．

問題A2 s-BuLiを開始剤として，スチレン（第一モノマー）とイソプレン（第二

モノマー）のリビングアニオン重合を順番に行い，その後ジクロロジメチルシランを加えて反応を停止させた．どのような高分子が得られるか．構造式を書け．

問題B1 例題1にあるジブロック共重合体を合成したのち，白金触媒存在下で加圧水素を反応させた．得られる高分子の構造式を書け．

問題B2 成長末端の極性変換を利用すると，異なる重合モードのモノマーをブロック共重合させることも可能である．1-フェニルエチルクロリドを開始剤，塩化銅（CuCl）を触媒としてスチレンを原子移動ラジカル重合させてから，トリフルオロメタンスルホン酸銀とテトラヒドロフラン（THF）を反応させて得られるブロック共重合体の構造式を示せ．

問題C1 ともにリビング機構で進行するラジカル重合と重縮合からABジブロック共重合体を合成する式を次に示す．以下の問に答えよ．

$$[(A)] \xrightarrow[\substack{\text{原子移動}\\\text{ラジカル重合}}]{\text{CH}_2=\text{CHPh}} \text{Cl}\!\!-\!\!\left(\!\!\begin{array}{c}\text{CH}_2\text{CH}\\|\\\text{Ph}\end{array}\!\!\right)_{\!\!m}\!\!-\!\!\text{S}(=\!\!O)_2\!\!-\!\!\text{C}_6\text{H}_4\!\!-\!\!\text{F} \xrightarrow[]{\text{KO}-\text{C}_6\text{H}_3(\text{CN})\text{F},\ R} [(B)]$$

1）（**A**）と（**B**）に当てはまる化学式を書け．

2）2段階目の重合において，ポリフェニレンエーテル単独重合体を与えずに，うまくブロック共重合する理由を考察せよ．

関連項目 6・6節，6・9節

6・15 非線状高分子

Keywords 分岐構造，グラフトポリマー，スターポリマー，ハイパーブランチポリマー，デンドリマー

要点 ポリエチレンやポリエチレンイミンなどの合成高分子は，重合法により**分岐構造**を多く含む場合がある．分岐構造を精密に制御する重合法の開発によって，**グラフトポリマー**（グラフトは接木の意），星型高分子（**スターポリマー**），多分岐高分子（**ハイパーブランチポリマー**）などが合成される．これらの高分子に共通する特徴は，末端基の数が多いことであり，開始末端と成長末端を一つずつもつ線状高分子とは異なる物性，機能を示す．多分岐高分子は，樹状高分子とも呼ばれ，AB_2 モノマーの重合により得られる．このうち，分岐構造が規則正しく単一分子量のものを**デンドリマー**と呼ぶ．合成法としてダイバージェント法（2・3節問題A1参照）とコンバージェント法に大別される．

かたちによる高分子の分類

線状高分子	分岐高分子			
	グラフトポリマー	スターポリマー	ハイパーブランチポリマー	デンドリマー
〜	〰	✳	🌿	🌳

> **例題1** グラフトポリマーを得る方法として，1）graft-from 法，2）graft-onto 法，3）graft-through 法がある．それぞれ特徴を説明せよ．

■**解 答**■ 1）まず幹となる高分子を用意し，側鎖にある官能基を活性化し，そこから枝成分となるモノマーの重合を行わせるもの．開始剤の発生速度や効率を予測できず，枝高分子の長さや密度を制御するのは困難である．

2）幹高分子と枝高分子の結合反応を利用するもの．二つの高分子を均一溶解させる必要があるので，組合わせが限定されることが難点である．高分子間での反応のため，非常に効率のよい反応を選ばなければならない．

3）高分子末端に重合性官能基をもつマクロモノマーを利用するもの．枝高分子の構造があらかじめ決まっている．幹モノマーとの仕込み比からグラフトポリマーの構造をある程度推定できるといった利点がある（問題 B2 の解答参照）．

演習問題

問題A1 スターポリマーを得る方法を二つ示せ．

問題A2 次式は，コンバージェント法でデンドリマーを合成する反応式の一部である．図で示したXのヒドロキシ基のみで反応が起こり，Yのヒドロキシ基は反応しない．この理由を説明せよ．

問題B1 アゾビスイソブチロニトリル（AIBN）を開始剤，次式のチオール化合物を連鎖移動剤としてメタクリル酸メチルのラジカル重合を行った．得られるマクロモノマーの構造式を書け．

問題B2 重合性官能基としてスチレンをもつ次のマクロモノマーを合成する方法を示せ．

問題C1 多分岐ポリエチレンイミンに関する以下の問に答えよ．
1）三員環アミンであるアジリジンのプロトン酸によるカチオン開環重合では，線状高分子ではなく複雑に分岐したポリエチレンイミンが得られる．この理由を考察せよ．
2）枝分かれのない線状ポリエチレンイミンを得るには，どのような方法が考えられるか．反応式を示せ．

関連項目 2・1節，2・3節

7

高分子の反応

●**学習目標**● 高分子合成はモノマーの重合反応にとどまらない．一度合成した高分子の側鎖を別の官能基に変換すると，まったく性質の異なる高分子に変えることができる．また，不要になった高分子をうまく分解すれば，リサイクルすることもできる．この章では，高分子が反応するときにみられる特徴，すなわち高分子らしさについて学ぶ．

7·1　官能基変換

Keywords　分子間反応，分子内反応，高分子効果

要点　高分子の化学反応として利用される官能基の変換（下式）は，**高分子と低分子の反応，高分子間の反応，高分子の分子内反応**に大別できる．

$$-CH_2-CH-CH_2-CH-CH_2-CH-$$
$$\quad\quad\quad\;\; | \quad\quad\quad\;\; | \quad\quad\quad\;\; |$$
$$\quad\quad\quad\;\; X \quad\quad\quad\; X \quad\quad\quad\; X$$

$$\longrightarrow -CH_2-CH-CH_2-CH-CH_2-CH-$$
$$\quad\quad\quad\quad\quad\quad\quad\;\; | \quad\quad\quad\;\; | \quad\quad\quad\;\; |$$
$$\quad\quad\quad\quad\quad\quad\quad\;\; Y \quad\quad\quad\; Y \quad\quad\quad\; Y$$

　その反応形態としては，脱離反応，付加反応および置換反応の三つがある．高分子と低分子の反応では，ポリ酢酸ビニルからポリビニルアルコールを合成するけん化反応などが知られており，高分子鎖中に存在する官能基の一部またはすべてを別の官能基に変換して新しい高分子が合成されている．また，複数の官能基をもつ高分子から誘導体を合成する際に，特定の官能基を保護したり，溶媒に対する溶解性を向上させるために，官能基の保護・脱保護といった官能基変換も利用されている．高分子間の反応として，高分子の側鎖や末端に他の高分子を結合させる反応があり，ブロック共重合体やグラフト共重合体などが合成されている．一方，高分子の分子内反応として，高分子内での水素引抜きや側鎖間の反応などがあり，分岐高分子や環状高分子が生成する．このような官能基変換によって高分子の性質を改良し，まったく別の高分子を合成することができる．

　高分子の化学反応も基本的には低分子化合物の場合と同様である．しかし，高分子は分子量が大きいうえ多数の官能基が隣接して存在し，高分子同士や他の分子との相互作用が強いために，次のような低分子化合物にはない高分子固有の特徴（**高分子効果**）が現れることがある．

　1）**官能基の隣接基効果，近接効果，多官能基効果**　1種類あるいは他種類の官能基が隣接あるいは近接することによって反応が協同的に起こる．

　2）**高分子鎖の立体的な遮蔽効果，排除体積効果**　高分子鎖による立体的な遮蔽効果や排除体積効果によって反応が促進または阻害される．

　3）**高分子鎖による反応場の効果**　高分子鎖が形成する親水性・疎水性空間や結晶・非晶領域などの反応場によって反応性が異なる．

このように高分子の官能基変換ではさまざまな高分子効果が現れるために，得られる高分子の反応部位はランダムとはならず，官能基配列などに大きく影響されることがある．

例題1 次に示すのはいずれも高分子の官能基変換に関する化学反応である．1)〜7)の生成物を示せ．また，5)の反応では反応促進効果がみられる．反応機構を示してその理由を説明せよ．

1) $-CH_2-CH-CH_2-CH-CH_2-$ $\xrightarrow{H-\underset{\underset{O}{\|}}{C}-H}$
$\ ||$
$OHOH$

2) $-CH_2-CH_2-CH_2-CH_2-CH_2-$ $\xrightarrow{SO_2+Cl_2}$

3) $-CH_2-CH-CH_2-CH-CH_2-CH-$ $\xrightarrow{\Delta}$
$\ |||$
$ClClCl$

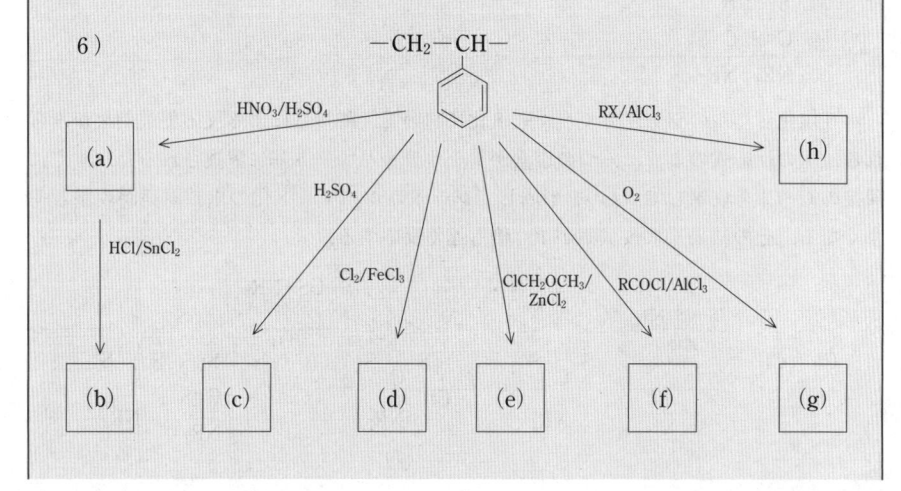

4) $\underset{CN\ \ CN\ \ CN\ \ CN}{\text{(骨格)}}$ $\xrightarrow{\Delta}$

5) $\underset{Cl\ \ \ \ Cl}{\text{(骨格)}}$ $\xrightarrow{^-S-CS-NR_2}$

6) $-CH_2-CH-$ (フェニル基)

   - HNO$_3$/H$_2$SO$_4$ → (a)
   - HCl/SnCl$_2$ → (b)
   - H$_2$SO$_4$ → (c)
   - Cl$_2$/FeCl$_3$ → (d)
   - ClCH$_2$OCH$_3$/ZnCl$_2$ → (e)
   - O$_2$ → (f)
   - RCOCl/AlCl$_3$ → (g)
   - RX/AlCl$_3$ → (h)

7)

$-CH_2-CH-$
|
(ベンゼン環)
|
CH_2Cl

- R_3N → (a)
- R_3P → (b)
- $CS(NH_2)_2$ → (c) →(NaOH)→ (d)
- KCN → (e)
- $KN(CO)_2C_6H_4$ (フタルイミドカリウム) → (f) →(NH_2NH_2)→ (g)
- $NaOCOCH_3$ 相間移動触媒 → (h) →(NaOH)→ (i)

■解　答■

1) $-CH_2-CH-CH_2-CH-CH_2-$ (橋かけ $-O-CH_2-O-$)

2) $-CH_2-CH-CH_2-CH-CH_2-$
     | |
     Cl SO_2Cl

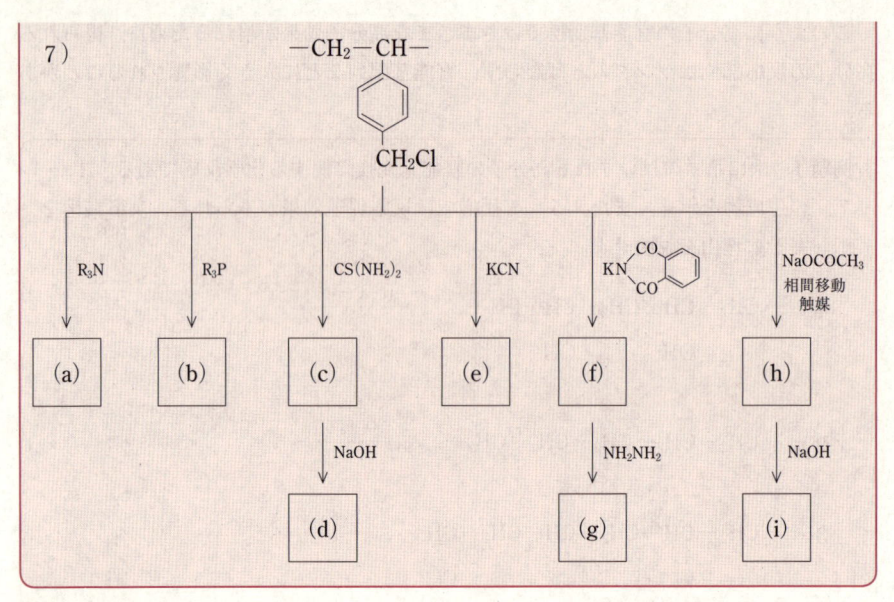

3) $-CH=CH-CH=CH-CH=CH-$

4) (縮環ピリジン構造図)

5)
$\begin{array}{cc} & \\ S & S \\ C=S & C=S \\ NR_2 & NR_2 \end{array}$

ポリ塩化ビニルのジチオカルバマート化において，隣接基による反応促進効果がみられる．次の反応式のように一つの塩素がジチオカルバマート基に置換されると，すぐに隣接のC-Clを攻撃して (**1**) を形成し，ジチオカルバマート化の求核試薬が攻撃しやすくなる．その結果，求核試薬が100倍も速く反応する．

(反応機構図：Cl-CH-CH-Cl →($^-S-CS-NR_2$, 遅い)→ 環状スルホニウム中間体 (**1**) →(速い)→ 二置換体 → → →)

6) (a) $-CH_2-CH-\underset{}{C_6H_4}-NO_2$ (b) $-CH_2-CH-C_6H_4-NH_2$ (c) $-CH_2-CH-C_6H_4-SO_3H$ (d) $-CH_2-CH-C_6H_4-Cl$

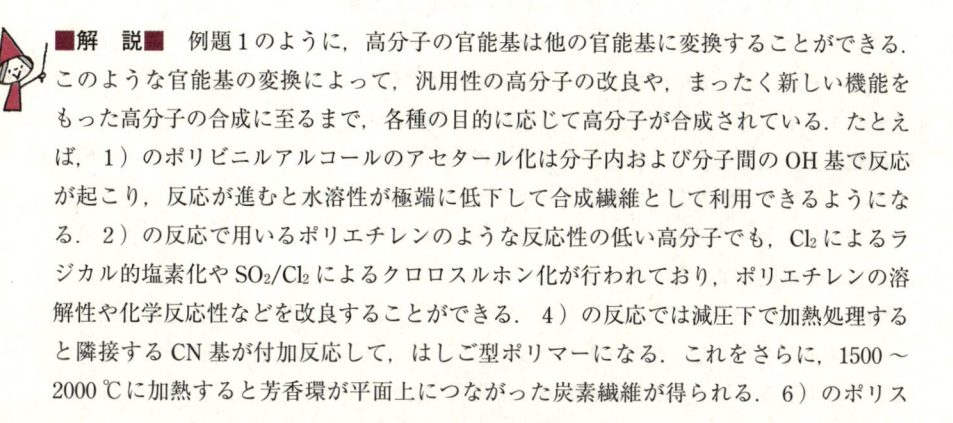

(e) $-CH_2-CH-C_6H_4-CH_2Cl$ (f) $-CH_2-CH-C_6H_4-CO-R$ (g) $-CH_2-C(OOH)(C_6H_5)-$ (h) $-CH_2-CH-C_6H_4-R$

7) (a) $-CH_2-CH-C_6H_4-CH_2N^+R_3Cl^-$ (b) $-CH_2-CH-C_6H_4-CH_2P^+R_3Cl^-$ (c) $-CH_2-CH-C_6H_4-CH_2SC(=NH)NH_2 \cdot HCl$ (d) $-CH_2-CH-C_6H_4-CH_2SH$

(e) $-CH_2-CH-C_6H_4-CH_2CN$ (f) $-CH_2-CH-C_6H_4-CH_2-N(CO)_2C_6H_4$ (g) $-CH_2-CH-C_6H_4-CH_2NH_2$ (h) $-CH_2-CH-C_6H_4-CH_2OCOCH_3$

(i) $-CH_2-CH-C_6H_4-CH_2OH$

■解　説■　例題1のように，高分子の官能基は他の官能基に変換することができる．このような官能基の変換によって，汎用性の高分子の改良や，まったく新しい機能をもった高分子の合成に至るまで，各種の目的に応じて高分子が合成されている．たとえば，1) のポリビニルアルコールのアセタール化は分子内および分子間の OH 基で反応が起こり，反応が進むと水溶性が極端に低下して合成繊維として利用できるようになる．2) の反応で用いるポリエチレンのような反応性の低い高分子でも，Cl_2 によるラジカル的塩素化や SO_2/Cl_2 によるクロロスルホン化が行われており，ポリエチレンの溶解性や化学反応性などを改良することができる．4) の反応では減圧下で加熱処理すると隣接する CN 基が付加反応して，はしご型ポリマーになる．これをさらに，1500～2000 ℃に加熱すると芳香環が平面上につながった炭素繊維が得られる．6) のポリス

チレンのようにフェニル基をもつポリマーでは，低分子化合物と同様に芳香族置換反応が可能であり，さまざまなポリスチレン誘導体が合成されている．さらに，その一つのクロロメチル化ポリスチレンから多様な誘導体の合成が可能であり，さまざまな用途に用いられている．たとえば，6）の（c）や7）の（a）は陽イオン交換樹脂や陰イオン交換樹脂として利用されている．また，5）の反応のように，官能基の隣接基効果によって低分子化合物の場合には見られないような高分子特有の反応促進効果が観測される場合もある．

演習問題

問題A1 ポリビニルアルコール（PVA）に関する次の問題に答えよ．

1）PVAはポリ酢酸ビニルをけん化することによって合成されている．この理由を述べよ．

2）ポリ酢酸ビニル3gをメタノールに溶解させた後，$2\,\mathrm{mol\,dm^{-3}}$ の水酸化ナトリウム水溶液 $0.020\,\mathrm{dm^{-3}}$ を加えてけん化した．この反応液を $1\,\mathrm{mol\,dm^{-3}}$ の塩酸で中和滴定したところ，$0.015\,\mathrm{dm^{-3}}$ を要した．この反応によって合成されたPVAのけん化度を求めよ．

3）けん化度100％のPVA 13.2gに存在するヒドロキシ基の40％を完全にアセタール化するために必要な質量パーセント濃度30％のホルムアルデヒド水溶液の質量を求めよ．また，このときに得られるPVAのアセタール化物の質量を求めよ．ただし，この反応では，ホルムアルデヒドは完全に反応したとする．

問題A2 ポリアクリルアミドの加水分解は，反応の進行とともに加速される（自己触媒作用）．反応式を示し，その理由を説明せよ．

問題A3 1）セルロースのヒドロキシ基は置換反応によってエーテル化することができ，さまざまなセルロース誘導体を合成することができる．エチルセルロースおよびカルボキシメチルセルロースを合成するための反応式を示せ．

2）重合度500のセルロースから置換度2.1のカルボキシメチルセルロースを合成するとき，その2，3，6位のヒドロキシ基の反応性比が4：3：7であったとすると，セルロース1分子当たり各ヒドロキシ基は平均して何個置換されていると考えられるか．

問題A4 低密度ポリエチレンの製造過程で，合成されるポリエチレンには短い側鎖をもったポリエチレンが含まれることがあり，ポリエチレンの物性に大きな影響を及ぼすことが知られている．このような短鎖分岐が生成する理由を，C_4 分岐が生じる場合を例にして説明せよ．

問題A5 高分子セグメントの末端や特定の位置に導入した官能基を開始点としてモノマーを重合させると，グラフト共重合体やブロック共重合体，ポリペプチドを合成することができる．以下に示した合成方法を説明せよ．

1) セルロースにスチレンやメタクリル酸メチルなどをグラフト重合する方法.
2) アクリロニトリル(A)–ブタジエン(B)–スチレン(S) 共重合体を合成する方法.
3) 架橋ポリスチレンのクロロメチル化樹脂を用いたポリペプチドの合成方法.

関連項目 7・4節, 8・1節, 8・3節

7·2 架橋形成

Keywords ゲル，架橋構造，架橋反応，ゲル化，ゲル化点，加硫

要点 高分子鎖が三次元的に広がった網目構造を形成し，不溶不融になったものをゲルという．ゲルは，三次元高分子網目構造（架橋構造）を形成させる反応（架橋反応）によって合成できる．架橋反応は，1）モノマーを重合する際に架橋構造を形成させる反応と，2）線状高分子を反応させて架橋構造を形成させる反応とに大別できる．重縮合や重付加などの逐次重合では，二官能性モノマーと多官能性モノマーを用いると反応初期では高度に分岐した多官能性の低分子量重合体が得られ，反応の進行とともに系の粘度が急激に増加して反応混合物の全体が不溶となるゲル化が起こる．このような反応の進行に伴って，溶媒に不溶な三次元網目構造部分（ゲル部分）が生成し始める点をゲル化点といい，反応系の重量平均分子量 M_w（上に平均を示すバーをつけて $\overline{M}_w$ と表すことも多い）は無限大となる（$M_w = \infty$）．

1）モノマーの重合による架橋構造形成 官能基数 f の多官能性モノマーの重縮合反応では，得られるポリマーの数平均重合度 x_n と官能基の反応度 p との間には（1）式が成立する．

$$x_n = \frac{1}{1-(fp/2)} \tag{1}$$

また，f 官能性モノマーと 2 官能性モノマーとの反応の場合には，枝分かれ単位が 2 官能性モノマーを経て次の枝分かれモノマーに結合する確率（1個の鎖が枝分かれ点と枝分かれ点で結ばれている確率）を α とすると，ゲル化点では（2）式が成立する．

$$\alpha_c = \frac{1}{f-1} \tag{2}$$

ただし，α_c はゲル化が起こるときの α の臨界値である．

さらに，各官能基の濃度が等量であれば，ゲル化点の反応度 p_c は（3）式によって求めることができる．

$$\alpha_c = \frac{1}{f-1} = p_c^2 \tag{3}$$

このとき，数平均重合度 x_n は（4）式のようになる．

$$x_n = \frac{f+2}{(1-2p)f+2} \tag{4}$$

2）線状高分子の架橋による架橋構造形成 線状高分子を架橋することによって

三次元高分子網目構造を形成する場合，その線状高分子（プレポリマー）の重量平均重合度 x_w と，全モノマー単位に対する架橋しているモノマー単位の割合（架橋密度）q を用いると，無限網目生成の条件は $1 \leq q(x_w - 1)$ となる．したがって，ゲル化点では (5) 式が成立する．

$$q_c = \frac{1}{x_w - 1} \approx \frac{1}{x_w} \tag{5}$$

線状高分子を反応させる架橋反応では，熱や光，放射線，化学種などによる反応によって架橋構造が形成されている．たとえば，ジエン系ゴムを硫黄とともに加熱すると，硫黄による架橋が生じ，加硫とよばれる架橋反応が起こる．そのほかに，ポリビニルアルコールの水溶液を凍結させた後，解凍することを繰返す凍結解凍法によって水素結合が形成され，結晶化が促進されることによって物理架橋ゲルが得られる．最近では，水素結合や疎水性相互作用などのさまざまな相互作用に基づく超分子化学的手法を用いて，自己組織化能をもった低分子化合物による有機溶媒や水などのゲル化も報告されるようになっている．

例題1 次に示すのはいずれも高分子の架橋反応である．これらの反応式を完成させよ．

1) $\sim\sim CH_2-CH\sim\sim \quad \xrightarrow{H_3BO_3}$
　　　　　　|
　　　　　OH

2) $-CH_2-\underset{\underset{CH_3}{|}}{C}=CH-CH_2- \;+\; (S_x) \xrightarrow{\Delta}$

3) $-CH_2-CH_2-CH_2-CH_2- \;+\; \text{（}C_6H_5\text{）}(CH_3)_2C-O-O-C(CH_3)_2\text{（}C_6H_5\text{）} \xrightarrow{\Delta}$

4) $\underset{\underset{O}{\diagdown\diagup}}{CH_2-CH}-CH_2-Cl \;+\; HO-\text{C}_6\text{H}_4-C(CH_3)_2-\text{C}_6\text{H}_4-OH \longrightarrow$ プレポリマー

$\sim\sim O-CH_2-\underset{\underset{O}{\diagdown\diagup}}{CH-CH_2} \;+\; H_2N\sim\sim \longrightarrow$

プレポリマー　　　　　　　アミン

178　7. 高分子の反応

■解　答■　1)

$$2 \sim\!\!\sim CH_2-\underset{OH}{CH}\!\!\sim\!\!\sim \xrightarrow{H_3BO_3} \begin{array}{c} \sim\!\!\sim CH_2-CH\!\!\sim\!\!\sim \\ | \\ O \\ | \\ B-OH \\ | \\ O \\ | \\ \sim\!\!\sim CH_2-CH\!\!\sim\!\!\sim \end{array}$$

2)

$$\underset{}{(S_x)} \xrightarrow{\Delta} \cdot S\!-\!(S)_{x-2}\!-\!S\cdot \quad \cdot S\!-\!(S)_{x-3}\!-\!S\cdot + H_2S$$

$$2\ -CH_2-\underset{CH_3}{\overset{|}{C}}=CH-CH_2- \longrightarrow 2\ -CH_2-\underset{CH_3}{\overset{|}{C}}=CH-\dot{C}H-$$

$$\longrightarrow \begin{array}{c} -CH_2-\underset{CH_3}{\overset{|}{C}}=CH-CH_2- \\ | \\ S_{x-1} \\ | \\ -CH_2-\underset{CH_3}{\overset{|}{C}}=CH-CH_2- \end{array}$$

3)

$$\underset{CH_3}{\overset{CH_3}{|}}\!\!\!\!\underset{}{\bigcirc}\!\!-\!\!\underset{CH_3}{\overset{|}{C}}\!-\!O\!-\!O\!-\!\underset{CH_3}{\overset{|}{C}}\!-\!\!\underset{}{\bigcirc} \xrightarrow{\Delta} 2\ \underset{}{\bigcirc}\!-\!\underset{CH_3}{\overset{CH_3}{|}}\!\!C\!-\!O\cdot \quad 2\ \underset{}{\bigcirc}\!-\!\underset{CH_3}{\overset{CH_3}{|}}\!\!C\!-\!OH$$

$$2\ -CH_2-CH_2-CH_2-CH_2- \longrightarrow 2\ -CH_2-CH_2-CH_2-\dot{C}H-$$

$$\longrightarrow \begin{array}{c} -CH_2-CH_2-CH_2-CH- \\ | \\ -CH_2-CH_2-CH_2-CH- \end{array}$$

4)

$$\underset{O}{\overset{}{CH_2-CH}}-CH_2-Cl\ +\ HO\!-\!\!\!\bigcirc\!\!\!-\underset{CH_3}{\overset{CH_3}{\overset{|}{C}}}\!\!\!-\!\!\!\bigcirc\!\!\!-OH$$

$$\longrightarrow \underset{O}{\overset{}{CH_2-CH}}-CH_2-O\!\!-\!\!\left(\!\!\bigcirc\!\!-\underset{CH_3}{\overset{CH_3}{\overset{|}{C}}}\!\!-\!\!\bigcirc\!\!-O-CH_2-\underset{OH}{CH}-CH_2-O\!\!\right)_{\!\!n}\!\!-$$

$$-\!\!\bigcirc\!\!-\underset{CH_3}{\overset{CH_3}{\overset{|}{C}}}\!\!-\!\!\bigcirc\!\!-O-CH_2-CH-CH_2 \\ \underset{O}{}$$

プレポリマー

$$\sim\!\!\sim O-CH_2-\underset{O}{\overset{}{CH-CH_2}}\ +\ H_2N\!\!\sim\!\!\sim \longrightarrow \sim\!\!\sim O-CH_2-\underset{OH}{CH}-CH_2-\underset{H}{N}\!\!\sim\!\!\sim$$

プレポリマー　　　　　アミン

```
~~O-CH₂-CH-CH₂-N~~   +   ~~O-CH₂-CH-CH₂
         |    |                       \ /
         OH   H                        O

                              ~~O-CH₂-CH-CH₂
                                       |
         ⟶                             OH    \
                                               N~~
                              ~~O-CH₂-CH-CH₂  /
                                       |
                                       OH
```

■**解　説**■　例題1のように，線状高分子同士を反応させて架橋構造を導入すると，溶媒に不溶な三次元高分子網目を形成することができる．たとえば，1）のようにポリビニルアルコールの水溶液にホウ酸を加えると，架橋構造を形成してゲル化する．このほかにはポリビニルアルコールの OH 基をホルムアルデヒドと反応させると，分子内および分子間でアセタール結合を形成することによりゲルが生成する．2）はゴムの加硫として知られている反応である．ジエン系ゴムを硫黄とともに加熱すると架橋が生じ，その割合によってゴムの力学的特性を制御することができる．このとき酸化亜鉛のような活性化剤を添加すると反応を促進することができる．また，ジエン系高分子はジチオールなどと分子間付加反応させることによっても架橋構造を形成させることができる．3）の反応は，反応性官能基をもたないポリエチレンやポリプロピレンに架橋構造を導入する方法として利用されている．この反応では，過酸化物によって高分子鎖中の水素が引抜かれ，生じたラジカルの結合によって架橋構造が形成される．4）は耐熱性や耐薬品性，電気絶縁性に優れたエポキシ樹脂の一般的な合成方法である．ビスフェノール A とエピクロロヒドリンとからエポキシ基末端をもつプレポリマーを合成し，それとアミン系の硬化剤とを反応させることにより三次元網目構造をもつエポキシ樹脂が得られる．

例題2　2官能性モノマーと3官能性モノマーを等量で反応させたときのゲル化点での反応度 p_c とそのときの数平均重合度 x_n を求めよ．また，2官能性モノマーと4官能性モノマーの組合わせの場合の p_c と x_n も求めよ．

■**解　答**■　2官能性モノマーと f 官能性モノマーを等量で反応させる場合には前述の (3) 式が成立する．2官能性モノマーと3官能性モノマーの反応では $f=3$ なので，これを (3) 式に代入すると次のようになる．

$$p_c^2 = \frac{1}{2}$$

$$p_c = \frac{1}{\sqrt{2}} \fallingdotseq 0.707$$

したがって，$f=3$ と上記の p_c の値を (4) 式に代入すると，次のように x_n を求めるこ

とができる．

$$x_n = \frac{f+2}{(1-2p)f+2} = \frac{3+2}{\left[1-2\times\left(\frac{1}{\sqrt{2}}\right)\right]\times 3+2} \approx 6.6$$

2官能性モノマーと4官能性モノマーの反応では$f=4$なので，同様にp_cと$\bar{x}_n$を求めることができる．

$$p_c = \frac{1}{\sqrt{3}} \approx 0.577$$

$$x_n = \frac{f+2}{(1-2p)f+2} = \frac{4+2}{\left[1-2\times\left(\frac{1}{\sqrt{3}}\right)\right]\times 4+2} \approx 4.3$$

したがって，2官能性モノマーと3官能性モノマーの反応，2官能性モノマーと4官能性モノマーの反応では，それぞれ官能基の70.7％および57.7％が反応したときにゲル化が始まり，無限網目高分子が形成され始める．しかし，その時点では多くの低重合度のゾルを含むため，数平均重合度はいずれの場合も10に達しないことがわかる．

■**解　説**■　例題2のような多官能性モノマーを重縮合すると，反応の進行に伴ってゲル化が起こる．ゲル化点では重量平均重合度x_wは無限大となるが，x_nは計算結果のようにそれほど大きな値とはならない．したがって，ゲル化点では無限網目高分子が生成すると同時に，低分子の可溶性重合体ゾルを多量に含んでいることがわかる．このような架橋反応で，溶媒に溶ける三次元高分子を得るためには，この可溶性重合体ゾルを分離するか，ゲル化点より前に重合を止めればよい．また，2種類の多官能性モノマーの初濃度の比を変えることによってゲル化が起こらないようにすることもできる．

演習問題

問題A1　1）フタル酸ジアリルを一定時間重合したときに得られる，ポリマーの分率と，溶媒に不溶なゲルの分率を求めた結果を次の表にまとめた．この反応のゲル化点を求めよ．

時間/h	2	3	4	5	7	9	11
ポリマー分率（wt%）	11.7	17.5	24.0	30.1	40.2	50.1	60.5
ゲル分率（wt%）	0	0	0	12.5	29.7	46.0	59.8

2）フタル酸ジアリルの重合において，1）で示したゲル化点の実測値は理論値と大きく異なる．その理由について述べよ．

問題A2　ケイ皮酸は300 nm付近の光を吸収して二量化し，シクロブタン環を形成する．このケイ皮酸をエステル化反応によってポリビニルアルコールのヒドロキシ基に導入したポリマーは，光照射によって側鎖間の光架橋反応が起こって不溶化する．

1）このときの反応式を書け．

2）このポリマーを溶媒に溶解した後，ガラス板上に塗布し，乾燥して透明膜を得た．これにある形状の型をぬいた黒色パターンマスクを被せ，紫外線を照射するとその形状の像が現れた．この像はその形状のポジ型かネガ型か．

3）2）の方法で得られる画像を鮮明にするためにポリマーの構造をどのようにすればよいか．

問題A3　高分子電解質であるポリカチオンとポリアニオンの水溶液を混合すると，そのイオン基同士の静電相互作用によって架橋構造を形成してポリイオンコンプレックスが沈殿する．たとえば，モノマー単位での濃度が 0.01 mol dm^{-3} のポリスチレンスルホン酸ナトリウム水溶液と 0.01 mol dm^{-3} のポリビニルピリジニウムクロリド水溶液を混合したところ，収率100 %でポリイオンコンプレックスの沈殿が得られた．このとき，上澄み液の塩化ナトリウムを定量したところ，$0.0091 \text{ mol dm}^{-3}$ であった．

1）このポリイオンコンプレックスの架橋度を求めよ．

2）ポリイオンコンプレックスの安定度定数 K（$\text{mol}^{-1}\text{dm}^3$）を算出せよ．

3）Kと高分子電解質の分子量の関係を調べたところ，Kは指数関数的に増加したのち，一定値で飽和した．この理由を考察せよ．

問題A4　フェノールとホルムアルデヒドを酸性触媒とともに加熱するとノボラックが得られ，塩基性触媒と加熱するとレゾールが得られる．このときの反応式を書け．また，レゾールは加熱すると架橋反応が進行して硬化するが，ノボラックは加熱だけでは硬化しない．この理由を説明せよ．

問題B1　f 官能性モノマーを単独で重縮合するとき，ポリマーの数平均重合度 x_n と官能基の反応度 p との間に成立する次式を導け．

$$x_n = \frac{1}{1-(fp/2)}$$

問題B2　グリセリンとフタル酸の重合では，反応の進行に伴って架橋構造が形成されるため粘度が上昇し，最終的にゲル化する．2 mol のグリセリンと 3 mol のフタル酸を反応させたときのゲル化点では，理論的に全官能基は何 % 消失しているか．

関連項目　2・4節，5・5節，6・2節〜6・6節

7・3 高分子触媒

Keywords　酵素，固定化，高分子効果，分子インプリント法
人工酵素，触媒抗体，リボザイム

要点　高分子触媒は大きく二つに分類される．一つは，低分子触媒や酵素を高分子担体に固定化したものである．反応後の触媒の分離しやすさから，担体には主として不溶性の架橋高分子が用いられる．触媒固定化には，反応場の環境制御（疎水場，親水場，静電場など），溶媒不溶性触媒の利用（有機溶媒における酵素の利用，水不溶触媒の水系への適用など）といった効果も期待できる．

分類の二つ目は，高分子そのものを触媒とするものである．たとえば，天然の酵素に見られる高活性，高選択性は，ポリペプチドにより形成された反応場に，複数の官能基が空間的に適切に配置していることにより達成されている．このように，1分子鎖中の複数のモノマーが協奏的に働くことにより発揮される特異的な機能（高分子効果）を利用して触媒を設計する．分子インプリント法などを駆使して架橋高分子中に官能基を空間的に配置する試みや，ポリペプチドによる人工酵素の試みなどが進められている．また，触媒機能をもつ抗体（触媒抗体）やRNA（リボザイム）も見いだされている．

例題1　触媒機能をもつ生体高分子を三つ挙げよ．

■**解　答**■　酵素，触媒抗体，リボザイム

例題2　固定化酵素の利点を説明せよ．

■**解　答**■　酵素固定化の利点としては，1）酵素の安定性が増し，有機溶媒中での反応が可能になる，2）反応後の分離が容易になり，再利用が可能になるなどが挙げられる．これらの利点が，もともと酵素がもつ特徴，すなわち常温・常圧下での高い触媒能や高い反応の選択性（基質・位置・立体）などに加わることにより，低コストで省エネルギー型の反応プロセスの確立が可能となる．

例題3　αキモトリプシンの触媒部位における電荷伝達系を示せ．

■**解　答**■

演習問題

問題A1 酵素の固定化方法を，担体結合法，架橋法，包括法の三つに分類して説明せよ．

問題A2 基質Sが酵素Eの作用により酵素–基質複合体ESを経て生成物Pに変換する反応(1)に対して，定常状態近似を適用すると，反応速度式としてMichaelis–Menten式(2)が得られる．Michaelis–Menten式について，以下の問いに答えよ．

$$E + S \xrightleftharpoons[k_{-1}]{k_1} ES \xrightarrow{k_{cat}} E + P \qquad (1)$$

$$v = \frac{V_{max}[S]}{K_m + [S]} \qquad (2)$$

1) K_m と V_{max} はそれぞれ何を意味するか．
2) Michaelis–Menten式が成り立つ反応系に競争阻害剤を加えたとき，加える前と比較してみかけの K_m, V_{max} はどのように変化するか．
3) Michaelis–Menten式が成り立つ反応系に非競争阻害剤を加えたとき，加える前と比較してみかけの K_m, V_{max} はどのように変化するか．

問題B1 分子インプリント法による高分子触媒の合成法を説明せよ．また，この方法の利点を述べよ．

問題B2 触媒抗体の作製方法と機能について述べよ．

問題C1 ポリ(4-ビニルピリジン)を触媒とする4-アセトキシ-3-ニトロベンゼンアルソン酸(NABA)の加水分解(50%エタノール水溶液中，[NABA] = 4×10^{-4} mol dm^{-3}，[ピリジル基] = 0.01 mol dm^{-3}，[KCl] = 0.04 mol dm^{-3}，36.8℃)において，ポリ(4-ビニルピリジン)中の中性ピリジル基の割合を α とおくと，擬一次反応速度定数 k_{obs} は下図中の○印のように変化した．この現象を説明せよ．

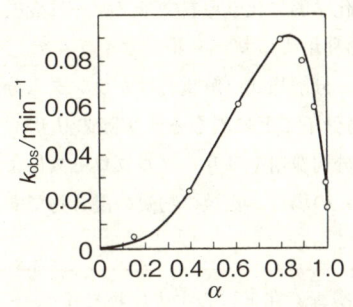

(R. L. Letsinger, T. J. Savereide, *J. Am. Chem. Soc.*, **84**, 3122 (1962) による)

関連項目 8・1節

7・4　分解とリサイクル

Keywords　ランダム分解，解重合，重合熱，天井温度

要点　高分子は熱，光，放射線，化学物質，微生物，機械的な力などの作用により分子構造が改変され，機械的特性，形状，色などのマクロな物性が変化する．このような現象を一般に**分解**と呼ぶ．材料として使用中の分解は**劣化**とも呼ばれ，防止すべき現象であるが，一方で，生分解性材料や高分子のケミカルリサイクルなど，分解を積極的に利用する用途もある．

高分子の分解様式は主鎖の切断と側鎖の反応に分類される．前者はさらに，主鎖の任意の位置が切断する**ランダム分解**と分子鎖末端からモノマーがつぎつぎにはずれる**解重合**に分類される．一般に，**重合熱**の大きな高分子ほど分解の制御が難しく，ランダム分解になりやすいのに対し，重合熱の小さな高分子は**天井温度**が低く，解重合しやすい．また，ポリエステル，ポリアミド，ポリエーテルなど炭素以外の元素を主鎖に含む高分子は，解重合性が高いことが多い．側鎖の反応には，側鎖の**脱離**，**環化**，**架橋**などがある．

生分解性高分子では，一般に，分解菌から環境中に放出された酵素や熱，酸などの作用で主鎖の切断が進行し，低分子化された後に，微生物などの生体内に取込まれ，資化される．

高分子のリサイクルは，廃高分子の分子構造を保ったまま溶融・再成形して再利用する**マテリアルリサイクル**，廃高分子を化学的に化学原料やモノマーに変換する**ケミカルリサイクル**，廃高分子の燃焼熱を有効利用する**サーマルリサイクル**の三つに分類される．化学的に適したリサイクル方法は，分解様式（解重合性かランダム分解性か）や分解温度，分解生成物などに依存して高分子ごとに異なる．実際のリサイクルにおいては，社会的コスト（廃高分子の回収・分別費用やリサイクルプロセスによる環境負荷など）や回収状況（廃高分子回収物は多くの場合，複数の物質の混合物である）も考慮して，最適な方法を選択することが重要である．

例題 1　つぎの高分子の熱分解時（酸素不在下）の主生成物を述べよ．また，(a) ランダム分解，(b) 解重合，(c) 側鎖の脱離，(d) 側鎖の架橋のいずれの熱分解様式に属するかを示せ．

1) ポリエチレン　　2) ポリ塩化ビニル　　3) ポリメタクリル酸メチル
4) ポリアクリロニトリル　　5) ポリ乳酸（重合触媒残渣，Sn 存在下）

■解　答■　1）生成物：さまざまな鎖長の炭化水素，分解様式：ランダム分解
　　2）生成物：ポリエン，塩化水素，分解様式：側鎖の脱離
　　3）生成物：メタクリル酸メチル，分解様式：解重合
　　4）生成物：ポリピリジン，または，炭素化合物，分解様式：側鎖の架橋
　　5）生成物：ラクチド，分解様式：解重合

■解　説■　1）主鎖の C–C 結合の切断で形成される第一級ラジカルは，連鎖移動反応を経て，ランダム分解を引き起こす．このため，分解生成物はさまざまな鎖長の炭化水素となる．

$$\cdots CH_2-CH_2-CH_2-CH_2 \cdots \longrightarrow \cdots CH_2-CH_2\cdot + \cdot CH_2-CH_2 \cdots$$

$$\cdots CH_2-CH_2\cdot + \cdots CH_2-CH_2-CH_2 \cdots \longrightarrow CH_2=CH_2 + \cdots CH_2-\overset{\cdot}{C}H-CH_2 \cdots$$

$$\cdots CH_2-\overset{\cdot}{C}H-CH_2 \cdots \longrightarrow CH_2=CH_2 + \cdot CH_2 \cdots$$

2）側鎖に陰性の原子または原子団をもつビニルポリマーでは，主鎖切断よりも低い温度で陰性基と隣接水素が反応し，酸となり脱離して主鎖に二重結合を生成する．

3）主鎖の C–C 結合の切断により生成する第三級ラジカルは比較的安定であるため，連鎖移動はほとんど起きない．このため，解重合反応が優先的に進行し，メタクリル酸メチルが生成する．

4）ポリアクリロニトリルを加熱していくと，まずシアノ基が環化してポリピリジンを生成する．

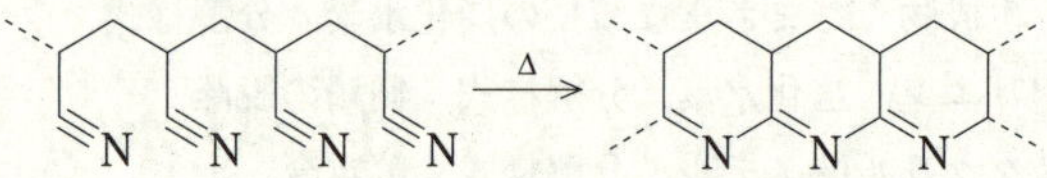

その後，さらに加熱すると，芳香族化と分子鎖間の縮合重合が進行し，炭素化合物となる．

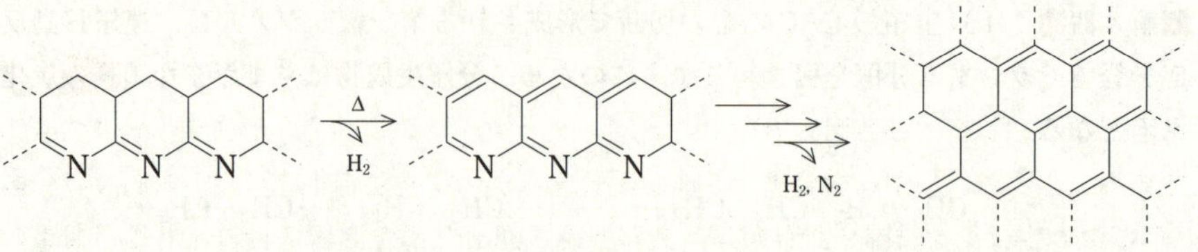

5) ポリ乳酸はその主鎖の3原子ごとに結合力の弱いエステル結合をもつ．このため，分子鎖末端の−OH（または−O⁻）の作用により，安定な六員環構造をもつラクチドが生成される．

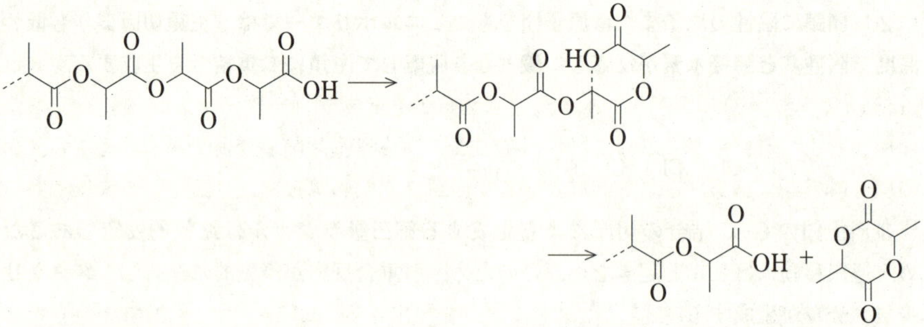

注：金属触媒としてスズのほか，酸化カルシウム，酸化マグネシウムでもラクチドが選択的に生成することが知られている．また，金属触媒を含まないポリ乳酸の熱分解ではランダム分解が進行することが知られている．

> **例題2** 天井温度に関する以下の問いに答えよ．
> 1）重合，解重合の速度と天井温度の関係を説明せよ．
> 2）スチレンの重合熱は $\Delta H_p = -61.7 \text{ kJ mol}^{-1}$，重合前後のエントロピー変化は $\Delta S_p = -101 \text{ J mol}^{-1} \text{ K}^{-1}$ である．スチレンの天井温度を求めよ．

■**解　答**■　1）天井温度は重合と解重合の速度が等しくなる温度であり，重合が進みうる最高温度である．

2）$T_c = \Delta H_p / \Delta S_p$ より，

$$T_c = 61.7 \times 10^3 / 101 = 661 \text{ K} = 338 \text{ ℃}$$

■**解　説**■　天井温度は熱力学的には重合の自由エネルギー ΔG_p が，$\Delta G_p = 0$ となる温度として定義される．重合反応では多くの場合，$\Delta H_p < 0$，$\Delta S_p < 0$ であるため，天井温

度以上では $\Delta G_p = \Delta H_p - T_c \Delta S_p > 0$ となり重合が進行しなくなる.

> **例題 3** ポリカプロラクトン（PCL）1.0 g を活性汚泥を含む培養液中で生分解させたところ，10 日間で 0.60 g の酸素が消費された．PCL を含まない参照培養液中における酸素消費は，同じ条件下で 0.12 g であった．このときの分解度を求めよ．

■**解　答**■　PCL のモノマーユニットの分子式は $C_6H_{10}O_2$ であるので，
$$C_6H_{10}O_2 + (15/2)O_2 \longrightarrow 6CO_2 + 5H_2O$$
より，1.0 g の PCL の生分解により消費される理論酸素量は，
$$\text{理論酸素量} = 1.0 \times 7.5 \times (16 \times 2)/(12 \times 6 + 1.0 \times 10 + 16 \times 2) = 2.10 \text{ g}$$
となり，生分解度 = $(0.60 - 0.12)/2.10 = 0.228$　より　23 %（有効数字 2 桁）．

─── **演習問題** ───

問題 A1　次の高分子の分解反応の生成物を記せ．
1）ポリグリコール酸の加水分解
2）ポリエチレンテレフタレートのメタノリシス
3）ポリ(α-メチルスチレン)の熱分解
4）ポリビニルアルコールの熱分解

問題 A2　次の各組合わせから，天井温度の低いモノマーを選択せよ．
1）エチレン，イソブチレン
2）スチレン，α-メチルスチレン

問題 A3　1）から 4）の中から，モノマー還元型のリサイクルに適した高分子を選択せよ．
1）ポリプロピレン　　　　　　　　2）ポリビニルアルコール
3）ポリメタクリル酸メチル　　　　4）ポリアミド 6

問題 A4　ポリ乳酸 1.00 g を活性汚泥を含む培養液中で分解させたところ，30 日間で 0.72 g の二酸化炭素が発生した．同じ条件下において，ポリ乳酸を含まない参照培養液中における二酸化炭素発生量は 0.08 g であった．このときの分解度を求めよ．

問題 B1　天井温度の低い高分子の分解温度を上昇させるための改質方法を二つ挙げよ．

問題 B2　次の 2 種の高分子の光分解において，どちらのほうが Norrish II 型反応を起こしやすいか答えよ．また，その Norrish II 型反応を反応式で記せ．

7. 高分子の反応

問題 C1 ポリオレフィンの自動酸化には，次の機構が適用できると考えられている．

$$開始反応：X \xrightarrow{k_i} R\cdot \text{（ラジカルの生成）} \tag{1}$$

$$成長反応：R\cdot + O_2 \xrightarrow{k_p} RO_2\cdot \tag{2}$$

$$RO_2 + RH \xrightarrow{k_{p'}} ROOH + R\cdot \tag{3}$$

$$停止反応：2R\cdot \xrightarrow{k_t} 生成物 \tag{4}$$

$$RO_2\cdot + R\cdot \xrightarrow{k_{t'}} 生成物 \tag{5}$$

$$2RO_2\cdot \xrightarrow{k_{t''}} 生成物 + O_2 \tag{6}$$

ただし，X はラジカルを生成する化合物である．これを基にして，1）添加剤がない場合，2）酸化防止剤が存在する場合，の自動酸化速度式をそれぞれ求めよ．

関連項目 7・1節，7・2節

8

生体高分子

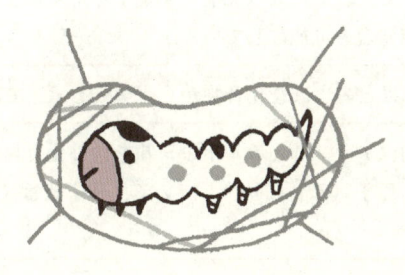

●学習目標● わたしたちの体の中にはたくさんの種類の高分子,すなわち生体高分子が存在し,それらが互いに連携しながら働くことで精巧な生命活動を維持している.この章では,最低限知っておくべき代表的な生体高分子の種類と構造,そして機能について学び,合成高分子との違いについて考える.

8・1 タンパク質,ペプチド

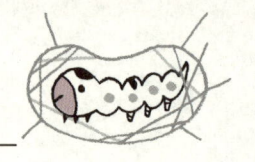

Keywords　α-アミノ酸,アミド結合,ペプチド

要点　タンパク質は**α-アミノ酸**が**アミド結合**により連結した生体高分子であり,そのうち鎖長の短いものは**ペプチド**と呼ばれる.天然タンパク質中に見いだされるアミノ酸は 20 種類存在し,それぞれ側鎖の性質が異なる.タンパク質が合成高分子と比較して大きく異なる点は,化学組成や構造が均一な点であり,多くの球状タンパク質では,アミノ酸配列に対して一義的に三次元構造が定まる.多様な側鎖は,さまざまな生物学的過程における機能発現を可能にしている.

例題 1　α-アミノ酸とはどのような化合物か.化学式を示して説明せよ.

■解 答■　同一分子内にアミノ基とカルボキシ基を含む化合物であり,アミノ基とカルボキシ基が同一の炭素原子（$C^α$）に結合している.化学式は,$NH_2-C^αH(R)-COOH$ で表される.

例題 2　L-イソロイシンの化学構造を立体化学がわかるように示せ.

■解 答■

例題 3　天然タンパク質に見いだされるアミノ酸のうち,α-アミノ基が環化し,第二級アミノ基をもつものの名称と化学構造を示せ.

■解 答■　プロリン

例題 4　天然タンパク質に見いだされるアミノ酸のうち,ヒドロキシ基,アルキル基,硫黄原子,芳香環を側鎖にもつものの名称と三文字表記をそれぞれ示せ.

■解 答■　ヒドロキシ基：セリン (Ser), トレオニン (Thr), チロシン (Tyr)
アルキル基：アラニン (Ala), バリン (Val), ロイシン (Leu), イソロイシン (Ile)

硫黄原子：メチオニン（Met），システイン（Cys）
芳香環：フェニルアラニン（Phe），チロシン（Tyr），トリプトファン（Trp）

例題5 次のアミノ酸の組合わせにおいて，側鎖間に形成しうる非共有結合性の相互作用を述べよ．
1）ロイシンとフェニルアラニン　　2）グルタミン酸とリシン
3）アスパラギンとトレオニン

■解　答■　1）疎水性相互作用（疎水性効果）　2）静電的相互作用（塩橋）
3）水素結合

例題6 球状タンパク質の代表的な機能を説明した次の文のA～Fを適切な用語で埋めよ．
1）生体内における多くの反応は（A）と呼ばれるタンパク質によって触媒される．何千種類もの反応を正確に進行させるために，（A）は特定の（B）に対して限られた反応のみを触媒する特性があり，これを（C）性という．
2）脊椎動物がもつヘモグロビンは，赤血球中に多量に含まれており，水に溶けにくい酸素を（D）するタンパク質の一種である．
3）細菌やウイルスなどの病原体の生体内への侵入は免疫反応を誘発する．その結果，産生されるタンパク質は（E）と呼ばれ，免疫原（抗原）と（C）的に結合する活性をもつ．
4）細胞膜などに存在し，ホルモンや神経伝達物質などの分子と（C）的に結合することで生体反応の制御に寄与するタンパク質を（F）と呼ぶ．

■解　答■　A：酵素，B：基質，C：特異，D：輸送，E：抗体，F：受容体

例題7 立体構造が決定されたタンパク質は，その原子座標がProtein Data Bank（PDB）に登録されている．代表的なタンパク質立体構造解析法を二つ挙げよ．

■解　答■　X線回折法，核磁気共鳴（NMR）法

― 演習問題 ―

問題A1 アミノ酸に関する次の問いに答えよ．
1）天然に存在するアミノ酸のほとんどはL-α-アミノ酸である．"α"の意味を説明せよ．
2）次のアミノ酸のうち，波長280 nm付近の紫外光を吸収する側鎖をもつものをすべて挙げよ．（A）トリプトファン，（B）アスパラギン，（C）セリン，（D）チロシン．
3）次のアミノ酸を，中性pH条件下における荷電状態に応じて分類せよ．

(A) アルギニン，(B) アスパラギン酸，(C) トレオニン，(D) フェニルアラニン．
4) 側鎖間で水素結合可能なアミノ酸の組合わせを二つ，三文字表記で示せ．
5) アキラルなアミノ酸を一つ示せ．
6) キラル炭素を2原子もつアミノ酸を二つ示せ．

問題 A2 タンパク質の二次構造および三次構造の形成には水素結合が大きな役割を果たしている．代表的な二次構造を二つ挙げるとともに，その両者における違いを述べよ．

問題 A3 次の文のA〜Eに適する用語を入れよ．

タンパク質が活性型立体構造に折りたたまれる現象を（A）という．タンパク質の立体構造の安定性は，静電相互作用に基づく分子間力として，荷電した側鎖官能基間に働く（B）結合や主鎖のNH基とCO基の間などに形成される（C）結合，ファンデルワールス力などにより保たれており，さらには溶媒である水の効果に起因する（D）相互作用やシステイン残基のチオール基の（E）により形成される（F）結合なども安定化に寄与している．

問題 A4 タンパク質の生合成に関する次の文を読み，A〜Fに適する用語を入れよ．

タンパク質の一次構造（アミノ酸配列）情報は，核酸の一種である（A）の塩基配列として保存されている．この情報が，多種類のタンパク質性触媒である（B）の作用により，別の核酸である（C）に移される．この過程は（D）と呼ばれる．合成された（C）の塩基配列に従い，（E）と呼ばれるタンパク質合成装置上で，アミノ酸が順次縮合されてタンパク質が合成される．この過程は（F）と呼ばれる．

問題 B1 次のトリペプチド中に含まれるアミノ酸をN末端側から順に三文字表記で示せ．

1)

$^+H_3N-\overset{H}{\underset{CH_3}{C}}-\overset{O}{C}-N-\overset{H}{\underset{\underset{\underset{\underset{NH}{|}}{\underset{C=NH_2^+}{|}}}{\underset{CH_2}{|}}}{C}}-\overset{O}{C}-N-\overset{H}{\underset{\underset{OH}{\underset{CH_2}{|}}}{C}}-\overset{O}{C}-O^-$

2)

$^+H_3N-\overset{O}{CHC}-N-\overset{H}{\underset{\underset{S}{\underset{CH_2}{|}}}{CHC}}-\overset{O}{\underset{CH_3}{|}}-N-\overset{H}{\underset{\underset{CH_3}{\underset{CHCH_3}{|}}}{CHC}}-\overset{O}{C}-O^-$ （イミダゾール側鎖）

3)

$^+H_3N-\overset{O}{\underset{\underset{CH_3}{\underset{CHCH_3}{\underset{CH_2}{|}}}}{CHC}}-N-\overset{H}{\underset{CHOH}{\underset{|}{\underset{CH_3}{|}}}}-\overset{O}{CHC}-N-\overset{H}{\underset{\underset{HN}{\underset{CH_2}{|}}}{CHC}}-\overset{O}{C}-O^-$ （インドール側鎖）

4)

$^+H_3N-\overset{O}{CHC}-N-\overset{H}{\underset{\underset{CH_2}{\underset{CH_2}{\underset{NH_3^+}{|}}}}{CHC}}-\overset{O}{C}-N-\overset{H}{\underset{\underset{CH_2}{|}}{CHC}}-\overset{O}{C}-O^-$ （フェニル側鎖，p-ヒドロキシフェニル側鎖）

問題 B2 低 pH および高 pH 環境下においておもに存在するグルタミン酸の化学構造はそれぞれ次のうちのどちらか.

(A)
```
      O
      ‖
H₂N-CHC-O⁻
   |
   CH₂
   |
   CH₂
   |
   C=O
   |
   O⁻
```

(B)
```
       O
       ‖
⁺H₃N-CHC-OH
    |
    CH₂
    |
    CH₂
    |
    C=O
    |
    OH
```

問題 B3 低 pH および高 pH 環境下における次のトリペプチドの構造を示せ.
1) Lys-Arg-Ser, 2) Gly-Asp-Trp, 3) Met-Asn-His, 4) Tyr-Glu-Cys

問題 B4 タンパク質には,一次構造,二次構造,三次構造および四次構造と呼ばれる階層構造が存在する.各構造について,それぞれの安定化に寄与する相互作用を挙げて説明せよ.

問題 B5 次の文のA～Kに適する用語を入れよ.

αヘリックス構造は,タンパク質の(A)次構造の典型であり円柱状の構造をしている.円柱の(B)側にポリペプチド骨格が位置し,円柱の(C)側に各アミノ酸残基の側鎖が位置する構造となっている.隣り合うアミノ酸残基間の距離はらせん軸に沿って約(D)nm離れており,また(E)度回転している.すなわち,約(F)残基でらせんを1周する.各アミノ酸残基のCO基は,(G)残基先のアミノ酸残基のNH基と分子内で(H)結合を形成している.らせんの巻き方向は左右とも考えられるが,天然タンパク質中に見られるαヘリックスは,一般に(I)巻きである.1951年に合成ペプチドのX線回折を基にαヘリックス構造を提唱した科学者は(J)と(K)である.

問題 B6 アラニンとロイシンを多く含むペプチドと,リシンとグルタミン酸を多く含むペプチドでは,どちらのペプチドがより高濃度で水に溶解するか.理由とともに説明せよ.

問題 B7 球状タンパク質の内側と外側とでは,構成アミノ酸の傾向に違いがある.次のアミノ酸はどちら側にあると考えられるか.理由とともに説明せよ.
(A) リシン (B) ロイシン

問題 B8 動物の構造形成を担うタンパク質には繊維状タンパク質が多く見られ,代表的なものにコラーゲンやケラチンがある.それぞれの構造的特徴を述べよ.

問題 C1 ペプチド結合の特徴を C^α まわりの結合と比較して説明せよ.

問題 C2 ペプチド結合による紫外および赤外吸収について説明せよ.

問題 C3 側鎖に解離基をもたないアミノ酸を考える.解離定数を $pK_1 = 2.3$ および $pK_2 = 9.7$ とするとき,以下の問いに答えよ.

1) アミノ酸の解離状態を表す平衡反応式を書け.

2）考えうるイオン化状態をpHとともにすべて挙げよ．
3）滴定曲線を図示せよ．
4）等電点を求める式を示し，具体的に計算せよ．

問題C4 ペプチド鎖を化学合成により調製する手法にアミノ酸を段階的に伸長する固相合成法がある．
1）考案者の名前を記せ．
2）伸長段階でアミノ基の保護に使用する代表的な保護基の名称と構造式を示せ．
3）合成スキームを簡単に示せ．
4）リボソームによるペプチド鎖伸長との違いを合成化学的観点から述べよ．

問題C5 代表的なタンパク質の一次構造決定法を二つ挙げて説明せよ．

問題C6 ポリ(L-リシン)は，溶液中においてpH依存的に多様な立体構造をとる．pH 7およびpH 12におけるポリ(L-リシン)の二次構造を挙げ，なぜこのような立体構造の差異が生じるのか説明せよ．またこのような二次構造変化を測定する方法を挙げよ．

問題C7 ポリ(L-グルタミン酸)はpH依存的なヘリックス–コイル転移を示す．なぜか．取りうる構造について説明せよ．

問題C8 再生医療を説明した次の文を読み，A～Gに適切な語を入れよ．

再生医療は，損傷を受けた生体組織や臓器を再生し，失われた機能を取り戻す医療であり，1990年代に提唱され，21世紀の医療として注目されている．再生医療の必須要素として，生体細胞，生体細胞が接着するための（A）となる材料，および（B）の三つが必要である．生体細胞としては，初期胚に存在し，未分化細胞に由来する多能性幹細胞である（C）細胞や組織特異的な（D）細胞の利用が考えられている．（A）材料としては，哺乳動物由来の（E）や，合成高分子として（F）や（G）などのポリエステルが用いられている．（B）は，細胞の増殖・分化を制御し，細胞から組織への誘導を行うのに重要な因子である．

問題C9 低温下では溶液であるが，ある温度まで加熱すると凝集するタンパク質や合成高分子がある．この現象を何というか．またこのような挙動を示すタンパク質および合成高分子の例をそれぞれ挙げよ．

8·2 核酸

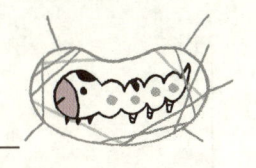

Keywords リン酸ジエステル結合，DNA，RNA

要点 核酸は，ヌクレオチドがリン酸ジエステル結合により連結した生体高分子である．ヌクレオチドは，リン酸部分，塩基部分およびペントース部分で構成される．ペントースには2種類あり，2′位がHの場合はデオキシリボ核酸（DNA），OHの場合にリボ核酸（RNA）と呼ばれる．リン酸ジエステル結合は，ペントースの3′位と5′位の間で形成される．塩基には2種類のプリン塩基（アデニン，グアニン）と3種類のピリミジン塩基（シトシン，チミン，ウラシル）が使われている．生物の遺伝現象は，発現形因子であるタンパク質のアミノ酸配列を指示するDNA（あるいはRNA）に基づくため，DNA（RNA）の特定の領域が遺伝子と呼ばれる．

例題1 シチジンおよびデオキシアデノシン 5′—リン酸の化学構造を示せ．

■解答■

シチジン　　　　　　デオキシアデノシン 5′—リン酸

例題2 DNA二重らせん構造を決定した科学者は誰か．二人挙げよ．

■解答■ J. Watson と F. Crick

例題3 （**A**）の構造をもつ分子について以下の問いに答えよ．
1）化合物名を示せ．
2）この分子はヌクレオチドかヌクレオシドか．
3）この分子構造は三つの骨格に分類できる．それぞれ名称を示せ．
4）この骨格はDNAとRNAのいずれに見られるか．

■解 答■ 1) グアノシン 5′――リン酸, 2) ヌクレオチド, 3) 塩基:グアニン, 糖:D-リボース, リン酸:モノリン酸, 4) RNA

例題 4 DNA を説明した次の文の A〜J を適切な用語で埋めよ.

1) E. Chargaff は,生物から抽出した DNA 中の (A) 塩基とチミン塩基が,またグアニン塩基と (B) 塩基が同量存在することを発見した. (A) とチミンの間には,非共有結合である (C) 結合が (D) 個形成される. これに対しグアニンと (B) の間には (C) 結合が (E) 個形成される. これらの組合わせは (F) と呼ばれ,DNA の長さの単位としても使用される.

2) J. Watson と F. Crick は,R. Franklin 撮影の X 線回折像を解析し,2 本の DNA 鎖が共通軸のまわりに,反対向き(逆平行)にらせんを巻きあっていることを示した. DNA 二重らせん構造は, (G) 個のヌクレオチドで 1 回転し,その巻方向は (H) 巻である. (F) は二重らせんの中心軸に対して,ほぼ垂直に重なるように並んでおり,その間隔はおよそ (I) nm である. 重なり合う (F) の間に働く相互作用は (J) と呼ばれ, (F) 形成の駆動力である (C) 結合とともに,二重らせん構造の安定化に寄与している.

■解 答■ A:アデニン, B:シトシン, C:水素, D:2, E:3, F:塩基対, G:10, H:右, I:0.34, J:π-π スタッキング

例題 5 アデニン-チミン (A-T) 塩基対,およびグアニン-シトシン (G-C) 塩基対の構造式を,塩基間に形成される水素結合がわかるように描け.

■解 答■

A-T 塩基対   G-C 塩基対

演習問題

問題A1 DNAとRNA中には共通に見られる塩基とそうでない塩基とが存在する．それぞれ列挙せよ．

問題A2 核酸の構造について以下の問いに答えよ．

1) 塩基とペントース間の結合は何と呼ばれるか．
2) 1)の結合位置はどこか．プリン塩基およびピリミジン塩基それぞれについて記せ．
3) DNAとRNAでは，糖部分でどのような構造の違いがあるか説明せよ．
4) DNA二重らせんの直径，およびらせん1周分のピッチの長さを答えよ．

問題A3 ヒトの遺伝に関する次の問いに答えよ．

1) 細胞が分裂するときには，遺伝子DNAが精確に複製されて二つの細胞に引継がれる．このDNA複製過程に関与する酵素を四つ挙げよ．
2) 酵素によるDNAの重合方向はどちら向きか．5′および3′を用いて答えよ．
3) DNA複製時には，二重らせん構造が一部ほどかれて2本の一本鎖になった構造が形成される．これを何と呼ぶか．
4) 3)の構造の一本鎖のうち，酵素により連続的に合成される鎖を(A)鎖，一方，短いDNA（岡崎フラグメント）を合成し，あとからつなぎ合わせる鎖を(B)鎖と呼ぶ．

AおよびBに適切な用語を入れよ．

問題A4 次の文のA～Dに適切な用語を入れよ．

自動合成機によるDNA調製では，塩基配列を制御するために(A)担体上でモノマーを逐次的に縮合する．5′位のヒドロキシ基を(B)基で保護したヌクレオチドの3′末端を(A)に結合させる．5′位の(B)基を脱保護した後，モノマーとして，5′位を(B)基で保護したデオキシヌクレオシドの3′-(C)誘導体を縮合する．(D)酸化によりリン酸トリエステルとし，(B)基を脱保護する．以上の操作を繰返して核酸を得る．

問題B1 次の化合物の名称を示せ．

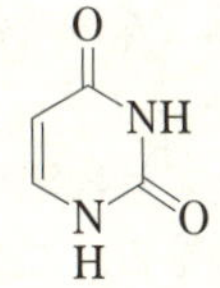

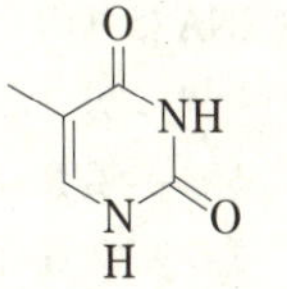

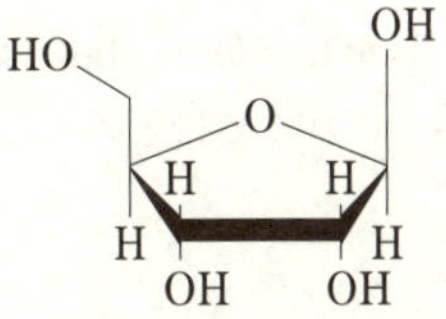

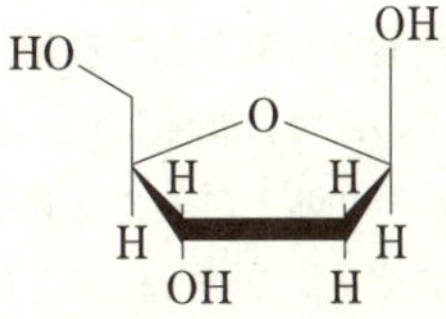

5) [シチジン様ヌクレオシド構造式]　6) [チミジン5′-リン酸様構造式]

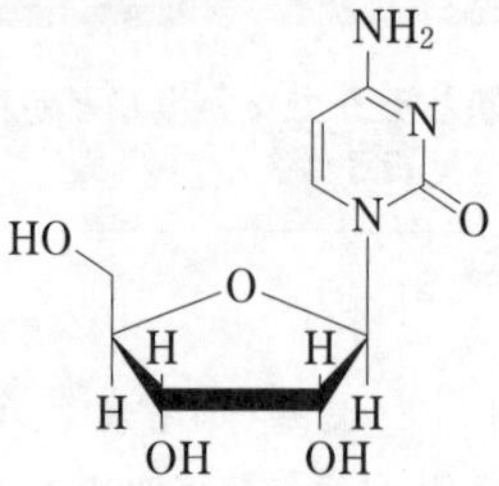

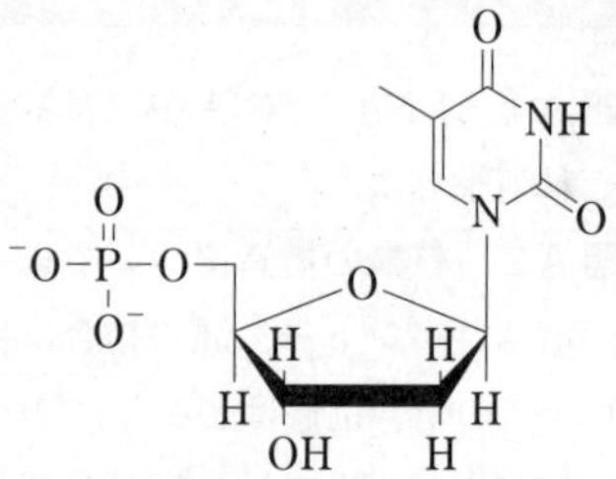

問題B2　タンパク質のアミノ酸配列は遺伝子DNA（RNA）の塩基配列によって一義的に定められ，このタンパク質-遺伝子間の対応付けは，三つの塩基の並びによっている．この並びを何というか．

問題B3　以下は，ヒトの遺伝情報の流れを説明した文である．

1）A～Eを適切な用語で埋めよ．

遺伝情報は（A）の塩基配列として記述されている．（A）は同じ核酸である（B）よりも化学的に安定な構造をもつ．（B）は（A）の塩基配列を鋳型としポリメラーゼによって合成され，この過程は（C）と呼ばれる．（B）の塩基配列情報をもとに，（D）と呼ばれる巨大な分子複合体中でタンパク質が合成され，この過程は（E）と呼ばれる．

2）（B）にはその役割に応じて3種類の呼び名がある．列挙せよ．

問題B4　コドン表を参照し，次の二つのmRNAから翻訳されるペプチドのアミノ酸配列を一文字表記で示せ．ただし，翻訳が開始される塩基は，1塩基目，2塩基目，または3塩基目からとし，それぞれの場合について配列を示せ．

1）5′-CCUUUCCCAG GGACUUCUAC AAGGAAAAAG-3′

2）5′-CUUUUUCCUU GUAGAAGUCC CUGGGAAAGG-3′

問題B5　RNAには遺伝情報の伝達以外にもさまざまな機能をもつものが見いだされている．

1）酵素活性を示すRNAはリボザイムと呼ばれる．RNAがこのような活性を示す理由を，DNAとの構造の差異に基づいて説明せよ．

2）細胞中に存在する二本鎖RNAによって，同じ配列をもつメッセンジャーRNA（mRNA）が分解され，タンパク質合成が抑制される現象が知られている．この現象を何というか．

問題B6　核酸を医薬として利用する治療法がある．しかしながら，核酸は水溶性が高く，核酸分子のみでは細胞に取込ませることは難しい．これまでにどのような工夫がなされているか，知るところを記述せよ．

問題C1　アデノシン5′-三リン酸の構造式を書け．

問題C2 DNAは二重らせん構造を形成しうる．以下の問いに答えよ．

1）二重らせんを形成するための配列条件について説明せよ．

2）ポリアニオンであるDNA同士が，なぜ二重らせんを形成できるのか．らせん形成の駆動力を挙げて，簡単な図とともに説明せよ．

3）二重らせんをほどく（融解する）ための化学的な処理法を列挙せよ．

4）二重らせんの融解挙動は分光学的に追跡できる．どのような手法が考えられるか．化学構造の特徴と関連付けて説明せよ．

問題C3 DNA複製を触媒するDNAポリメラーゼは，DNAを一方向にしか鎖を伸長することができない．ヒト細胞におけるDNAの複製機構をトポロジーがわかるよう，図を用いて説明せよ．

問題C4 ポリメラーゼ連鎖反応（PCR）は酵素の働きを借りて核酸を増幅する手法である．増幅前の核酸が二本鎖DNAの場合の増幅原理を，図を用いて説明せよ．またPCR法を可能にした酵素の特徴は何か説明せよ．

問題C5 1958年に提唱された分子生物学のセントラルドグマについて説明せよ．

問題C6 核酸の塩基配列からタンパク質のアミノ酸配列を規定するコドンに関する次の問いに答えよ．

1）コドンは何通り考えられるか．計算式とともに示せ．

2）遺伝子中に含まれる4種類の塩基が同量ずつ存在する遺伝子があるとする．それでも，その遺伝子がコードするタンパク質中に見られる20種類のアミノ酸は，一般的には均等にはならない．理由の一つをコドン表と関連づけて説明せよ．

3）タンパク質のN末端は必ずメチオニンである．なぜか．リボソーム上におけるタンパク質合成に関与するtRNAの構造と関連付けて説明せよ．

8·3 糖

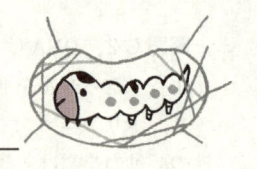

Keywords ヘミアセタール構造, アノマー炭素, 投影式

要点 糖は単糖, オリゴ糖, 多糖から成る. 単糖はヒドロキシ基を複数含んだアルデヒドまたはケトンである. これらのアルデヒドやケトンのカルボニル基が分子内のヒドロキシ基と反応して, 五員環や六員環の<u>ヘミアセタール構造</u>を形成する. ヘミアセタール性ヒドロキシ基が結合している炭素を<u>アノマー炭素</u>とよび, 不斉炭素である.

多糖やオリゴ糖は, 単糖をモノマーとする重合体であり, アセタール結合を介してつながっている. アノマー炭素側の末端を還元末端, 反対側を非還元末端という. 多糖やオリゴ糖はさまざまな分野で用いられている. たとえば, セルロースやデキストランなどの中性多糖は, 物質分離用の膜や生体成分のイオン交換処理材として用いられている.

また, オリゴ糖であるシクロデキストリンは, グルコースの環状オリゴマーである. シクロデキストリンは環の内側が疎水性, 外側が親水性になっており, 環の内側に疎水性化合物を包接できる. 包接された化合物は, 耐酸化性や, 難気化性を示すため, 食品や医薬品の分野で広く利用されている.

例題 1 D-グルコースの<u>フィッシャー投影式</u>とその六員環構造の<u>ハース投影式</u>を以下に示す.

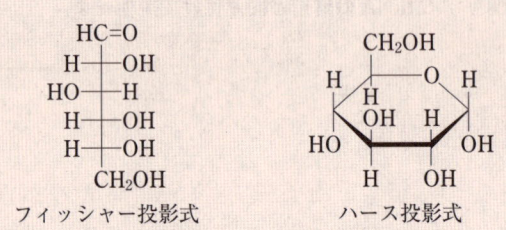

フィッシャー投影式　　　ハース投影式

ハース投影式ではアノマー炭素を右に, エーテル酸素を上にもってくる. また, フィッシャー投影式で右側にある基はハース投影式では下を向く.

以上の点に注意して, 以下の単糖をハース投影式で示せ. なお, すべて α 体で示すこと.

1) D-リボースの六員環構造
2) D-リボースの五員環構造
3) D-ガラクトースの六員環構造

4）D-グルコサミンの六員環構造

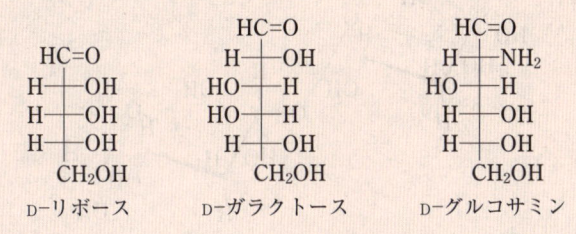

```
   HC=O              HC=O              HC=O
H ―― OH          H ―― OH          H ―― NH₂
H ―― OH          HO ―― H          HO ―― H
H ―― OH          HO ―― H          H ―― OH
   CH₂OH             CH₂OH             CH₂OH
 D-リボース        D-ガラクトース       D-グルコサミン
```

■解　答■　それぞれ以下のようになる.

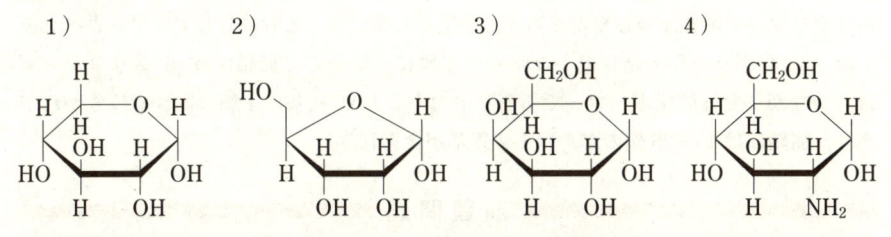

1)　　　　　2)　　　　　3)　　　　　4)

(環状構造式：α-D-グルコース類似の六員環構造、D-リボースのフラノース環、D-ガラクトースの六員環、D-グルコサミンの六員環)

例題2　グルコースについて以下の問いに答えよ.

1）グルコースのアルデヒド基が分子内のヒドロキシ基と反応して形成する六員環構造（グルコピラノース）をいす形配置で示せ．なお，アノマー炭素に矢印を入れ，異性体はすべて示すこと.

2）マルトースはD-グルコースがα1,4-グリコシド結合でつながった二糖である．マルトースの構造をいす形配置で示せ.

3）デンプンの構成成分であるアミロースとアミロペクチンはそれぞれグルコースからなるポリマーである．アミロースとアミロペクチンの構造の違いについて述べよ.

■解　答■　1）糖のアノマー炭素（矢印）は不斉炭素であるために，2種の異性体が存在する.

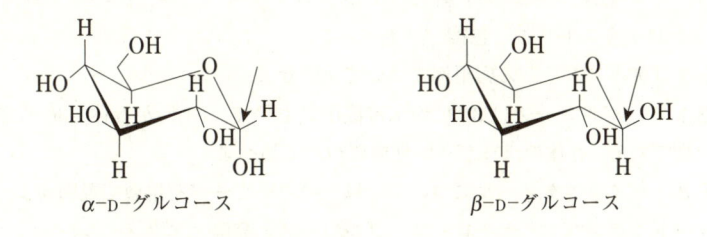

(いす形配置：α-D-グルコース、β-D-グルコース)

α-D-グルコース　　　β-D-グルコース

2）マルトースの構造は次ページのようになる.

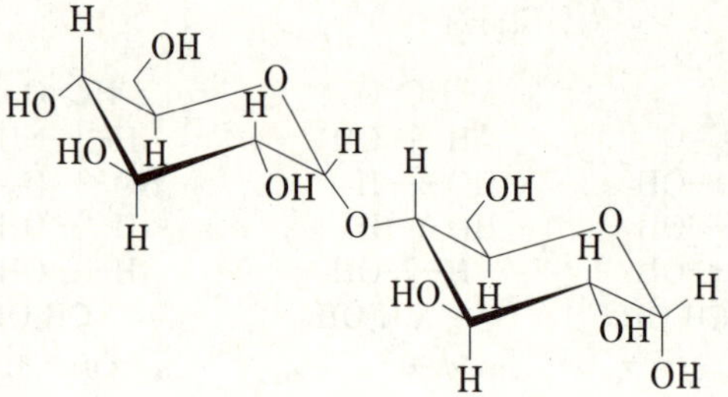

3）アミロースは 100〜1,000 個のグルコースが α1,4-グリコシド結合でつながった直鎖状ポリマーであり，ゆるやかならせん構造をしている．これに対して，アミロペクチンは，α1,4-グリコシド結合でつながった主鎖に，重合した側鎖が α1,6-グリコシド結合でつながった分岐状ポリマーである．平均すると 25 残基に 1 個の割合で枝分かれがあり，側鎖には 15〜25 個のグルコース残基が含まれる．

演習問題

問題 A 1 セルロースについて以下の問いに答えよ．

1）アミロースとセルロースはそれぞれグルコースからなるポリマーである．それぞれの構造の違いについて述べよ．

2）アミロースにヨウ素ヨウ化カリウム溶液（ヨウ素液）を添加すると青紫色に着色する．これに対し，セルロースにヨウ素液を添加しても着色しない．この理由について述べよ．

3）セルロースの利用例について述べよ．

問題 A 2 グルコースやマルトースにアンモニア性硝酸銀水溶液を添加すると沈殿が生じるが，トレハロースやスクロースにアンモニア性硝酸銀水溶液を添加しても沈殿は生じない．この理由について説明せよ．

問題 A 3 シクロデキストリンについて以下の問いに答えよ．

1）シクロデキストリンの構造について，以下のキーワードを用いて説明せよ．

キーワード：α1,4-グリコシド結合，α-シクロデキストリン，β-シクロデキストリン，γ-シクロデキストリン，包接

2）シクロデキストリンの応用例について説明せよ．

問題 B 1 D-グルコースは 31 ℃の水溶液中において，64 ％が β 体，36 ％が α 体の平衡混合物である．β 体のほうが多い理由について述べよ．

問題 B 2 バイオエタノールについて，以下のキーワードを用いて説明せよ．

キーワード：デンプン，セルロース，グルコース，発酵，エタノール

演習問題の
解 答

1. 高分子の特徴と高分子科学の歴史

1・1 高分子：その特徴
1・1・1 高分子とは
A 1 二つ：線状高分子，三つ以上：分岐高分子，樹枝状高分子，星型高分子など．
B 1 1）原料基礎名：ポリエチレン　　構造基礎名：ポリ(メチレン)
　2）原料基礎名：ポリスチレン　　構造基礎名：ポリ(1-フェニルエチレン)
　3）原料基礎名：ポリエチレンテレフタレート　　構造基礎名：ポリ(オキシエチレンオキシテレフタロイル)
　4）原料基礎名：ポリヘキサメチレンアジポアミド　　構造基礎名：ポリ(イミノヘキサメチレンイミノアジポイル)

1・1・2 高分子らしさの本質
A 1 多数の結合からなる高分子は膨大な数の分子形態を取りうる．この多様な分子形態によって高分子鎖が無秩序な凝集状態を取ったり，分子間や分子内の相互作用によって秩序だった凝集状態を取ったりできる．これが高分子らしさの発現理由である．
B 1 セルロースは一方向に伸びた分子鎖が平行に規則正しく配列した結晶構造をもつのに対して，後者はらせん構造をもった結晶化しにくい構造となっている．

1・1・3 高分子の種類
A 1

$$\left(\begin{array}{c}\mathrm{CH_3}\\ \mathrm{C=CH}\\ -\mathrm{CH_2}\quad \mathrm{CH_2}-\end{array}\right)_n \quad 1,4\text{-}cis\text{-ポリイソプレン}$$

架橋（加流）すると下記のような三次元網目構造が得られる．

B 1 1) C$_6$H$_5$-CH$_2$CH$_3$ $\xrightarrow[-H_2]{触媒}$ C$_6$H$_5$-CH=CH$_2$

2) ClCH$_2$CH$_2$Cl $\xrightarrow[-HCl]{触媒}$ CH$_2$=CHCl

3) (H$_3$C)$_2$C(CN)(OH) $\xrightarrow[H_2O]{H_2SO_4}$ (H$_3$C)$_2$C(CONH$_2$·H$_2$SO$_4$)(OH) $\xrightarrow[-H_2O]{CH_3OH}$ CH$_2$=CH(CH$_3$)COOCH$_3$

4) シクロヘキサノン $\xrightarrow{NH_2OH}$ シクロヘキサノンオキシム $\xrightarrow{H_2SO_4}$ カプロラクタム·1/2 H$_2$SO$_4$ $\xrightarrow[-1/2 (NH_4)_2SO_4]{NH_3}$ カプロラクタム

1·2 高分子科学の歴史

A 1 生成機構の明確なカルボン酸とアミンおよびアルコールからのアミド化やエステル化反応を 2 官能性のジカルボン酸とジアミンおよびジオールに展開すれば線状高分子が生成するという明確な考え方に基づいてポリマー合成を行った．

A 2 Carothers は専ら脂肪族ポリエステルを合成した．しかし，それらの融点があまりにも低かった．一方，Whinfield と Dickson はジカルボン酸に芳香族ジカルボン酸を用いて，融点が高く，冷延伸可能な PET を発明した．

2. 高分子の化学構造

2·1 線状高分子の一次構造

A 1 頭-尾結合： -CH$_2$-CHX-CH$_2$-CHX-
頭-頭結合： -CH$_2$-CHX-CHX-CH$_2$-
尾-尾結合： -CHX-CH$_2$-CH$_2$-CHX-
頭-頭結合や尾-尾結合は，一般に頭-尾結合に比べて起こりにくい．

A 2 $mrrmrr$．((1) の構造を繰返すので，右端の単位のとなりに左端の単位がくることに注意．) 2 連子 $[m]=1/3$, $[r]=2/3$, 3 連子 $[mm]=0$, $[mr]=2/3$, $[rr]=1/3$, 4 連子 $[mrr]=2/3$, $[rmr]=1/3$, その他は 0.

B 1
五員環構造：-(CH$_2$-CH-CH-CH$_2$)$_n$- (環に O=C-O-C=O)

六員環構造：-(CH$_2$-CH-CH(CH$_2$))$_n$- (環に O=C-O-C=O)

五員環構造からはアクリル酸単位が頭-頭結合した構造単位が，六員環構造からは頭-尾結合の構造単位がそれぞれ生成する．アクリル酸の重合では得がたい特異な構造のポリマーを得ることができる．

頭-頭結合単位：$-\!\!\left(\!CH_2-CH-CH-CH_2\!\right)_{\!n}\!\!-$
　　　　　　　　　　　$\ \ \ \ \ \ \ \ \ \ \ \ \ \ |\ \ \ \ \ \ |$
　　　　　　　　　　　$\ \ \ \ \ \ \ \ \ \ \ O=C\ \ C=O$
　　　　　　　　　　　$\ \ \ \ \ \ \ \ \ \ \ \ \ |\ \ \ \ \ \ |$
　　　　　　　　　　　$\ \ \ \ \ \ \ \ \ \ \ \ OH\ OH$

頭-尾結合単位：$-\!\!\left(\!CH_2-CH-CH_2-CH\!\right)_{\!n}\!\!-$
　　　　　　　　　　　$\ \ \ \ \ \ \ \ \ \ \ \ \ \ \ \ |\ \ \ \ \ \ \ \ \ \ |$
　　　　　　　　　　　$\ \ \ \ \ \ \ \ \ \ \ \ \ \ C=O\ \ \ \ C=O$
　　　　　　　　　　　$\ \ \ \ \ \ \ \ \ \ \ \ \ \ \ |\ \ \ \ \ \ \ \ \ \ |$
　　　　　　　　　　　$\ \ \ \ \ \ \ \ \ \ \ \ \ \ OH\ \ \ \ \ \ OH$

B2 単純に考えると $2^4=16$ 通り．具体的には，*mmmm*, *mmmr*, *mmrm*, *mmrr*, (*mrmm*), *mrmr*, *mrrm*, *mrrr*, (*rmmm*), *rmmr*, (*rmrm*), *rmrr*, (*rrmm*), (*rrmr*), (*rrrm*), *rrrr*. ただし，これらには左右を入れ替えると区別できない連鎖が含まれている．これら（括弧内の連鎖）を除くと，全部で10通り．

B3 1個のメチン炭素の立体配置が反転（エピ化）すると，

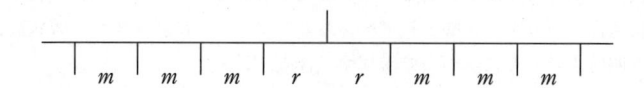

| m | m | m | r | r | m | m | m |

のように r 2連子が二つ連続した連鎖が発生する．これを5連子単位で左から順にみると，*mmmr*, *mmrr*, *mrrm*, *rrmm*, *rmmm* となる．左右の区別がないことを考慮すると，*mmmr* : **mmrr** : *mrrm* = 2 : 2 : 1 の割合で生成する．シンジオタクチックポリマーでは …*rrrmmrrr*… となり，*mrrr* : **mmrr** : *rmmr* = 2 : 2 : 1．これらのうち，両方に含まれるのは **mmrr** のみであるので特定できる．残りは強度（2 : 1）の違いから識別できるので，以上5種類の5連子が帰属できる．もとのポリマーの *mmmm*, *rrrr* 5連子を合わせると，10種類の5連子のうち7種類までがこの方法で特定できることになる．

B4 $[mm]=[m]\cdot P_{m/m}=([mm]+[mr]/2)\cdot(1-P_{m/r})$ より，$P_{m/r}=[mr]/(2[mm]+[mr])$. 同様に，$P_{r/m}=[mr]/(2[rr]+[mr])$．なお，3連子分率は総和が1で独立な変数は二つであり，上記二つの確率パラメーターとは1対1に対応する．したがって，立体規則性の連鎖分布が1次マルコフ統計に従うかどうかは4連子以上の実験値を用いて検証する必要がある．

C1 n が偶数のとき，連子は奇数の $n-1$ 個の2連子（m あるいは r）で指定される．中央の2連子を中心に前後が対称な n 連子の数は $2^{(n-2)/2}$ だけあり，中央の2連子に2種類あるので，前後を入れ替えて重なる n 連子の数は $2\times 2^{n/2-1}$ だけある．前後が対称な n 連子を無視して計算した n 連子の種類 2^{n-2} は，その対称 n 連子を2重に減じているので，片方を足しておく必要がある．よって，n 連子の種類は $2^{n-2}+2^{n/2-1}$．同様にして，n が奇数のときは，前後が対称な n 連子の数は，$2^{(n-1)/2}$ だけあり，n 連子の種類は $2^{n-2}+$

$2^{(n-1)/2-1}$ となる（参考文献；H. L. Frisch ら, *J. Chem. Phys.*, **45**, 1565 (1966)).

2・2 共重合体の一次構造

A 1 共重合体分子中の各モノマー単位は，A か B のどちらかで，二通りの可能性がある．したがって，重合度が 10 の場合には，$2^{10}=1024$ 通り，重合度が 100 の場合には，$2^{100}=1.3\times10^{30}$ 通りの場合の数になり，それらの数だけ違った共重合体分子が存在することになる．

A 2 前問と同様にして，異なるタンパク質分子の数は，$20^{100}\approx 1.3\times10^{130}$．このタンパク質の平均分子量は，$100\times100=10^4$ で，すべての種類のタンパク質を集めると，質量は $[(1.3\times10^{130}\times10^4)/(6.02\times10^{23})]\text{g}=2.1\times10^{110}\text{g}=2.1\times10^{107}\text{kg}$ となる．これは，地球の質量よりも圧倒的に重い．すなわち，地球上にはごく一部分のタンパク質しか存在しないことがわかる．

B 1 このときの場合の数は，100 席の 1 列に並んだ座席から，50 席を A（または B）のために選ぶ組合わせに相当するので，$_{100}C_{50}=1.0\times10^{29}$ 通りある．また，問題 A1 の結果と比較すると，種類の数は約 1/13 に減少している．

B 2 連鎖がランダムなので，任意のモノマー単位が A である確率が x で，モノマー単位 A が k 個連続する相対確率は x^k，絶対確率は規格化して $(1-x)x^k$ となる（2 章の Box 5 参照）．また，モノマー単位 A の平均連鎖長は，やはり Box 5 を参考にして，以下となる．

$$\sum_{k=0}^{\infty}k(1-x)x^k=\frac{x}{1-x}$$

C 1 前節の問題 C1 の $n+1$ 連子が，いまの問題の重合度 n の共重合体鎖に対応する．前後入れ替えで自分自身と重なる共重合体鎖の存在を無視すると，共重合体鎖の種類の数は r^{n-1}．前後入れ替え対称な鎖は，n が偶数のとき $r^{n/2}$ だけあり，それらの片方を加えると，$r^{n-1}+r^{n/2-1}$ 種類ある．n が奇数のときは，同様にして計算すると，$r^{n-1}+r^{(n-1)/2-1}$ 種類あることになる．

2・3 分岐高分子

A 1 問題の反応は，以下の通り．

$$\text{NH}_3 \xrightarrow{3\,\text{H}_2\text{C}=\text{CHCOOCH}_3} \text{N}(\text{CH}_2\text{CH}_2\text{COOCH}_3)_3$$

$$\xrightarrow{3\,\text{H}_2\text{NCH}_2\text{CH}_2\text{NH}_2} \text{N}(\text{CH}_2\text{CH}_2\text{CONHCH}_2\text{CH}_2\text{NH}_2)_3$$

得られた分岐分子にアミノ基は 3 個ある．この反応をさらに繰返していくと，アミノ基は，6 個，12 個，24 個と増えていく．よって 3 回繰返した後には，24 個のアミノ基をもち，アクリル酸メチル由来のモノマー単位の数は，$3+6+12+24=45$ 個となる．

A 2 例題 2 の結果から，重合度 n の異性体数は $(2n)!/(n+1)!n!$．ただし，大きい数字 x の階乗の計算は容易でない．その場合には，x が大きいときによい近似となる Stirling の公式 $(\ln x!\approx x\ln x-x)$ を利用すればよい．

$$\log[(2n)!/(n+1)!n!]\approx 2n\log(2n)-2n-[(n+1)\log(n+1)-(n+1)+n\log n-n]$$

$n=100$ を代入して計算を実行すると，異性体数は約 10^{59} と求まる．同じ重合度の線状高分子は1種類しかないのと比較すると，分岐高分子がいかに複雑かが理解できる．

B 1 グラフトポリマーの主鎖の末端基ジフェニルヘキシル基のフェニル基 (10H) とグラフト鎖末端の t-ブチル基 (9H) の強度比から1分子当たりの枝の数 N が求まる．

$$N = (6.0/9H)/(1.0/10H) = 20/3 = 6.67$$

OCH_3 の吸収のうち，Mac 由来の強度は Mac の重合度を考慮して，

$$(20/3) \times 30 \times 3H/10H = 60$$

残りの 30 が MMA 由来の OCH_3 で，モノマー単位の数は $30/(3H/10H) = 100$ となる．

　　　組成比：Mac/MMA $= 6.67/100$

　　　分子量 $= 100 \times$ (MMA の分子量) $+ 6.67 \times$ (Mac の分子量)
　　　　　　　　　　　　　　　　　　　　　$+$ (開始末端 $+$ 停止末端の分子量)
　　　　　　$= 100 \times 100 + 6.67 \times 3{,}200 + 238 = 31{,}600$

2・4　高分子の分子量

A 1　1) $M_w = 5.50 \times 10^4$, $M_n = 1.82 \times 10^4$

　　　2) $M_w = 9.91 \times 10^4$, $M_n = 9.17 \times 10^4$

　　　3) $M_w = 1.09 \times 10^4$, $M_n = 1.01 \times 10^4$

A 2　$\langle S^2 \rangle_w = \int_0^\infty KMw(M)\,dM = KM_w$, $\langle S^2 \rangle_z = M_w^{-1}\int_0^\infty KM^2 w(M)\,dM = KM_z$

B 1　$y = [(h+1)/M_w]M$ と置き，Γ 関数に関する次の関係を利用する．

$$\int_0^\infty y^h \exp(-y)\,dy = \Gamma(h+1), \quad \Gamma(h+1) = h\Gamma(h)$$

1) $\displaystyle\int_0^\infty Mw(M)\,dM = \frac{M_w}{(h+1)\Gamma(h+1)}\int_0^\infty y^{h+1}\exp(-y)\,dy = \frac{M_w \Gamma(h+2)}{(h+1)\Gamma(h+1)} = M_w$

2) $\displaystyle M_n^{-1} = \int_0^\infty M^{-1} w(M)\,dM = \frac{h+1}{\Gamma(h+1)M_w}\int_0^\infty y^{h-1}\exp(-y)\,dy = \frac{(h+1)\Gamma(h)}{\Gamma(h+1)M_w}$ より，

$$M_n = \frac{h}{h+1}M_w$$

3) $\displaystyle M_z M_w = \int_0^\infty M^2 w(M)\,dM = \frac{M_w^2}{(h+1)^2\Gamma(h+1)}\int_0^\infty y^{h+2}\exp(-y)\,dy = \frac{M_w^2 \Gamma(h+3)}{(h+1)^2\Gamma(h+1)}$

　　　$\displaystyle = \frac{h+2}{h+1}M_w^2$ より，$M_z = \frac{h+2}{h+1}M_w$

4) $\displaystyle \frac{dw(M)}{dM} = \left(h - \frac{h+1}{M_w}M\right)M^{h-1}\exp\left(-\frac{h+1}{M_w}M\right)$

極大値をとる分子量 M^* では $dw(M)/dM = 0$ より，$M^* = [h/(h+1)]M_w = M_n$．

B 2　1) 二重らせんの分子量を $2M$，解離度を α とすると，重量平均分子量 M_w は次の式で与えられる．

$$M_w = 2M(1-\alpha) + M\alpha = (2-\alpha)M \tag{A}$$

上式に，$2M = 40{,}000$，$M_w = 30{,}000$ を代入して α を求めると，$\alpha = 0.5$

2）（8）式を利用して，$M_n = 1/(0.5/40{,}000 + 0.5/20{,}000) = 27{,}000$

3）二重らせんに分子量分布があっても，単量体の M_w は二重らせんのそれの半分であり，(A) 式は成立するので，問1）の α の値は変わらない．他方，例題1の結果からわかるように，多成分の高分子を2成分と見なして（8）式から計算される M_n は，真の値とは一致しない．よって，問1）の M_n の値は単分散のときと一般には等しくない．

3. 高分子鎖の特性

3・1 線状高分子鎖の両端間距離

A 1 $n = 100$ のポリエチレン鎖の内部回転角は全部で98個ある．それぞれが3通りの回転異性状態をとるとすると，全部で $3^{98} = 5.7 \times 10^{46}$ 通りの異なった分子形態をとる．ただし，この中にはペンタン効果などで実際にはとれない形態も一部含まれている．

A 2 自由連結鎖の場合，$i \neq j$ なるすべての結合ベクトル間の内積 $\langle \boldsymbol{l}_i \cdot \boldsymbol{l}_j \rangle$ はゼロとなるので，(2) 式より $\langle R^2 \rangle = nl^2$，すなわち $C = 1$ である．

B 1 積分公式より，

$$\langle R^2 \rangle = \int R^2 P(\boldsymbol{R}) \mathrm{d}\boldsymbol{R} = \left(\frac{3}{2\pi C n l^2}\right)^{3/2} \int_0^\infty R^2 \exp\left(-\frac{3R^2}{2Cnl^2}\right) \cdot 4\pi R^2 \mathrm{d}R = Cnl^2$$

B 2 $\langle R^4 \rangle = \int R^4 P(\boldsymbol{R}) \mathrm{d}\boldsymbol{R} = 4\pi \left(\frac{3}{2\pi C n l^2}\right)^{3/2} \int_0^\infty R^6 \exp\left(-\frac{3R^2}{2Cnl^2}\right) \mathrm{d}R = \frac{5}{3}(Cnl^2)^2$

$\langle R^{-1} \rangle = \int R^4 P(\boldsymbol{R}) \mathrm{d}\boldsymbol{R} = 4\pi \left(\frac{3}{2\pi C n l^2}\right)^{3/2} \int_0^\infty R \exp\left(-\frac{3R^2}{2Cnl^2}\right) \mathrm{d}R = \sqrt{\frac{6}{\pi C n l^2}}$

B 3

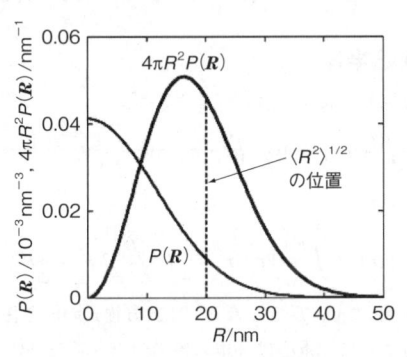

C 1 $f = \left(\frac{\partial A}{\partial R}\right)_T = -k_B T \left[\frac{\partial \ln P(\boldsymbol{R})}{\partial R}\right]_T = -\frac{k_B T}{P(\boldsymbol{R})} \left[\frac{\partial P(\boldsymbol{R})}{\partial R}\right]_T$ に (3) 式を代入して，

$$f = \frac{k_B T}{P(\boldsymbol{R})} \frac{3R}{Cnl^2} P(\boldsymbol{R}) = \frac{3k_B T}{Cnl^2} R$$

C 2 関数 $P_1(\boldsymbol{R}_1) P_2(\boldsymbol{R} - \boldsymbol{R}_1)$ は，結合鎖の n_1 番目の主鎖原子が $\boldsymbol{R}_1$ にあり，$n_1 + n_2$ 番目の末端原子が $\boldsymbol{R}$ にある確率密度を表す．他方 $P(\boldsymbol{R})$ は，途中の経路 $\boldsymbol{R}_1$ はどこでもよいとし

たときの確率密度なので，
$$P(\boldsymbol{R}) = \int P_1(\boldsymbol{R}_1)P_2(\boldsymbol{R}-\boldsymbol{R}_1)\mathrm{d}\boldsymbol{R}_1$$

と書ける．ただし，$\boldsymbol{R}_1$ に関する積分は全空間にわたって行う．P_1 と P_2 に具体的な関数を代入して $\boldsymbol{R}_1$ に関する積分を実行すると，以下のようになる．

$$P(\boldsymbol{R}) = \left(\frac{3}{2\pi Cl^2\sqrt{n_1 n_2}}\right)^3 \int \exp\left\{-\frac{3}{2Cl^2}\left[\frac{R_1^2}{n_1}+\frac{(\boldsymbol{R}-\boldsymbol{R}_1)^2}{n_2}\right]\right\}\mathrm{d}\boldsymbol{R}_1$$

$$= \left(\frac{3}{2\pi Cl^2\sqrt{n_1 n_2}}\right)^3 \int \exp\left\{-\frac{3}{2Cl^2}\left[\frac{R^2}{n_1+n_2}+\frac{n_1+n_2}{n_1 n_2}\left(\frac{n_1}{n_1+n_2}\boldsymbol{R}-\boldsymbol{R}_1\right)^2\right]\right\}\mathrm{d}\boldsymbol{R}_1$$

$$= \left[\frac{3}{2\pi C(n_1+n_2)l^2}\right]^{3/2}\exp\left[-\frac{3R^2}{2C(n_1+n_2)l^2}\right]$$

すなわち，$P(\boldsymbol{R})$ は結合数が n_1+n_2 のガウス鎖の分布関数である（1段目から2段目の式へは展開式 $(\boldsymbol{R}-\boldsymbol{R}_1)^2=R^2-2\boldsymbol{R}\cdot\boldsymbol{R}_1+R_1^2$ を利用し，2段目の積分を行うには，$\boldsymbol{R}'\equiv\boldsymbol{R}_1-n_1\boldsymbol{R}/(n_1+n_2)$ なる変数変換を利用した）．また，平均二乗両端間距離が l_s^2 の m 本のガウス鎖を結合した鎖 $P(\boldsymbol{R})$ は，上の操作を繰返すと，

$$P(\boldsymbol{R}) = \left(\frac{3}{2\pi Cml_s^2}\right)^{3/2}\exp\left(-\frac{3R^2}{2Cml_s^2}\right)$$

となり，$\langle R^2\rangle = Cml_s^2$ が得られる．

C 3 前問の答から，平均両端間距離 $\langle R^2\rangle^{1/2}=\sqrt{Cm}\,l_s$ のガウス鎖は，平均両端間距離 $\langle R^2\rangle^{1/2}=\sqrt{C}\,l_s$，すなわちもとのガウス鎖の $1/\sqrt{m}$ のガウス鎖 m 本からなると考えられるので，$(\sqrt{m})^d=m$，すなわち $d=2$ となる．ガウス鎖はブラウン粒子の軌跡と物理的に同等で，統計的自己相似性をもつフラクタルである（図2）．これに対して，例題1に示した全トランス状態のポリエチレン鎖は $d=1$ であり，ガウス鎖とは異なる幾何学の範疇に属する．

3・2 高分子鎖の回転半径

A 1 1）球内の構成単位の数密度を ρ とすると，

$$\langle S^2\rangle = \int_0^R r^2\rho\cdot 4\pi r^2\mathrm{d}r\bigg/\int_0^R \rho\cdot 4\pi r^2\mathrm{d}r = \frac{1}{5}R^5\bigg/\frac{1}{3}R^3 = \frac{3}{5}R^2$$

2）明らかに，$\langle S^2\rangle = R^2$

3）$\langle S^2\rangle = \int_0^R r^2\rho\cdot 2\pi r\mathrm{d}r\bigg/\int_0^R \rho\cdot 2\pi r\mathrm{d}r = \frac{1}{4}R^4\bigg/\frac{1}{2}R^2 = \frac{1}{2}R^2$

A 2 $g=(3f-2)/f^2=0.52$ より，$f=5$ となる（2次方程式の解と係数の関係を利用）．

B 1 図に示されているように，重心は3本の棒のつなぎ目に一致するので，(2) 式より，

$$\langle S^2\rangle = 3\int_0^{L/3}r^2\rho\mathrm{d}r\bigg/3\int_0^{L/3}\rho\mathrm{d}r = \frac{1}{3}\left(\frac{1}{3}L\right)^3\bigg/\frac{1}{3}L = \frac{1}{27}L^2$$

$$\text{収縮因子 } g = \frac{L^2}{27}\bigg/\frac{L^2}{12} = \frac{4}{9}$$

C 1 まず，2本の棒がなす角が θ（$0\le\theta\le\pi$）に固定されている場合の平均二乗回転半径 $\langle S^2\rangle_\theta$ を考える．鎖の重心が鎖上にないので，(3) 式の積分形を用いるのが便利である．

単位 i と j が同じ棒にあるとき，異なる棒にあるとき（$i<L/2<j$）それぞれで $\langle R_{ij}^2 \rangle$ は次のように表される．

$$\langle R_{ij}^2 \rangle = (j-i)^2, \quad \langle R_{ij}^2 \rangle = \left(\frac{1}{2}L-i\right)^2 + \left(j-\frac{1}{2}L\right)^2 - 2\left(\frac{1}{2}L-i\right)\left(j-\frac{1}{2}L\right)\cos\theta$$

これらを，(3) 式の積分形に代入して積分を実行すると，次式が得られる．

$$\langle S^2 \rangle_\theta = (2L^2)^{-1}\left[2\int_0^{L/2}\int_0^{L/2}(j-i)^2\,\mathrm{d}i\,\mathrm{d}j + 2\int_{L/2}^0\int_0^{L/2}(s^2+t^2-2st\cos\theta)(-\mathrm{d}s)\mathrm{d}t\right]$$

$$= L^{-2}\left[\int_0^{L/2}\int_0^{L/2}(i^2-2ij+j^2)\,\mathrm{d}i\,\mathrm{d}j + \int_{L/2}^0\int_0^{L/2}(s^2+t^2-2st\cos\theta)(-\mathrm{d}s)\mathrm{d}t\right]$$

$$= L^{-2}\left\{2\cdot\frac{1}{3}\left(\frac{1}{2}L\right)^3\cdot\frac{1}{2}L - 2\left[\frac{1}{2}\left(\frac{1}{2}L\right)^2\right]^2 + 2\cdot\frac{1}{3}\left(\frac{1}{2}L\right)^3\cdot\frac{1}{2}L - 2\left[\frac{1}{2}\left(\frac{1}{2}L\right)^2\right]^2\cos\theta\right\}$$

$$= \frac{5}{96}L^2 - \frac{1}{32}L^2\cos\theta$$

ただし，$s \equiv (L/2)-i$，$t \equiv j-(L/2)$ とおいた．継手が自由に動く場合の $\langle S^2 \rangle$ を計算するには，つぎのように，$\langle S^2 \rangle_\theta$ を θ について平均すればよい（Box 4 参照）．

$$\langle S^2 \rangle = \int_0^\pi \langle S^2 \rangle_\theta \cdot 2\pi\sin\theta\,\mathrm{d}\theta \Big/ \int_0^\pi 2\pi\sin\theta\,\mathrm{d}\theta = \frac{5}{96}L^2$$

C 2 1) (3) 式より，直接 $\langle S^2 \rangle_n$ の式が導ける．$\langle S^2 \rangle_{2n}$ を (3) 式より計算する際に現れる二重和は，

$$\sum_{i=0}^{2n}\sum_{j=0}^{2n}\langle R_{ij}^2 \rangle \approx \left(\sum_{i=0}^{n}\sum_{j=0}^{n} + \sum_{i=0}^{n}\sum_{j=n}^{2n} + \sum_{i=n}^{2n}\sum_{j=0}^{n} + \sum_{i=n}^{2n}\sum_{j=n}^{2n}\right)\langle R_{ij}^2 \rangle = 2\sum_{i=0}^{n}\sum_{j=0}^{n}\langle R_{ij}^2 \rangle + 2\sum_{i=0}^{n}\sum_{j=n}^{2n}\langle R_{ij}^2 \rangle$$

と近似的に書ける．第 2 辺で $n+1$ からの和にすべきところを，対称性を保持するために n からの和で置き換えた（このときの n は，末端原子ではなく架橋点を表す）．その際の誤差は，$n \gg 1$ ならば無視できる．これから，(11) 式の第 2 式が導かれる．

さらに，$\langle S^2 \rangle_{\text{3-star}}$ を計算する際に現れる二重和は，やはり図のように骨格原子を番号付けすると，

$$\sum_{i=0}^{3n}\sum_{j=0}^{3n}\langle R_{ij}^2 \rangle \approx \left(\sum_{i=0}^{n} + \sum_{i=n}^{2n} + \sum_{i=2n}^{3n}\right)\left(\sum_{j=0}^{n} + \sum_{j=n}^{2n} + \sum_{j=2n}^{3n}\right)\langle R_{ij}^2 \rangle = 3I_1 + 6I_2$$

と近似的に書け（第 2 辺の和の下限に現れる n および $2n$ は，末端原子ではなく架橋点を表す．また，和の上限に現れる n，$2n$，$3n$ は末端原子を表す），これから (11) 式の第 3 式が導出される．

2) (11) 式より (12) 式が得られる（ただし，(11) 式における $\langle S^2 \rangle_{2n}$ と $\langle S^2 \rangle_{\text{3-star}}$ の式の分母で，n に対して 1 を無視する）．

3) $\langle S^2 \rangle_n = \dfrac{1}{6}nl^2$，$\langle S^2 \rangle_{2n} = \dfrac{1}{3}nl^2$ より，

$$\langle S^2 \rangle_{\text{3-star}} = \frac{7}{18}nl^2 = \frac{7}{9}\cdot\frac{1}{6}\cdot 3nl^2 = \frac{7}{9}\langle S^2 \rangle_{3n}$$

よって，収縮因子 g（$=7/9$）は，$f=3$ のときの (4) 式と一致する．

C 3 R_{ij} の分布関数 $P(R_{ij})$ ($0 \leq i < j \leq n$) の規格化定数を A とすると,

$$\int_0^\infty P_r(R_{ij}) \cdot 4\pi R_{ij}^2 \, dR_{ij} = A \left[\frac{2\pi(j-i)(n-j+i)l^2}{3n} \right]^{3/2} = 1 \to A = \left[\frac{3n}{2\pi(j-i)(n-j+i)l^2} \right]^{3/2}$$

これを使い $\langle R_{ij}^2 \rangle$ を計算すると,次式が得られる ($t \equiv j-i$ と置いた).

$$\langle R_{ij}^2 \rangle = \int_0^\infty R_{ij}^2 P_r(R_{ij}) \cdot 4\pi R_{ij}^2 \, dR_{ij} = \frac{(j-i)(n-j+i)}{n} l^2 = \frac{t(n-t)}{n} l^2$$

この式を(3)式に代入して計算を実行すると(Box 5 参照),

$$\langle S^2 \rangle = \frac{1}{2(n+1)^2} \sum_{i=0}^{n} \sum_{j=0}^{n} \langle R_{ij}^2 \rangle = \frac{1}{(n+1)^2} \sum_{i=0}^{n-1} \sum_{j=i+1}^{n} \langle R_{ij}^2 \rangle \approx \frac{l^2}{n^3} \sum_{i=0}^{n-1} \sum_{t=1}^{n-i} t(n-t)$$

$$\approx \frac{l^2}{n^3} \sum_{i=0}^{n-1} \left[\frac{1}{2} n(n-i)^2 - \frac{1}{3}(n-i)^3 \right]$$

$$\approx \frac{l^2}{n^3} \left[\frac{1}{2} n \left(n^3 - 2n \cdot \frac{n^2}{2} + \frac{n^3}{3} \right) - \frac{1}{3} \left(n^4 - 3n^2 \cdot \frac{n^2}{2} + 3n \cdot \frac{n^3}{3} - \frac{n^4}{4} \right) \right] = nl^2 \left(\frac{1}{6} - \frac{1}{12} \right) = \frac{1}{12} nl^2$$

ただし,近似公式 $\sum_{i=0 \text{ or } 1}^{n \text{ or } n-1} i^\alpha \approx n^{\alpha+1}/(\alpha+1)$ を利用した.環状ガウス鎖の $\langle S^2 \rangle$ は,線状ガウス鎖のそれの半分である.

3・3 高分子鎖の排除体積効果

A 1 1) シクロヘキサンは aPS の貧溶媒であり,34.5 ℃ が aPS の Θ 温度となっているので,その温度では排除体積効果はなく,M が大きい領域で $\langle S^2 \rangle / x_w$ が一定値となるから白丸がそれに対応する.一方,トルエンは aPS の良溶媒であり,排除体積効果によりシクロヘキサン中に比べて $\langle S^2 \rangle$ が大きく,M が大きい領域で $\langle S^2 \rangle / x_w \propto M^{0.2}$ となるから黒丸がそれに対応する.

2) x_w が小さくなると,1本の高分子鎖に属する繰返し単位が互いに接触する確率が低くなるため,分子内排除体積効果は重要でなくなる.そのため,両溶媒中でのデータは一致する.ただし x_w が小さいところで排除体積効果が重要でなくなるのは,高分子鎖の剛直性も関係している(3・4節参照).

A 2 (2) 式より,M を減少させても排除体積効果は弱くなるので,分子量を下げると排除体積効果を消すことができる.ただし,問題 A1 の図からわかるように,低分子領域では剛直性の効果が現れるので(3・4節参照),低分子量での $\langle S^2 \rangle / x_w$ が排除体積効果が働かないときの高分子量域でのそれとは必ずしも一致しない.

B 1 3・2節の問題 C3 より,環状屈曲性高分子鎖の広がりは同じ M すなわち n をもつ線状屈曲性高分子鎖よりも小さいので,繰返し単位の密度は高く,したがってそれらが互いに接触する確率が高いので,分子内排除体積効果はより大きい.

C 1 $M \to \infty$ の極限では,$\alpha_S \gg 1$ となり,(2) 式において α_S^3 は α_S^5 に対して無視できるので,$\alpha_S^5 \propto M^{1/2}$,すなわち $\alpha_S \propto M^{1/10}$ となり,(3) 式が得られる.

3・4 屈曲性高分子と剛直性高分子

A 1 例題 2 を参考に,関係式 $q = Cl^2/h$ から,$C = 6.9$ が得られる.これはポリエチレンに

対する $C=6.7$ とほとんど違いがない．すなわち，ポリイソブチレンの側鎖メチル基は，主鎖の内部回転ポテンシャルにほとんど影響を与えていないと考えられる．

A 2 DNA の全長が 3 cm，ヌクレオチド単位当たりのらせんピッチが 0.34 nm なので，塩基対の数は，3×10^7 nm$/0.34$ nm $= 8.8 \times 10^8$.

B 1 重合度 x のポリ(L-アラニン)が α らせん状態をとるときの回転半径 $\langle S^2 \rangle^{1/2}$ は 0.15 nm$\cdot x/\sqrt{12}$ より計算され，$\langle S^2 \rangle^{1/2} = 2.2$ nm ($x = 50$)，43 nm ($x = 1{,}000$)．またランダムコイル状態をとるときの $\langle S^2 \rangle^{1/2}$ は 0.38 nm$\sqrt{9.0x/6}$ より計算され，$\langle S^2 \rangle^{1/2} = 3.3$ nm ($x = 50$)，15 nm ($x = 1{,}000$)．らせんピッチ 0.15 nm がランダムコイル状態の l_u (0.38 nm) よりかなり短いので，低重合度では α らせん状態のほうが広がりが小さい．α らせん状態のランダムコイル状態の $\langle S^2 \rangle^{1/2}$ が一致するのは，$x = 116$ のときである．

B 2 下のグラフのフィッティングより，$q = 100$ nm，$M_\mathrm{L} = 1{,}000$ nm^{-1} が得られる．モノマー単位当たりの経路長は，$200/1{,}000$ nm$^{-1} = 0.2$ nm である．

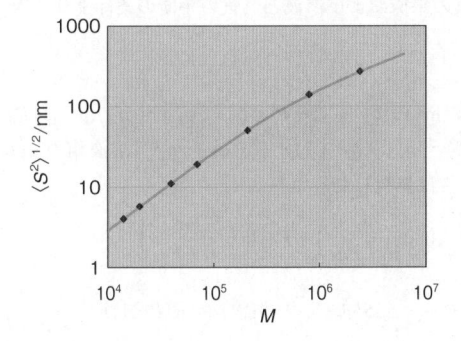

C 1 $L = nl$，$q = l/(1 - \cos\theta)$，あるいは $\cos\theta = 1 - L/qn$ を自由回転鎖の $\langle R^2 \rangle$ の式に代入すると，

$$\langle R^2 \rangle = nl^2 \left[\frac{1 + \cos\theta}{1 - \cos\theta} - \frac{2\cos\theta}{n} \frac{1 - \cos^n\theta}{(1 - \cos\theta)^2} \right] = \frac{nl^2}{1 - \cos\theta} \left[1 + \cos\theta - \frac{2\cos\theta}{n} \frac{1 - \cos^n\theta}{1 - \cos\theta} \right]$$

$$= Lq \left\{ 1 + \cos\theta - \frac{2q}{L} \cos\theta \left[1 - \left(1 - \frac{L}{qn}\right)^n \right] \right\} \xrightarrow{\theta \to 0} Lq \left\{ 2 - \frac{2q}{L} \left[1 - \left(1 - \frac{L}{qn}\right)^n \right] \right\}$$

さらに，$t \equiv -qn/L$ とおくと，$(1 - L/qn)^n = [(1 + 1/t)^t]^{-L/q}$ なので，

$$\lim_{\substack{\theta \to 0 \\ n \to \infty}} \langle R^2 \rangle = Lq \left(2 - \frac{2q}{L} \left\{ 1 - \left[\lim_{t \to -\infty} \left(1 + \frac{1}{t}\right)^t \right]^{-L/q} \right\} \right) = Lq \left[2 - \frac{2q}{L}(1 - e^{-L/q}) \right]$$

C 2 このポリペプチドは，結合長が $100h$ の 2 本のらせん部分と結合長が l_u のコイル部分の 300 本の結合からなり，すべての結合間に向きの相関がないので，3・1 節の (2) 式右辺の異なる結合間の内積はすべてゼロとなる．したがって，この式は次のように書ける．

$$\langle R^2 \rangle = \sum_{i=1}^{302} l_i^2 = 2 \cdot (100h)^2 + 3 \cdot 100 l_\mathrm{u}^2$$

これに，$h = 0.15$ nm，$l_\mathrm{u} = 0.38$ nm を代入すると，$\langle R^2 \rangle^{1/2} = 22$ nm．これに対して完全らせんと完全コイルの $\langle R^2 \rangle^{1/2}$ は，それぞれ 75 nm と 8.5 nm となる．

3・5 高分子溶液の熱力学的性質

A 1 1) (2) 式を少し変形して，$\Delta_m G = RT[n_1 \ln(1-\phi_2) + n_2 \ln \phi_2 + \chi n_1 \phi_2]$ とし，(3) 式から ϕ_2 が n_1 に依存することに注意して，n_1 で微分する．

$$\frac{\mu_1 - \mu_1^\circ}{RT} = \left(\frac{\partial}{\partial n_1}\frac{\Delta_m G}{RT}\right)_{n_2} = \ln(1-\phi_2) - \frac{n_1}{1-\phi_2}\left(\frac{\partial \phi_2}{\partial n_1}\right)_{n_2} + \frac{n_2}{\phi_2}\left(\frac{\partial \phi_2}{\partial n_1}\right)_{n_2} + \chi \phi_2 + \chi n_1 \left(\frac{\partial \phi_2}{\partial n_1}\right)_{n_2}$$

$$= \ln(1-\phi_2) + (1-P^{-1})\phi_2 + \chi \phi_2^2$$

ただし，$(\partial \phi_2/\partial n_1)_{n_2} = -\phi_2/(n_1 + Pn_2)$．

2) 同様に，(3) 式から ϕ_2 が n_2 にも依存することに注意して，$\Delta_m G$ を n_2 で微分する．

$$\frac{\mu_2 - \mu_2^\circ}{RT} = \left(\frac{\partial}{\partial n_2}\frac{\Delta_m G}{RT}\right)_{n_1} = \frac{-n_1}{1-\phi_2}\left(\frac{\partial \phi_2}{\partial n_2}\right)_{n_1} + \ln \phi_2 + \frac{n_2}{\phi_2}\left(\frac{\partial \phi_2}{\partial n_2}\right)_{n_1} + \chi n_1 \left(\frac{\partial \phi_2}{\partial n_2}\right)_{n_1}$$

$$= \ln \phi_2 - (P-1)(1-\phi_2) + \chi P(1-\phi_2)^2$$

ただし，$(\partial \phi_2/\partial n_2)_{n_1} = P(1-\phi_2)/(n_1 + Pn_2)$．

3) 純溶媒と蒸気の平衡および溶液と蒸気の平衡の条件より，次の二つの式が成立する．

$$\mu_1^\circ = \mu_{1,v}^\circ(p^\circ)$$

$$\mu_1 = \mu_1^\circ + RT[\ln(1-\phi_2) + (1-P^{-1})\phi_2 + \chi \phi_2^2] = \mu_{1,v}^\circ(p^\circ) + RT \ln(p/p^\circ)$$

これらより，$\ln(p/p^\circ) = \ln(1-\phi_2) + (1-P^{-1})\phi_2 + \chi \phi_2^2$（溶液相の μ_1 は圧力に鈍感なので上式の μ_1° の圧力依存性は無視した）．

A 2 1) $\Delta_m S = -R\left[n_1 \ln\left(\frac{n_1}{n_1 + Pn_2}\right) + Pn_2 \ln\left(\frac{Pn_2}{n_1 + Pn_2}\right)\right]$

2) $\Delta_m S(\text{高分子溶液}) - \Delta_m S(\text{モノマー溶液}) = R(P-1)n_2 \ln\left(\frac{Pn_2}{n_1 + Pn_2}\right)$

$$= R(P-1)n_2 \ln \phi_2$$

体積分率<1 より，上式の対数は負の値をとり，重合により $\Delta_m S$ は減少する．

A 3 $\Delta_m S(\text{高分子溶液}) = -R\left[P_1 n_1 \ln\left(\frac{P_1 n_1}{P_1 n_1 + P_2 n_2}\right) + n_2 \ln\left(\frac{P_2 n_2}{P_1 n_1 + P_2 n_2}\right)\right]$

高分子ブレンドの $\Delta_m S$ では，上式右辺の括弧内第 1 項が $n_1 \ln[P_1 n_1/(P_1 n_1 + P_2 n_2)]$ で，高分子溶液の $\Delta_m S$ のほうが大きくなる．$\Delta_m S$ の観点からは，2 種類の低分子＞低分子と高分子＞2 種類の高分子の順に溶解性が高いといえる．

B 1 $A_2 = \frac{N_A u}{2M^2} \propto \frac{\langle S^2 \rangle^{3/2}}{M^2} \propto \frac{M^{1.8}}{M^2} \propto M^{-0.2}$

C 1 まず，1 番目の高分子鎖の片末端の 1 番目のモノマー単位を L 個ある格子部屋に配置する場合の数は L，隣の 2 番目のモノマー単位の配置数は z（最近接格子点数），3 番目のモノマー単位の配置数は $z-1$（最近接格子点のうちの一つは 1 番目のモノマー単位で占められている）．同様にして，1 番目の高分子鎖の配置数 $\omega_1 = Lz(z-1)^{P-2}$．$i-1$ 番目の高分子鎖まで格子に配置された後に，i 番目の高分子鎖を格子に配置する場合の数は，

$$\omega_i = [L-(i-1)P]z(z-1)^{P-2}f_i^{P-1}$$

ただし，f_i は $i-1$ 番目の高分子鎖まで格子に配置された時点で格子部屋が空いている確率

で, $f_i = [L-(i-1)P]/L$ で近似される. 以上より, N_2 本の高分子鎖の全配置数は,

$$\Omega = \prod_{i=1}^{N_2} \omega_i = \left[\frac{z(z-1)^{P-2}}{L^{P-1}}\right]^{N_2} \prod_{i=1}^{N_2} [L-(i-1)P]^P$$

上式の対数を取って,和を積分で近似すると,

$$\ln \Omega = N_2 \ln\left[\frac{z(z-1)^{P-2}}{L^{P-1}}\right] + \sum_{i=1}^{N_2} P \ln[L-(i-1)P] = N_2 \ln\left[\frac{z(z-1)^{P-2}}{L^{P-1}}\right] + P\sum_{x=0}^{N_2-1} \ln(L-Px)$$

$$\approx N_2 \ln[z(z-1)^{P-2}] - N_2(P-1)\ln L + \int_0^{N_2-1} P \ln(L-Px)\,dx \quad (x \equiv i-1)$$

積分公式 $\int P \ln(L-Px)\,dx = (L-Px)[1-\ln(L-Px)]$ を利用して計算を進めると ($N_2 \gg 1$ とする),

$$\ln \Omega \approx N_2 \ln[z(z-1)^{P-2}] + (N_1+N_2)\ln L - N_1 \ln N_1 - PN_2$$

また,$\ln \Omega_2 \equiv \lim_{N_1 \to 0} \ln \Omega \approx N_2 \ln[z(z-1)^{P-2}] + N_2 \ln(PN_2) - PN_2$ なので,最終的に次式を得る ($\ln \Omega_1 \equiv \lim_{N_2 \to 0} \ln \Omega = 0$).

$$\Delta_m S = k_B(\ln \Omega - \ln \Omega_1 - \ln \Omega_2) = (N_1+N_2)\ln L - N_1 \ln N_1 - PN_2 - N_2 \ln(PN_2) + PN_2$$
$$= (N_1+N_2)\ln L - N_1 \ln N_1 - N_2 \ln(PN_2) = -N_1 \ln \phi_1 - N_2 \ln \phi_2$$

3・6 高分子溶液の相平衡

A 1 問題の曲線は,図2に示した3曲線のようになる.

A 2 高分子溶液の凝固点を $T_f + \Delta T_f$ とすると,例題1と同様にして次式を得る.

$$\Delta T_f \approx \frac{RT_f^2}{\Delta \overline{H}_{\text{melt}}^\circ}[\ln(1-\phi_2) + (1-P^{-1})\phi_2 + \chi \phi_2^2]$$

ここで,$\Delta T_f \ll T_f$ と仮定した.

A 3 結晶相でのモノマー単位の化学ポテンシャル μ_u^c は,

$$\mu_u^c = \mu_u^\circ - \Delta \overline{H}_c(1-T/T_m^\circ)$$

で与えられる.融点 $T = T_m$ では高分子溶液と高分子結晶が相平衡しているので,

$$\mu_u^\circ - \Delta \overline{H}_c(1-T_m/T_m^\circ) = \mu_u^\circ + RT_m[P^{-1}\ln \phi_2 - (1-P^{-1})(1-\phi_2) + \chi(1-\phi_2)^2]$$

これを変形すれば,次式が得られる.

$$1/T_m - 1/T_m^\circ = (R/\Delta \overline{H}_c)[(1-P^{-1})(1-\phi_2) - \chi(1-\phi_2)^2 - P^{-1}\ln \phi_2]$$

B 1 高分子ブレンドの $\Delta_m G$ は,次式で与えられる.

$$\Delta_m G = RT(n_1+n_2)[(1-\phi_2)\ln(1-\phi_2) + \phi_2 \ln \phi_2 + \chi P(1-\phi_2)\phi_2]$$

この関数は,$\phi_2 = 0.5$ を中心に左右対称なので,共通接線は水平線となる.すなわち,ϕ_A と ϕ_B は次の方程式の解として与えられる.

$$\frac{1}{RT(n_1+n_2)}\left(\frac{\partial \Delta_m G}{\partial \phi_2}\right)_{n_1+n_2} = \ln\left(\frac{\phi_2}{1-\phi_2}\right) + \chi P(1-2\phi_2) = 0$$

適当に選んだ ϕ_2 から上式を使って対応する χ を求め,縦軸が χ で横軸が ϕ_2 のグラフを描く ($\phi_2 = 0.5$ のときは上式から χ を計算できないが,0.5 に近い値については計算できる).重合度が異なる高分子ブレンドや高分子溶液の場合には,共通接線の傾きがゼロではないので,双交曲線の計算は,より複雑になる (問題 C2 参照).

B 2 まず，$\Delta_m G$ を次のように書き，$n_1 + Pn_2$ 一定の条件下で，ϕ_2 に関して微分する．

$$\Delta_m G = (n_1 + Pn_2)RT\left[(1-\phi_2)\ln(1-\phi_2) + \frac{\phi_2}{P}\ln\phi_2 + \chi(1-\phi_2)\phi_2\right] \tag{14}$$

$$\left(\frac{\partial \Delta_m G}{\partial \phi_2}\right)_{n_1+Pn_2} = (n_1+Pn_2)RT\left[-\ln(1-\phi_2) - 1 + \frac{1}{P}(1+\ln\phi_2) + \chi(1-2\phi_2)\right] \tag{15}$$

$$\left(\frac{\partial^2 \Delta_m G}{\partial \phi_2^2}\right)_{n_1+Pn_2} = (n_1+Pn_2)RT\left(\frac{1}{1-\phi_2} + \frac{1}{P\phi_2} - 2\chi\right) \tag{16}$$

$$\left(\frac{\partial^3 \Delta_m G}{\partial \phi_2^3}\right)_{n_1+Pn_2} = (n_1+Pn_2)RT\left[\frac{1}{(1-\phi_2)^2} - \frac{1}{P\phi_2^2}\right] \tag{17}$$

(16) 式と (17) 式がゼロとなる ϕ_2 と χ は，

$$\phi_{2c} = 1/(1+\sqrt{P}), \quad \chi_c = \frac{1}{2}\left(1+\frac{1}{\sqrt{P}}\right)^2$$

である．

C 1 前問の (15) 式を利用して図中の切片 x の値を求めると，

$$\Delta_m G - \phi_2\left(\frac{\partial \Delta_m G}{\partial \phi_2}\right)_{n_1+Pn_2} = (n_1+Pn_2)RT[\ln(1-\phi_2) + (1-P^{-1})\phi_2 + \chi\phi_2^2] = (n_1+Pn_2)(\mu_1 - \mu_1^\circ)$$

また，図中の切片 y の値は，

$$\Delta_m G + (1-\phi_2)\left(\frac{\partial \Delta_m G}{\partial \phi_2}\right)_{n_1+Pn_2} = (n_1+Pn_2)RT\left[\frac{1}{P}\ln\phi_2 - \frac{P-1}{P}(1-\phi_2) + \chi(1-\phi_2)^2\right]$$

$$= \frac{n_1+Pn_2}{P}(\mu_2 - \mu_2^\circ)$$

C 2 まず，(11) 式の後の式から次式が得られ，

$$\frac{1}{P}\ln\left(\frac{\phi_B}{\phi_A}\right) + (\phi_B - \phi_A)(1-P^{-1}) - 2\chi(\phi_B - \phi_A)\left[1 - \frac{1}{2}(\phi_B + \phi_A)\right] = 0 \tag{18}$$

これを変形して，(12) 式の後の式が得られる．また，(11) 式の前の式から次式が得られ，

$$\ln\left(\frac{1-\phi_B}{1-\phi_A}\right) + (1-P^{-1})(\phi_B - \phi_A) + \chi(\phi_B - \phi_A)(\phi_B + \phi_A) = 0 \tag{19}$$

(18) 式と (19) 式から，χ を消去すると次の式が得られる．

$$\left[1 - \frac{1}{2}(\phi_B + \phi_A)\right]\ln\left(\frac{1-\phi_B}{1-\phi_A}\right) + (\phi_B - \phi_A) = -\frac{\phi_B + \phi_A}{2P}\ln\left(\frac{\phi_B}{\phi_A}\right) + \frac{\phi_B - \phi_A}{P} \tag{20}$$

$$\frac{\phi_A^3(\gamma-1)^3}{12[1-\phi_A(1-\gamma)]} \approx \frac{\phi_A}{2P}(\gamma+1)\ln\gamma - \frac{\phi_A}{P}(\gamma-1) \equiv \frac{h}{12}\phi_A \tag{21}$$

(21) 式には，問題で与えられた近似式を利用した．この式は次の 2 次方程式となり，

$$(\gamma-1)^3\phi_A^2 + (1-\gamma)h\phi_A - h = 0$$

これを解くと，(12) 式の前の式が得られる．

(12) 式を使い，与えられた P と γ から ϕ_A，χ，および $\phi_B = \gamma\phi_A$ を計算する．さらに，χ と T の関係を使えば，T と ϕ_A および ϕ_B の関係が得られ，双交曲線が描ける．

3・7 高分子鎖からの光散乱

A 1 光学定数は, $K = 4\pi^2 \times 1.5^2 \times 0.10^2 / [6.02 \times 10^{23} \times (633 \times 10^{-7})^4]$ cm^2 mol g^{-2} = 9.19 × 10^{-8} cm^2 mol g^{-2}. これを使って Kc/R_θ を計算すると, 右のグラフが得られる.

切片 $(=1/M) = 1.50 \times 10^{-6}$ mol g^{-1} より $M = 6.67 \times 10^5$, 傾き $(=\langle S^2 \rangle/3M) = 2.04 \times 10^{-4}$ mol nm^2 g^{-1} より $\langle S^2 \rangle^{1/2} = 20$ nm が得られる. (注:(4) 式から M を求めると, g mol^{-1} という単位をもつので, 厳密には M は分子量ではなくモル質量である. これから単位を除いた数値が分子量となる).

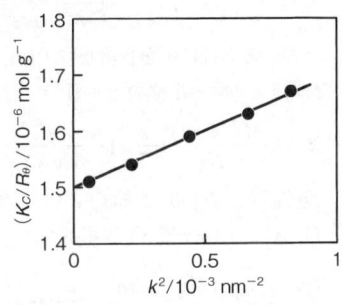

A 2 $c=0$ における三つの直線の共通切片が 3.10×10^{-8} mol g^{-1} なので, $M = 1/(3.10 \times 10^{-8}) = 3.23 \times 10^7$. それぞれの直線の傾斜が $2A_2$ となるので,

A : $A_2 = 2.9 \times 10^{-5}$ cm^3 mol g^{-2}
B : $A_2 = 0$
C : $A_2 = -1.3 \times 10^{-5}$ cm^3 mol g^{-2}

B 1 (4) 式から, 濃度が c_i の成分 i のみを含む溶液の過剰レイリー比は,

$$R_\theta = Kc_i M_i \left(1 - \frac{1}{3}\langle S^2\rangle_i k^2\right)$$

で与えられる (ただし, k^4 の項を無視した). また,

$$c_i = \frac{M_i N_i}{N_A V} = c \frac{M_i N_i}{\sum_i M_i N_i}$$

と書ける. 多分散試料溶液の R_θ が各成分の散乱強度の総和であることを用いて,

$$R_\theta = Kc \frac{\sum_i M_i^2 N_i \left(1 - \frac{k^2}{3}\langle S^2\rangle_i\right)}{\sum_j M_j N_j} = Kc \left(\frac{\sum_i M_i^2 N_i}{\sum_j M_j N_j} - \frac{k^2}{3} \frac{\sum_i \langle S^2\rangle_i M_i^2 N_i}{\sum_j M_j N_j} \right)$$

$$= KcM_w \left(1 - \frac{k^2}{3} \frac{\sum_i M_i^2 \langle S^2\rangle_i N_i}{\sum_j M_j^2 N_j}\right) = KcM_w \left(1 - \frac{k^2}{3} \frac{\sum_i w_i M_i \langle S^2\rangle_i}{M_w}\right)$$

z 平均分子量との類推から, $\langle S^2\rangle_z \equiv M_w^{-1} \sum_i w_i M_i \langle S^2\rangle_i$ を z 平均二乗回転半径と呼ぶ.

C 1 溶液は等方的なので, (12) 式中の $S_j - S_l$ は溶液中で任意の向きを等確率で向いている. この $S_j - S_l$ を R_{lj} と書くと, 右図のように z 軸を k の方向に選んだ極座標 $(R_{lj}, \tilde\theta, \phi)$ で表したときに関数 $\exp(\mathrm{i}\,\boldsymbol{k}\cdot\boldsymbol{R}_{lj}) = \exp(\mathrm{i}\,kR_{lj}\cos\tilde\theta)$ の R_{lj} の向きに関する等方平均は, $\langle\exp(\mathrm{i}\,kR_{lj}\cos\tilde\theta)\rangle_{\tilde\theta,\phi} = (\sin kR_{lj})/(kR_{lj}) = 1 - (kR_{lj})^2/6 + \cdots$ で与えられる (注: Box 4 の"極座標"参照).

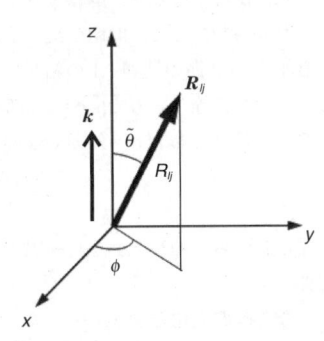

したがって，(12) 式は，

$$I_1 = \left(\frac{2\pi}{\lambda}\right)^4 \frac{\alpha_0^2 I^\circ}{r^2} \left[(n+1)^2 - \frac{k^2}{6}\sum_{l=0}^{n}\sum_{j=0}^{n}\langle R_{lj}^2\rangle + \cdots\right]$$

と書ける．(7) 式を利用して，(8)，(9) 式と同様に変形する（$\alpha_0 = (M_0/2\pi N_A)\tilde{n}_0(\partial\tilde{n}/\partial c)$；$M_0$ はモノマー単位のモル質量）．

$$R_\theta = K\frac{M_0^2(n+1)^2}{N_A}\frac{N}{V}\left[1 - \frac{k^2}{6(n+1)^2}\sum_{l=0}^{n}\sum_{j=0}^{n}\langle R_{lj}^2\rangle + \cdots\right] = KcM\left[1 - \frac{k^2}{6(n+1)^2}\sum_{l=0}^{n}\sum_{j=0}^{n}\langle R_{lj}^2\rangle + \cdots\right]$$

が得られる．3・2 節の (3) 式を使うと，上式から (4) 式が得られる．ただし，$(1-x)^{-1} = 1 + x + \cdots$ を利用した．

(注：$\langle \exp(\mathrm{i}\,kR_{lj}\cos\tilde{\theta})\rangle_{\tilde{\theta},\phi} = \frac{1}{4\pi}\int_0^\pi \sin\tilde{\theta}\,\mathrm{d}\tilde{\theta}\int_0^{2\pi}\mathrm{d}\phi\,\exp(\mathrm{i}\,kR_{lj}\cos\tilde{\theta})$

$= \frac{1}{2}\int_0^\pi \exp(\mathrm{i}\,kR_{lj}\cos\tilde{\theta})\sin\tilde{\theta}\,\mathrm{d}\tilde{\theta} = \frac{1}{2}\int_{-1}^{1}\exp(\mathrm{i}\,kR_{lj}x)\,\mathrm{d}x = \frac{1}{2}\left[\frac{\exp(\mathrm{i}\,kR_{lj}x)}{\mathrm{i}\,kR_{lj}}\right]_{-1}^{1}$

$= \frac{\exp(\mathrm{i}\,kR_{lj}) - \exp(-\mathrm{i}\,kR_{lj})}{2\mathrm{i}\,kR_{lj}} = \frac{\sin(kR_{lj})}{kR_{lj}}$

ただし，途中 $x \equiv \cos\tilde{\theta}$ （$\mathrm{d}x = -\sin\tilde{\theta}\,\mathrm{d}\tilde{\theta}$）と置いた）．

3・8 高分子鎖の溶液中での流体力学的性質

A 1 $c=0$ のときの流下時間を t_0 とおき，$(t/t_0 - 1)/c = (\eta/\eta_0 - 1)/c$ より縦軸の値を計算し，c に対してプロットすると右のグラフが得られる．

このグラフの切片より $[\eta] = 100$ cm^3 g^{-1} が，また傾き $4,000$ cm^6 g^{-2} より $k' = 0.40$ が得られる．

A 2 (3) 式に与えられたパラメーター値を代入すると，$\Phi = 0.91 \times 10^{23}$ mol^{-1} が得られる．また，(6) 式に与えられたパラメーター値を代入すると，$R_H = 22$ nm が得られ，$\rho = 2.1$ となる．Φ はガウス鎖に対する値よりもかなり小さく，ρ はかなり大きい．これから判断して，問題の高分子はかなり剛直な高分子であると考えられる．

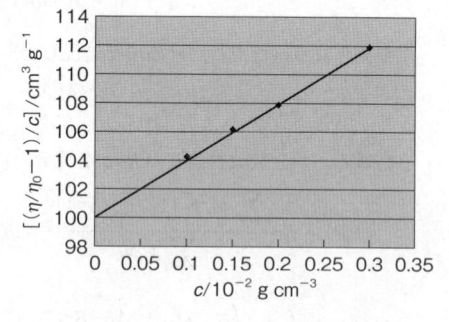

B 1 3・2 節の問題 A1 の結果から，半径が R の球の回転半径は $\sqrt{3/5}\,R$ であり，球の R_H は半径に等しいので，$\rho = \sqrt{3/5}$ となる．

C 1 濃度分布 $c(x) = A(t)\cos(kx)$ を拡散方程式 (9) に代入すると，

$$\frac{\partial A(t)}{\partial t}\cos(kx) = -A(t)Dk^2\cos(kx)$$

これから，$A(t) = A\exp(-Dk^2 t)$ が得られる．すなわち，濃度分布は，

$$c(x) = Ae^{-Dk^2 t}\cos(kx)$$

なる時間変化をする．

3・9 分子量測定法

A 1 1）MALDI–MS の信号強度は分子数に比例するので表の規格化信号強度はモル分率に相当する．したがって，表の i 行目の分子量を M_i，モル分率を n_i とすると，

$$M_\mathrm{n} = \sum_i M_i n_i = 1106, \quad M_\mathrm{w} = \sum_i M_i^2 n_i \Big/ \sum_i M_i n_i = 1127$$

となる．

2）濃度検出器からの規格化信号強度はそれぞれの高分子成分の重量分率 w_i に相当する．したがって，

$$M_\mathrm{n} = \left[\sum_i (w_i/M_i)\right]^{-1} = 1084, \quad M_\mathrm{w} = \sum_i M_i w_i = 1106$$

となる．

A 2 ガウス鎖では $\langle S^2 \rangle \propto M$ なので，3・8 節の (3) 式より $[\eta] \propto \langle S^2 \rangle^{3/2}/M \propto M^{0.5}$ となり，排除体積効果を受けた屈曲性高分子では $\langle S^2 \rangle \propto M^{1.2}$ なので，$[\eta] \propto \langle S^2 \rangle^{3/2}/M \propto M^{0.8}$ となる．すなわち，前者では $a = 0.5$，後者では $a = 0.8$ となる．この予想は，実験でほぼ成立することが確かめられている．

B 1 4 本腕の星型高分子の g 因子は，3・2 節の (4) 式から $g = (3 \times 4 - 2)/4^2 = 0.625$ となり，例題 3 の結果を利用すると，4 本腕の星型高分子の真の分子量は 1×10^5 となる．

B 2 $R_\mathrm{H} = 8$ mm の成分の分子量 M_1 は 3.51×10^4，30 nm の成分の分子量 M_2 は 3.17×10^5，100 nm の成分の分子量 M_3 は 2.36×10^6 と求められる．j 成分の質量を W_j とし，その成分の散乱強度 I_j との間に $W_j = aI_j/M_j$ なる関係（ただし，a は比例定数）があることを利用すると，j 成分の重量分率 $w_j = W_j / \sum_j W_j$ は，

$$w_j = (I_j/M_j) \Big/ \sum_j (I_j/M_j)$$

となる．したがって，それぞれの成分の重量分率は 0.65，0.18，0.17 となる．

C 1 高分子試料の分子量分布を重量分率に関する確率密度関数 $w(M)$ で表し，分子量 M の固有粘度を $[\eta](M)$ と記すと，この試料の固有粘度は次のように書ける．

$$[\eta] = \int_0^\infty [\eta](M) w(M) \mathrm{d}M = K \int_0^\infty M^a w(M) \mathrm{d}M$$

これを改めて，粘度平均分子量 M_v を使って $[\eta] = K M_\mathrm{v}^a$ と書くと，M_v は，

$$M_\mathrm{v} = \left(\int_0^\infty M^a w(M) \mathrm{d}M\right)^{1/a}$$

と書ける．この M_v は，$a = 1$ のときに重量平均分子量と一致する．

4. 高分子の構造

4・1 回折・散乱実験

A 1 A：$2d \sin \theta = \lambda$，B：$\Delta d = -d \cdot \cot \theta \cdot \Delta \theta$（A の両辺を微分すると $\Delta d \cdot \sin \theta + d \cdot \cos \theta \cdot \Delta \theta$

=0), C：$\sigma = E\varepsilon$, D：$-E\cot\theta$, E：応力直列, F：F/A, G：平面ジグザグ型（全トランス型）, H：らせん構造, I：メチル, J：立体反発, K：（アモルファス）ハロー, L：結晶化度, M：$1/\rho_{obd} = (X_c/\rho_{cr}) + (1-X_c)/\rho_{am}$, N：局所, O：ラマンスペクトル, P：双極子モーメント, Q：分極率, R：相互禁制

B 1 1）Polanyi の式を用いる．第一層線と赤道線との間の仰角 f は $\tan\phi = y/R = 6.4/50 = 0.128$ より，$\phi = 7.29$ 度．$\sin\phi = 0.127$ であるから，$I\sin\phi = 1\times 0.154$ より，$I = 1.21$ nm．

2）ジグザグ鎖を仮定すると，このポリマーは 2 モノマーで 1 繊維周期をつくる．CC 結合距離 $\times \sin(112/2) = 0.153 \times 0.829 = 0.127$ nm．$I = 0.127 \times 10 = 1.27$ nm．実測値とほとんど同じであり，このポリマーが室温で平面ジグザグ型を取っていると推定される．

4・2 顕微鏡観察

A 1 1）単結晶の面に垂直に電子線照射．
(200), (100), (020) 赤道線反射のみ観測 $\longrightarrow$ 斜方晶であるから c 軸が結晶面に垂直

2）

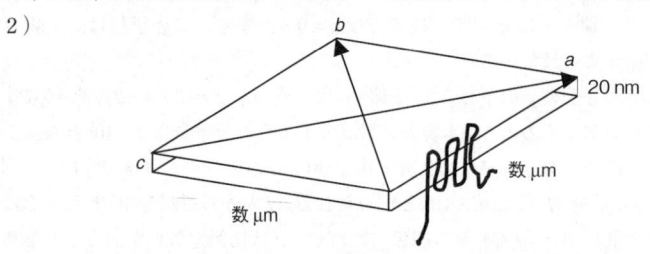

① 電子線を単結晶面に垂直に入射させ，回折パターンを測定したところ，a, b 軸に関する反射のみが観測され，c 軸が単結晶板面に垂直であることが判明した．
② 分子量 10 万は 900 nm の長さにほぼ対応する．c 軸方向の厚さが 20 nm であるから，分子鎖は折れたたまれていると推定される．

4・3 ポリオレフィン

A 1 Ziegler–Natta 触媒によって重合されたポリエチレンは，高圧法で重合されたポリエチレンよりも分岐が非常に少なく直鎖状の構造をしており，"高密度ポリエチレン (HDPE)" として知られている．分岐が少ないことから，結晶化度は非常に高く，結晶のサイズも大きく，融点が高い．Ziegler–Natta 触媒によって重合されたポリエチレンは，高圧法で重合されたポリエチレンよりも高密度であるだけでなく，硬く丈夫であるため，機械強度や剛性に優れており，フィルムやパイプなどに用いられている．

B 1 "折りたたみ鎖結晶" は通常の結晶化条件で観測される．たとえば，溶融体を静置場（特に外場がない状態）で結晶化させたとき，光学顕微鏡では球晶が観察される．球晶は折りたたみ鎖結晶がラメラとなり，3 次元で等方的に成長したものである．また，希薄溶液から非常にゆっくりと結晶化させた場合，高分子の単結晶が得られる．このようにして得られたラメラや単結晶の厚みは 10～100 nm 前後であり，ポリエチレンの分子の長さよりもずっと短い．そのため，ラメラや単結晶の中では高分子鎖は折りたたまれた "折りたた

み鎖結晶"からなっている．一方，"伸びきり鎖結晶"は折りたたまれずに結晶格子に入るとエントロピーが減少するため，一般的にはほとんど観測されず，超高圧下などの強い外場中で結晶化させた際に観測される．この場合，結晶中で伸びきった鎖が存在しており，その弾性率や強度は非常に高い．

B2 "イソタクチックポリプロピレン (iPP)"，"シンジオタクチックポリプロピレン (sPP)"，"アタクチックポリプロピレン (aPP)"の三つである．このうち aPP については，主鎖からメチレン基がランダムに出ているため結晶化せず，室温では透明で粘性の高いゴム状の物質となる．理論的には，完全なシンジオタクチック体とイソタクチック体を比べた場合，トランスコンホメーションをとりやすいシンジオタクチック体，すなわち sPP のほうが理論的には融点が高くなると考えられる．

■解　説■　分子構造から考えると融点は sPP>iPP>aPP になるはずである．しかし，実際の高分子では Ziegler-Natta 触媒で重合可能な iPP のほうがメタロセン触媒で重合する sPP より融点が高いことが知られている．今後，メタロセン触媒のさらなる発展により，高い融点をもつ sPP が開発できることが期待されている．

C1 イソタクチックポリプロピレンが全トランスコンホメーションをとると側基のメチレン鎖は同じ方向に出る．全トランスコンホメーションになるのは立体障害から考えると非常に不利なため，立体障害を解消するためトランスとゴーシュが交互になったコンホメーション，すなわちらせん構造をとる．らせん構造は，側基部分がらせんの外を向いている．

C2 LLDPE の短鎖分岐は，おもに固体物性に影響する．短鎖分岐が多いと，結晶ラメラに入れない部分が増加し，ラメラの厚みが減少する．そのため，密度が低下して柔軟性が高まるとともに，融点が低くなるため，フィルムやラミネート製品の熱シールが容易となる．また，短鎖分岐は結晶成長速度を阻害する要因であり，μm オーダーの球晶が生成し，結晶構造が小さくなるため透明性が高くなる．

一方，LLDPE の長鎖分岐はおもに溶融物性に影響する．長鎖分岐の存在によってせん断流動下での溶融粘度が低下するため，成形加工時の押出負荷を軽減することができる．また，伸長流動下の溶融張力が増大するため，インフレーション成形やラミネート成形における製膜安定性が向上する．

4・4　エンジニアリングプラスチック

A1 芳香族ポリアミド（カプトン）の分子構造は下記の通りである．

ポリイミドは芳香環同士がイミド結合によって直接結合しており，鎖全体に広がる共役構造を取るため，剛直で強固な構造をもつ．また，芳香環が同一平面に配列して分子鎖が互

いに密にパッキングされる．さらに，極性の高いイミド結合が強い分子間力をもつことから，分子鎖間の結合力も強固であるため，非常に高強度，高耐熱性である．

B 1　アラミドとナイロン（ポリアミド 6）の分子構造は下記の通りである．

$$\left(N \!\!-\!\! \underset{H}{\overset{H}{}}\!\!-\!\!\bigcirc\!\!-\!\!N\!\!-\!\!\underset{O}{\overset{H}{}}\!\!C\!\!-\!\!\bigcirc\!\!-\!\!\underset{}{\overset{O}{}}\!\!C\!\! \right)_n \qquad \left(\!\!\!-\!\!NH(CH_2)_5CO\!-\!\!\!\right)_n$$

アラミド　　　　　　　　　　　　　　　　ポリアミド 6

　ポリアミドについては，NH と CO の間で強い水素結合が働くため，一般的に融点が高いことが知られている．特に，アラミドは主鎖に非常に剛直な芳香環をもっており，また芳香環の存在による共役構造のため分子鎖間で非常に強い相互作用があり，密にパッキングされやすいと考えられる．一方，ナイロンの場合，アミド結合間はメチレン鎖で繋がれており，柔軟である．水素結合以外の相互作用は存在しないため，アラミドに比べると融点が低くなる傾向がある．

C 1　**ヒント**：エンプラとしては五大エンプラと呼ばれるポリアセタール（POM），ポリアミド（PA），ポリブチレンテレフタレート（PBT），ポリカーボネート（PC），変性ポリフェニレンエーテル（m-PPE）のほかにも，ガラス繊維強化ポリエチレンテレフタレート（GF-PET），超高分子量ポリエチレン（UHMWPE）シンジオタクチックポリスチレン（sPS）などが挙げられる．スーパーエンプラについては非晶ポリアリレート（aPAR），ポリスルホン（PSU），ポリエーテルスルホン（PESU），ポリフェニレンスルフィド（PPS），ポリエーテルエーテルケトン（PEEK），ポリイミド（PI），ポリエーテルイミド（PEI），フッ素樹脂（PTFE），液晶ポリマー（LCP）などがあり，このほかにも多くの共重合体がある．

4・5　結晶の熱的性質

A 1　高分子結晶の場合，一部の結晶は小さくて不完全である．融点は結晶の大きさ（厚み）に依存するため，不完全な結晶が低い温度で融解し，その後大きな結晶が融解することが起こる．そのため吸熱ピークは幅広くなる．

B 1　融解エンタルピーについて：高分子を構成する原子やモノマー間の相互作用に大きな影響を受ける．たとえば，ファンデルワールス力，双極子-双極子相互作用，水素結合，イオン結合などで変化する．

　融解エントロピーについて：高分子の体積変化やコンホメーション変化により変化する．

　また，それぞれの構造は，次ページに示すように表すことができる．ポリテトラフルオロエチレンは電気陰性度が高いフッ素原子が主鎖にあるため，相互作用は小さく融解エンタルピーは非常に低いが，水素原子に比べてフッ素原子は巨大なので，主鎖の自由な回転が制限を受けて，とりうるコンホメーションが非常に少なくなっている．そのため融解エントロピーは最も小さくなっており融点が最も高くなると考えられる．一方，ポリエチレ

ンオキシドは，酸素原子が存在し，静電的相互作用は大きく融解エンタルピーは最も大きいが，C-O-C の直線性が高く，比較的柔軟でコンホメーションが変化しやすいため，融解エントロピーも非常に大きくなっており，融点が下がると考えられる．

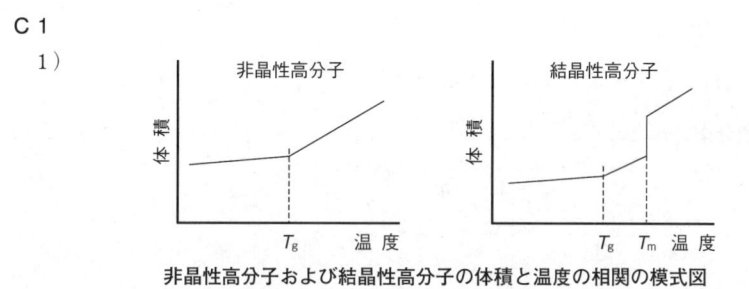

$$\left(\begin{array}{c}FF\\-C-C-\\FF\end{array}\right)_n \qquad \left(\begin{array}{c}HH\\-C-C-\\HH\end{array}\right)_n \qquad H-\left(O-\begin{array}{c}HH\\C-C-\\HH\end{array}\right)_n-OH$$

ポリテトラフルオロエチレン　　ポリエチレン　　ポリエチレンオキシド

C 1

1）

非晶性高分子および結晶性高分子の体積と温度の相関の模式図

2）結晶性高分子では，高分子が液体状態から規則的な配列を取る結晶状態への一次相転移が起こると考えられる．そのため，体積は不連続に変化する．一方，非晶性高分子では分子運動が凍結することにより固化が起こるため，体積は連続的に変化する．結晶性高分子であっても通常の条件では，結晶化度は 100％にならないので，結晶化しなかった非晶領域におけるガラス転移が観測される．

4・6 結晶化現象

A 1 昇温過程においては，高分子の微結晶の融解および再結晶が起こる．また，融点は結晶の大きさに依存するため，比較的大きな結晶の融点は高くなる．

降温過程においては，高分子が長い鎖状であるため核生成が阻害され，過冷却度が小さい間は結晶核生成速度が非常に遅い．それゆえ，高分子の結晶成長が観測されるためには比較的大きな過冷却度が必要となり，通常の融点よりもずっと低い温度に結晶化温度が観測される．

B 1 過冷却度が小さい融点近傍においては，分子鎖の易動度は高いが，分子運動が激しいことから，特に核形成が阻害されていると考えられる．そのため，高温領域では結晶成長速度が遅くなる．一方，過冷却度が非常に大きくなる，すなわちガラス転移温度近傍の条件では，分子鎖の運動性が著しく落ちるため，結晶核に分子鎖が取込まれて成長する速度が遅くなる．そのため，融点とガラス転移温度の間にピークをもつ釣鐘型の曲線となる．

C 1 1）球晶の半径を $r(t)$ とする．また，時刻 τ で球晶が発生することから，球晶の半径は $r(t)=\dot{r}(t-\tau)$ とおける．時間 t 経過後の球晶一つの体積 $v_1(t)$ は，

$$v_1(t) = \frac{4}{3}\pi[r(t)]^3 = \frac{3}{4}\pi[\dot{r}(t-\tau)]^3$$

よって，球晶一つ当たりの時間 dt における増加量は，
$$dv_1(t) = 4\pi\dot{r}^3(t-\tau)^2 dt$$
となる．系全体では，$N_0(t-\tau)$ 個の球晶核があるので，
$$dv(t) = N_0(t-\tau)dv_1 = 4\pi\dot{r}^3(t-\tau)^3 N_0 dt$$
ここで，$r(t) = \dot{r}(t-\tau)$ を代入して変形することによって，
$$dv = 4\pi r^2(t-\tau)N_0 \dot{r}dt = 4\pi r^2(t-r/\dot{r})N_0 dr$$
が得られる．

2）増加した体積 v を導出する．
$$v = \int_0^{\dot{r}t} 4\pi r^2(t-r/\dot{r})N_0 dr = 4\pi N_0\left[\left(\frac{r^3}{3}t - \frac{1}{\dot{r}}\frac{r^4}{4}\right)\right]_0^{\dot{r}t} = \frac{\pi N_0 \dot{r}^3}{3}t^4$$

球晶の体積分率を ϕ_c とおくと，
$$\phi_c = 1 - \exp\left(-\frac{\pi N_0 \dot{r}^3}{3}\right)t^4$$
となる．

3）
$$\phi_c = \frac{V(t) - V(0)}{V(\infty) - V(0)}$$
とかける．2）より $\phi_c = 1 - \exp[(-\pi N_0 \dot{r}^3/3)t^4]$ となるので，$\phi_c/\phi_c^\infty = 1 - \exp(-Kt^n)$ と変形できる．($t=0$ と $t=\infty$ を代入すればよい)．よって，
$$1 - \frac{\phi_c}{\phi_c^\infty} = \exp(-Kt^n)$$
$$\ln\left(1 - \frac{\phi_c}{\phi_c^\infty}\right) = -Kt^n$$
$$\ln\left[\ln\left(1 - \frac{\phi_c}{\phi_c^\infty}\right)\right] = \ln K + n\ln t$$
となる．

■解　説■　Avrami の式は，もともと相変態の理論より導出されたものである．ここで，"非常に小さい" 結晶と非晶が混在する系において考える．それぞれの結晶（i 番目）の体積分率および非晶の体積分率をそれぞれ ϕ_{cry}^i と ϕ_{amo} とおくと $\phi_{amo} = 1 - \phi_{cry}^i$ となるので，
$$\phi_{amo} = \prod(1 - \phi_{cry}^i)$$
となる．さらに変形すると，
$$\ln\phi_{amo} = \sum\ln(1 - \phi_{cry}^i) = -\sum\phi_{cry}^i$$
とおける．ここで，$\sum\phi_{cry}^i$ は成長後も互いの重なりを無視したときの体積になる．そこで，実際の結晶化度は $\phi_{cry} = 1 - \phi_{amo}$ なので，

$$\phi_{\mathrm{cry}} = 1 - \exp\left(-\sum \phi_{\mathrm{cry}}^i\right)$$

となる.問題 C1 で導出した球晶の体積分率は"互いの重なりを無視している"という過程があるため上の式に代入して,実際の結晶化度を導出することができる.

4・7 ブロック共重合体の構造と相転移

A 1 各ブロックが共有結合で連結しているため,巨視的な相分離が許されない.そのために,各ブロックの広がり程度のドメインを形成してミクロ相分離する.

A 2 ポリマーAとポリマーBの相分離は巨視的な大きさまで発展するため,光の波長を超える大きさのドメインを形成し,光を強く散乱して白濁する.一方でAB ジブロック共重合体は共重合体分子程度(数十 nm)の大きさのドメインに相分離するため,光の波長よりも小さく,光の散乱は小さいので透明になる.

B 1 電子顕微鏡ではドメインの形態が直接的に観察できることは有利であるが,微小領域の情報であること,温度を変えての測定ができないなどの問題がある.一方で,小角散乱では大きな体積での統計量が得られ,特定の対称性がある場合にはそれに対応した回折から対称性を特定することが可能である.ブロック共重合体の秩序構造は秩序性が低いこともあり,小角散乱だけで構造を決定するのは困難である.

B 2 構造周期 D,ブラッグの条件 $D=\lambda/(\sin\theta)$ より散乱角 $\sin\theta=\lambda/D$ で与えられるため,一般的に数十 nm の周期をもつブロック共重合体のX線の散乱は1度以下の小角領域に起こる.

B 3 D を増加させた場合には,共重合体分子が伸張されるため,エントロピー弾性により復元力が起こる.D を減少した場合には,単位体積当たりの界面の面積が増加するため,界面エネルギーの総和が大きくなり復元力が起こる.

C 1 $Na^3=(\lambda/2)\Sigma$,モノマー一つ当たりの体積 a^3,共重合体分子中のモノマー数 N から,共重合体1分子は Na^3 の体積を占める.共重合体2分子でラメラ1周期が構成されているので,$(\lambda/2)\Sigma$ と一致して,$Na^3=(\lambda/2)\Sigma$ の関係が得られる.したがって,界面によるエネルギーは次のように示すことができる.

$$\frac{k_{\mathrm{B}}T}{a^2}\sqrt{\frac{\chi_{\mathrm{AB}}}{6}}\frac{Na^3}{(\lambda/2)}$$

C 2 無秩序状態でのA,Bの組成から,Flory-Huggins 理論で表すと共重合体1分子が N セグメントで構成されていることを考慮すれば,$N\chi_{\mathrm{AB}}\phi_{\mathrm{A}}\phi_{\mathrm{B}}k_{\mathrm{B}}T$ と書き表すことができる.

C 3 非摂動状態での広がり $(Na^2)^{1/2}$ とラメラ中での広がり $(\lambda/2)$ でのエントロピー弾性エネルギーを比較すると,以下のように表される.

$$\frac{3}{2}k_{\mathrm{B}}T\left[\frac{(\lambda/2)^2}{Na^2}-1\right]$$

C 4 以下のように自由エネルギー変化が表される.

$$\Delta G = \frac{k_{\mathrm{B}}T}{a^2}\sqrt{\frac{\chi_{\mathrm{AB}}}{6}}\frac{Na^3}{(\lambda/2)} - N\chi_{\mathrm{AB}}\phi_{\mathrm{A}}\phi_{\mathrm{B}}k_{\mathrm{B}}T + \frac{3}{2}k_{\mathrm{B}}T\left[\frac{(\lambda/2)^2}{Na^2}-1\right]$$

エネルギーを最小化する λ を決めるには，λ に対して微分して 0 となる λ_{min} を決めればよい．第 1 項と第 3 項だけが λ の関数である．

$$\Delta G(\lambda) = \frac{\alpha}{\lambda} - const_1 + \beta\lambda^2 - const_2$$

のように書き換えて微分を行うと，

$$\frac{\partial \Delta G}{\partial \lambda} = \frac{-\alpha}{\lambda^2} + 2\beta\lambda = 0$$

の条件が得られる．これを変形すると，

$$\lambda_{min} = \sqrt[3]{\frac{\alpha}{2\beta}} \approx aN^{2/3}\chi^{1/6}$$

の関係が得られる．

4・8 平均場近似

B1 マクロ相分離では濃度ゆらぎの周期が無限大において，すなわち，$q=0$ にて散乱強度（構造因子）が発散する．一方で，ミクロ相分離では，共重合体の広がり程度のスケールにおいて濃度ゆらぎが発散するために，そのスピノーダル点の決定には有限である $q=q_m \approx 1/R_g$ にて発散の条件を与えることが必要である．

B2 WSL での理論では，相互作用が強い領域でのみ安定になる構造は予想することができず，秩序-無秩序転移（order-disorder transition, ODT）近傍でのみ正しい結果を与える．ISL まで拡張可能な SCF 理論では比較的相互作用が強い場合に現れるジャイロイドの存在を確認できた．しかしながら，これまで用いられてきた WSL, ISL, SSL の理論的な手法のいずれの場合にも，与えられた構造の自由エネルギーを計算して比較することで最安定な構造を決定するために，まったく予想しない構造の出現を予測することはできない．

5. 高分子の物性

5・1 高分子の弾性率

A1 ポアソン比 ν は，$-$（横方向のひずみ / 縦方向のひずみ）で与えられる．物質を縦に伸長するとき，横方向には収縮する．このときのひずみの比が ν である．図 1（p. 96）でいうと $\nu = -l_2/l_1$（または，$-l_3/l_1$）であり，ガラスは 0.33 程度，ゴムだと 0.5 程度の値となる．ヤング率 E と剛性率 G の間には $E = 2G(1+\nu)$ という関係がある．したがって，変形による体積変化がないゴムなどの場合，$E = 3G$ となる．

B1 ガラス状高分子の弾性の起源は C–C 結合の回転ポテンシャルであるため，分子鎖の大きさなどは関与しない．

B2 ゴムに張力を加え伸長したとき，内部エネルギーの増加 dU は，

$$dU = TdS - dw \tag{2}$$

で与えられる．ここで，TdS はゴムが外部から等温可逆的に吸収する熱量であり，[仕事 $-dW$] は [体積変化に伴う仕事 $-PdV$] と [伸長によりなされた仕事 fdl] との和である．したがって，

$$dU = TdS - PdV + fdl \tag{3}$$

ヘルムホルツの自由エネルギー $A = U - TS$ を用いると，

$$dA = -SdT - PdV + fdl \tag{4}$$

が導かれる．温度および体積一定の条件では $dA = fdl$ であるから，

$$f = (\partial A/\partial l)_{T,V} \tag{5}$$

が得られる．また，$A = U - TS$ であるから，

$$f = (\partial U/\partial l)_{T,V} - T(\partial S/\partial l)_{T,V} \tag{6}$$

となる．上式右辺第一項がエネルギー項であり，第二項がエントロピー項である．

C 1 (6) 式を変形すると，

$$(\partial U/\partial l)_{T,V} = f + T(\partial S/\partial l)_{T,V} \tag{7}$$

となる．したがって，右辺第二項を実験的に観測できる量に変換すればよい．

(4) 式から，

$$(\partial A/\partial T)_{l,V} = -S, (\partial A/\partial l)_{T,V} = f \tag{8}$$

となるので，マクスウェルの関係，

$$(\partial A^2/\partial T\partial l)_{l,V} = -(\partial S/\partial l)_{T,V}$$
$$= (\partial f/\partial T)_{l,V} \tag{9}$$

が導かれる．この結果を (7) 式右辺第二項に代入すると，

$$(\partial U/\partial l)_{T,V} = f - T(\partial f/\partial T)_{l,V} \tag{10}$$

となる．したがって，張力と張力の温度変化を測定すれば，(6) 式第一項，すなわち，張力に対する内部エネルギーの寄与が分離できる．しかしながら，(10) 式は体積を一定に保つことが条件となっており，実験的に困難である．そこで，定圧等伸長率下の張力の温度変化の測定と定積等伸長率での測定との間には，近似的に次式が成立することを用いれば，

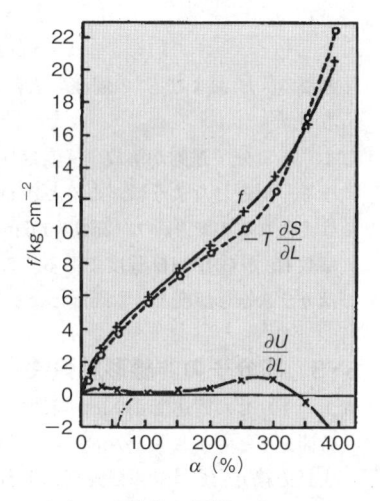

$$(\partial U/\partial l)_{T,V} = f - T(\partial f/\partial T)_{\alpha,P} \tag{11}$$

となり，実験が容易となる．ここで α は伸長率（ひずみ）である．上図はここで述べた方法に基づき，ゴムの張力をエネルギー項とエントロピー項に分離した例である．

5・2 高分子の粘弾性現象論

A 1 ひずみを加えた直後にはC–C結合の回転や結合角の変化に抗する力，すなわち，エネルギー的な弾性が発現する．しかしながら，時間の経過とともに分子鎖はそのコンホメーションを変化させることでエネルギー的に安定な状態へと推移する．

B 1 正弦的なひずみを系に加えるので，ひずみは角周波数 ω を用いて，

$$\varepsilon = \varepsilon_0 \exp(i\omega t) \qquad (6)$$

となり，その際の応答応力は位相差を δ とすれば，

$$\sigma = \sigma_0 \exp\{i(\omega t + \delta)\} \qquad (7)$$

と書ける．(6) 式，(7) 式の時間微分 $(d\varepsilon/dt = i\omega\varepsilon, d\sigma/dt = i\omega\sigma)$ を p. 96 の (3) 式に代入し，σ/ε を E^* とおけば，

$$E^* = [\omega^2\tau^2/(1+\omega^2\tau^2)]$$
$$\quad + i[\omega\tau/(1+\omega^2\tau^2)]E \qquad (8)$$

となる．また，$E^* = E' + iE''$ として，(8) 式と係数を比較すれば，

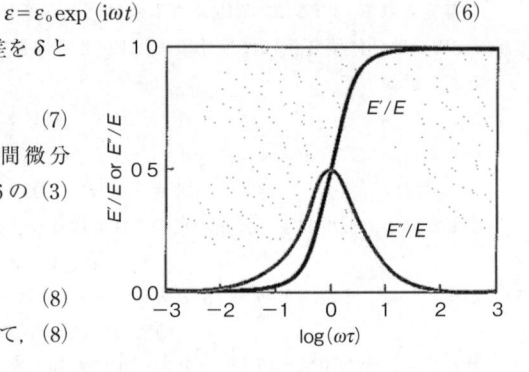

$$E' = [\omega^2\tau^2/(1+\omega^2\tau^2)]E \qquad (9)$$
$$E'' = [\omega\tau/(1+\omega^2\tau^2)]E \qquad (10)$$
$$\tan\delta = E''/E' = 1/\omega\tau \qquad (11)$$

となる．E' および E'' の周波数依存性は右上図のようになり，E'' は $\omega\tau = 1$ でピークとなる．

C 1 ある分子運動が解放（降温過程では，凍結）されると，動的損失弾性率はピークとなる．上述したように，このとき $\omega\tau$ は 1 である．各周波数 ω は周波数 f を用いて $2\pi f$ で与えられるので，$f = 1/(2\pi\tau) = 1.6$ mHz となる．通常の固体粘弾性測定装置の周波数範囲は数 Hz から 100 Hz 程度である．このため，固体粘弾性測定による α 過程のピーク温度はガラス転移温度よりも高温となる．

5・3 高分子の非線形粘弾性

A 1 1) せん断速度 $d\gamma/dt$ が時間によらず一定の定常せん断流下では，高分子液体の緩和時間を τ とするとき $d\gamma/dt \times \tau \ll 1$ であれば系は線形粘弾性領域にある．このとき線形粘度成長曲線 $\eta^+(t)$ はせん断速度によらない．一方，非線形粘弾性領域では $\eta^+(t, \dfrac{d\gamma}{dt})$ は図 (a) のような複雑な挙動を示し，定常粘度は線形領域よりも下がる．

2) 前の (a) の実験で得られる定常粘度 η を $\dot\gamma$ の関数として表すと，$\dot\gamma\tau > 1$ の領域では $\dot\gamma$ の増加にともない η が減少するシアシニング（図 (b)）が観察される．

3) 伸長速度 $d\varepsilon/dt$ の定常伸長流動下では，$\dfrac{d\varepsilon}{dt}\tau \ll 1$ のとき線形粘弾性挙動が見られ，伸長粘度成長曲線 $\eta_E^+(t)$ は $d\varepsilon/dt$ によらない．また Trouton の法則により，$\eta_E^+(t) = 3\eta^+(t)$ となる．非線形粘弾性領域では図 (c) の上半分のような挙動を示し，せん断下とは逆に粘度が線形粘度より大きくなるひずみ硬化性が観察される．

A 2 緩和時間は物質が平衡状態に戻る過程の代表時間であり，平衡状態に戻る速さは $1/\tau$ で与えられる．変形の速さ $\dot\gamma$ に対して，物質が平衡に戻る速さが十分大きければ（つまり $1/\tau \gg \dot\gamma$ ならば），物質の挙動は平衡状態を反映したものと考えられる．したがって $D_b \ll 1$ ならば線形粘弾性応答となる．逆に $1/\tau < \dot\gamma$ では物質は常に非平衡状態にあると考えられるので $D_b > 1$ ならば非線形粘弾性応答となる．

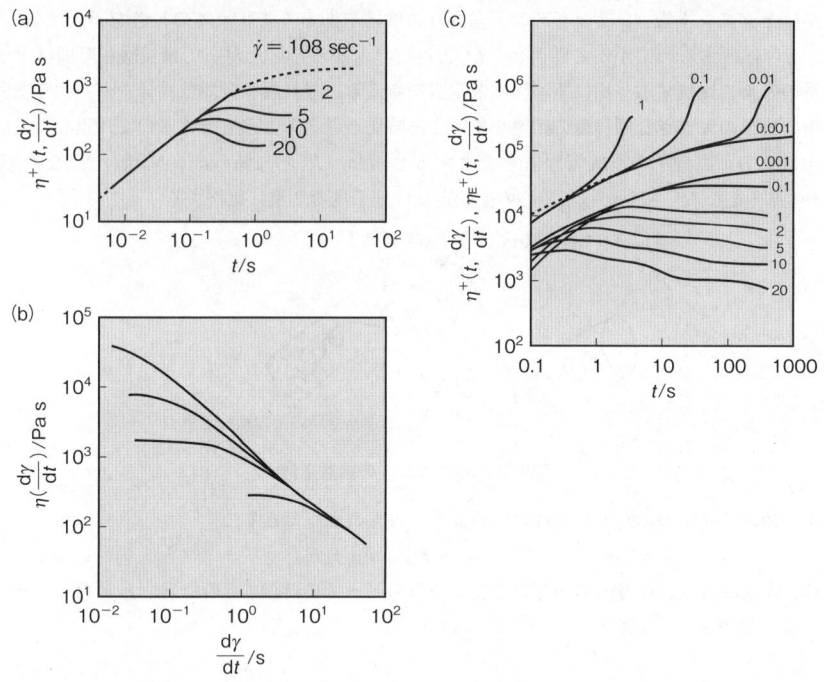

高分子液体の種々の非線形粘弾性挙動　(a) ポリブタジエン溶液の定常せん断流動下での粘度成長曲線. 上から下に向かってせん断速度 (図中の数字・単位は s^{-1}) が高い. 十分長時間経過すると粘度が定常値となる. この定常値をせん断速度に対してプロットしたものが (b) のフローカーブと呼ばれる図である. このようにせん断速度が高いと粘度が下がる挙動をシアシニングという. それぞれの線は分子量が異なる場合を示しており, 上から下に向かって分子量が低い. (a), (b) とも E. V. Menezes, W. W. Graessley, *J. Polym. Sci., Polym. Phys.*, **20**, 1817〜1833 (1982) を参考に作成. (c) 低密度ポリエチレン溶融体の一軸伸長流動およびせん断流動下での粘度成長曲線で数字は伸長速度 (s^{-1}). 下半分は図 (a) と同様に定常せん断流動下での粘度の時間変化で数字はせん断速度 (s^{-1}) を示す. 上半分は一軸伸長粘度であり, せん断の場合と異なり伸長ひずみ速度が高くなると粘度が高くなる. これをひずみ硬化と呼ぶ. なお, ひずみ速度が十分小さい線形粘弾性領域では, 一軸伸長粘度は Trouton の法則によりせん断粘度の 3 倍になる. J. Meissner, *J. Appl. Polym. Sci.*, **16**, 2877〜2899 (1972) を参考に作成.

B 1　ひずみ振幅の大きさを変えて測定を行い, 弾性率がひずみによらない領域で測定を行えばよい. また他の流動や変形下でのデータ (たとえば定常せん断流動下の粘度成長曲線) との間でボルツマンの重畳原理 ("基礎高分子科学", p. 200, (5・36) 式参照) に基づく変換が成立するかを確認すればよい.

5・4　高分子の粘弾性の分子論

A 1　最長緩和時間 τ_d を, 高分子が管状の束縛を完全に抜け出るのに必要な時間とする. 管に沿った方向 (接線方向) の拡散定数を D_c とすると, $D_c = k_B T / N\zeta$ と書ける. ここで

N はセグメント数, ζ はセグメント当たりの摩擦である. 管状束縛の長さを L とすると, L だけ拡散するのにかかる時間 $\tau_d = L^2/2D_c \propto N^3$ となる. したがって最長緩和時間は分子量の 3 乗に比例する. 次に重心の拡散定数を考える. 最長緩和時間は高分子が三次元空間中で自分の大きさと同程度の距離を拡散する時間と考えることもできるので, 重心の拡散定数を D, 高分子の末端管距離を R とすると $6D\tau_d = R^2$ となる. $R^2 \propto N$, $\tau_d \propto N^3$ なので, $D \propto N^{-2}$ となる. したがって重心の拡散定数は分子量の 2 乗に比例する.

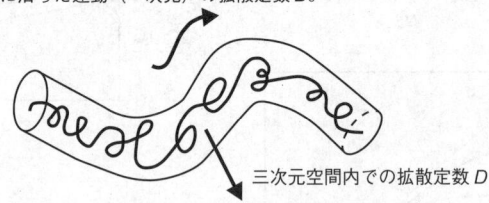

管模型における二つの拡散定数

（管に沿った運動（一次元）の拡散定数 D_c／三次元空間内での拡散定数 D）

B 1 Rouse 模型の運動方程式は以下のように書くことができる.

$$0 = \boldsymbol{F}_{\text{fric}} + \boldsymbol{F}_{\text{el}} + \boldsymbol{F}_{\text{B}} + \boldsymbol{F}_{\text{in}}$$

$\boldsymbol{F}_{\text{fric}}$ は摩擦力で, 片方の端から数えて n 番目のビーズの時刻 t での位置を $\boldsymbol{r}(n, t)$, ビーズの摩擦係数を ζ とすると,

$$\boldsymbol{F}_{\text{fric}} = -\zeta \frac{d\boldsymbol{r}}{dt}$$

と表される. $\boldsymbol{F}_{\text{el}}$ はビーズをつなぐばねの張力である. 各ばねが平衡末端間長さが a である理想鎖で表されると考えると, それぞれのばねの張力 $\boldsymbol{f}$ は,

$$\boldsymbol{f} = \frac{3k_{\text{B}}T}{a^2}(\boldsymbol{r}_n - \boldsymbol{r}_{n-1})$$

と書くことができる（ばね定数の求め方は例題 1 参照）. したがってビーズの両側に繋がれたバネの寄与を考えると,

$$\boldsymbol{F}_{\text{el}} = \frac{3k_{\text{B}}T}{a^2}[(\boldsymbol{r}_{n+1} - \boldsymbol{r}_n) - (\boldsymbol{r}_n - \boldsymbol{r}_{n-1})] = \frac{3k_{\text{B}}T}{a^2}[\boldsymbol{r}_{n+1} - 2\boldsymbol{r}_n + \boldsymbol{r}_{n-1}]$$

と表される. $\boldsymbol{F}_{\text{B}}$ はブラウン運動を表すランダム力で,

$$\langle \boldsymbol{F}_{\text{B}} \rangle = 0, \quad \langle \boldsymbol{F}_{\text{B}}(n, t) \boldsymbol{F}_{\text{B}}(m, t') \rangle = 2\zeta k_{\text{B}}T \delta_{nm} \delta(t - t')$$

を満たす. $\boldsymbol{F}_{\text{in}}$ は慣性力で,

$$\boldsymbol{F}_{\text{in}} = -m \frac{d^2 \boldsymbol{r}}{dt^2}$$

と書けるが, ここでは高粘性液体中での挙動を考えるため他の項に比べて寄与が小さいとして無視する. これらの式から, 各ビーズの位置 $\boldsymbol{r}$ が従う運動方程式は以下のように書ける.

$$\zeta \frac{\partial \boldsymbol{r}(n, t)}{\partial t} = \frac{3k_{\text{B}}T}{a^2}[\boldsymbol{r}(n+1, r) - 2\boldsymbol{r}(n, t) + \boldsymbol{r}(n-1, r)] + \boldsymbol{F}_{\text{B}}$$

$N \gg 1$ として n について連続化すると上記の式は以下のように書きなおせる．

$$\zeta \frac{\partial \boldsymbol{r}(n,t)}{\partial t} = \frac{3k_BT}{a^2}\frac{\partial^2 \boldsymbol{r}(n,t)}{\partial n^2} + \boldsymbol{F}_B$$

ここで n を連続化すると $\boldsymbol{F}_B$ は $\langle \boldsymbol{F}_B \rangle = 0$，$\langle \boldsymbol{F}_B(n,t)\boldsymbol{F}_B(m,t')\rangle = 2\zeta k_B T \delta(n-m)\delta(t-t')$ を満たす．また結合ベクトル $\boldsymbol{u}$ は以下のように近似した．

$$\boldsymbol{u}(n,t) = \boldsymbol{r}(n+1,t) - \boldsymbol{r}(n,t) \approx \frac{\partial \boldsymbol{r}(n,t)}{\partial n}$$

ここで摩擦なしの仮想的なビーズを $n=0, N+1$ に導入し，境界条件を $n=0, N$ で $\boldsymbol{u}(n,t) = 0$ とする．例題1の (1) 式を用いて応力を求めるため，例題1の (2) 式で定義される配向関数 S を2セグメントの配向相関 S_2 に拡張して以下のように定義する．

$$S_2(n,m,t) = \frac{1}{a^2}\langle \boldsymbol{u}(n,t)\boldsymbol{u}(m,t)\rangle$$

両辺を t で微分すると，

$$\frac{\partial S_2}{\partial t} = \frac{3k_BT}{\zeta a^2}\left(\frac{\partial^2}{\partial n^2} + \frac{\partial^2}{\partial m^2}\right)S_2$$

S_2 の n, m に対する境界条件は，$\boldsymbol{u}$ の境界条件より $n=0, N$，$m=0, N$ で $S_2(n,m,t)=0$ である．また時間に対する境界条件を与えるため，$t=0$ でひずみ γ のせん断変形を与えたとする．このとき $\boldsymbol{u}$ は，

$$\boldsymbol{u}(n,0) = \boldsymbol{E}\cdot\boldsymbol{u}_{eq}(n), \qquad \boldsymbol{E} = \begin{pmatrix} 1 & \gamma & 0 \\ 0 & 1 & 0 \\ 0 & 0 & 1 \end{pmatrix}$$

となる．ここで $\boldsymbol{u}_{eq}$ は平衡状態での $\boldsymbol{u}$ で，等方的に分布しているとすれば $\langle \boldsymbol{u}_{eq}(n)\boldsymbol{u}_{eq}(m)\rangle = a^2\delta_{nm}/3$ であるから，$S_2(n,m,0) = \gamma\delta(n-m)/3$ となる．これらの境界条件のもとで，S_2 を固有関数展開して解くと，

$$S_2(n,m,t) = \frac{2\gamma}{3N}\sum_{p=1}^{N}\exp\left(-\frac{p^2t}{\tau_R}\right)\sin\left(\frac{p\pi n}{N}\right)\sin\left(\frac{p\pi m}{N}\right), \qquad \tau_R = \frac{\zeta N^2 a^2}{6\pi^2 k_B T}$$

を得る．$S(n,t) = S_2(n,n,t)$ であるから，

$$G(t) = \frac{\sigma(t)}{\gamma} = 3\nu k_B T\int_0^N S(n,t)\mathrm{d}n = \nu k_B T\sum_{p=1}^{N}\exp\left(-\frac{p^2 t}{\tau_R}\right)$$

となって与式を得る．$G(t)$ は $t \ll \tau_R$ の時間域で $G(t) \propto t^{-1/2}$ で近似できる特徴的な挙動を示し，Rouse 挙動の判別に用いられる．

B 2 Rouse 模型の緩和モードの温度依存性は時間 τ_R の変化だけで記述され，その変化の度合は全緩和モードで共通である．したがって温度時間換算則が成立する．

B 3 例題1で得られている線形緩和弾性率 $G(t)$ よりゼロせん断粘度を計算すると，

$$\eta_0 = \int_0^\infty G(t')\mathrm{d}t' = \frac{cRT}{M}\frac{\zeta a^2 N^2}{36 k_B T} \propto M$$

C 1 管模型においては全セグメントは管に沿って運動するので，セグメントベクトル $\boldsymbol{u}$ について以下の式が成り立つ．

$$u(n, t+\Delta t) = u(n+\Delta n, t)$$

ここで n は鎖に沿ったセグメントの位置を示す座標，t は時刻である．この関係から，(1) 式の応力表式に従って応力を計算するため，まず (2) 式の配向関数 S を求める．

$$S(n, t+\Delta t) = \frac{1}{a^2}\langle u_x(n, t+\Delta t) u_y(n, t+\Delta t)\rangle = \frac{1}{a^2}\langle u_x(n+\Delta n, t) u_y(n+\Delta n, t)\rangle$$

$$= S(n+\Delta n, t)$$

両辺を展開すると，

$$S(n, t+\Delta t) = S(n, t) + \Delta t \frac{\partial S}{\partial t} + O(\Delta t^2)$$

$$S(n+\Delta n, t) = S(n, t) + \langle \Delta n \rangle \frac{\partial S}{\partial n} + \frac{\langle \Delta n^2 \rangle}{2}\frac{\partial^2 S}{\partial n^2} + O(\Delta n^3)$$

鎖は管に沿って前後に等確率で動くため $\langle \Delta n \rangle = 0$ である．また時間 Δt の間に（管に沿って1次元的に）運動する長さはセグメントの大きさを a とすると $a^2 \langle \Delta n^2 \rangle$ となるので，5・4節の問題 A1 の管に沿った運動の拡散定数 D_c により，$\langle \Delta n^2 \rangle = 2D_c \Delta t/a^2$ と書ける．これらの式より，

$$\frac{\partial S}{\partial t} = \frac{D_c}{a^2}\frac{\partial^2 S}{\partial n^2}$$

の拡散方程式を得る．末端の運動は自由であるから境界条件として $S(0, t) = S(N, t) = 0$，また時間に対する境界条件を与えるために，時刻 $t=0$ でステップ変形を加えたとき，$S(n, 0) = S_0$ とする．これらの境界条件のもとで $S(n, t)$ を求めると，

$$S(n, t) = S_0 \sum_{p=奇数} \frac{4}{p\pi} \sin\left(\frac{p\pi n}{N}\right) \exp\left(-\frac{tp^2}{\tau_d}\right)$$

$$\tau_d = \frac{N^2 a^2}{\pi^2 D_c} = \frac{\zeta N^3 a^2}{\pi^2 kT}$$

となる．5・4節の (1) 式で表される応力表式に，得られた配向関数を代入すれば目的の式を得る．

5・5 ゴムの物性

A 1 例題 2 と同じく，伸長比 λ の一軸伸長変形を加えられたとき，すべての部分鎖がアフィン変形するとして，変形前の末端間ベクトル $\boldsymbol{R}$ は変形後には，

$$\boldsymbol{R}(R_x, R_y, R_z) \longrightarrow \boldsymbol{R}'(\lambda R_x, R_y/\lambda^{1/2}, R_z/\lambda^{1/2})$$

となるので，変形後の $\boldsymbol{R}'$ についての平均は，

$$\langle \boldsymbol{R}'^2 \rangle = \frac{\langle R^2 \rangle}{3}(\lambda^2 + \frac{2}{\lambda})$$

となる．したがって自由エネルギーは（例題 2 より），

$$A(\lambda) = \frac{3k_B T}{2Nb^2} n \langle \boldsymbol{R}'^2 \rangle = \frac{nk_B T}{2}\left(\lambda^2 + \frac{2}{\lambda}\right)$$

となる．単位体積当たりの A を λ で微分したものが応力になるので，

$$f = \frac{1}{V}\frac{\partial A}{\partial \lambda} = vk_{\mathrm{B}}T(\lambda - \frac{1}{\lambda^2})$$

となって与式を得る.

5·6 誘電率, 圧電性, 焦電性, 強誘電性

A 1 (3) 式に値を代入することで, 以下のように得られる.

$$\varepsilon_{\mathrm{r}} = (1.0\times 10^{-3}) \times (2.3\times 10^{-12}) / [(1.0\times 10^{-4}) \times (8.85\times 10^{-12})] = 2.6$$

A 2 ε_{r} が n^2 よりも大きいほど極性基の誘電率に与える効果が大きい. よって, 次のようになる. ナイロン 66 > ポリメタクリル酸メチル > ポリ塩化ビニル > ポリカーボネート > ポリエチレン.

B 1 1) コンデンサーに貯まる電荷は $\varepsilon^* C_0 V$ で与えられる. よって, 電流は,

$$I = \mathrm{d}(\varepsilon^* C_0 V)/\mathrm{d}t = \mathrm{i}\omega\varepsilon^* C_0 V$$

となる. ε^* を代入して,

$$I = \omega C_0 \varepsilon'' V + \mathrm{i}\omega\varepsilon^* C_0 V$$

が得られる. V を代入することで, 電流の実部 I' は次のようになる.

$$I' = \omega C_0 \varepsilon'' V_0 \cos\omega t - \omega C_0 \varepsilon' V_0 \sin\omega t$$

2) I' は観測量である. 第一項は電圧と同相成分, 第二項は逆相成分(この場合は位相が $\pi/2$ だけ進んでいる)であり, このそれぞれの成分を測定することにより複素誘電率の実部と虚部を得ることができる.

3) $I = I_0\sin(\omega t - \delta) = -I_0\sin\delta\cos\omega t + I_0\cos\delta\sin\omega t$ であるため, I' と比較すると,

$$\sin\delta = -\omega C_0 \varepsilon'' V_0/I_0$$
$$\cos\delta = -\omega C_0 \varepsilon' V_0/I_0$$

が得られる. よって, 誘電正接は $\tan\delta = \varepsilon''/\varepsilon'$ となる.

B 2 複素誘電率 $\varepsilon^* = \varepsilon' - \mathrm{i}\varepsilon''$ の実部と虚部はそれぞれ以下のようになる.

$$\varepsilon' - \varepsilon_\infty = \Delta\varepsilon/(1+\omega^2\tau^2)$$
$$\varepsilon'' = \Delta\varepsilon\omega\tau/(1+\omega^2\tau^2)$$

二つの式から ω を消去すると, $[\varepsilon' - (\varepsilon_\infty + \Delta\varepsilon/2)]^2 + \varepsilon''^2 = (\Delta\varepsilon/2)^2$ と表される. また, 誘電率は負にはならないため(金属や非線形誘電率を除く), $\varepsilon_\infty + \Delta\varepsilon/2$ を中心に, 半径 $\Delta\varepsilon/2$ の半円を描く.

緩和周波数の離れた二つの緩和をもつ場合, Cole–Cole プロットは下図に示すような, 二つの円弧を描く.

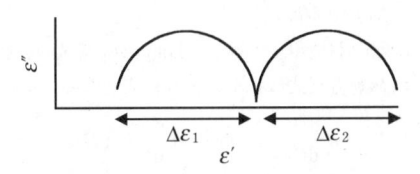

緩和周波数が近ければ二つの半円は融合し, ひずんだ形の半円となる. さらに, 緩和時間に分布がある場合にはそれぞれを分解することは困難となる. そこで, Debye 型の分散

式から派生した，次の式が用いられる．

$$\varepsilon^* = \varepsilon_\infty + \frac{\Delta\varepsilon}{1+(i\omega\tau)^\beta} : \text{Cole-Cole 式}$$

$$\varepsilon^* = \varepsilon_\infty + \frac{\Delta\varepsilon}{(1+i\omega\tau)^\alpha} : \text{Davidson-Cole 式}$$

$$\varepsilon^* = \varepsilon_\infty + \frac{\Delta\varepsilon}{(1+(i\omega\tau)^\beta)^\alpha} : \text{Havriliak-Negami 式}$$

B3 1) ↑↑↑↑
　　　↑↑↑↑

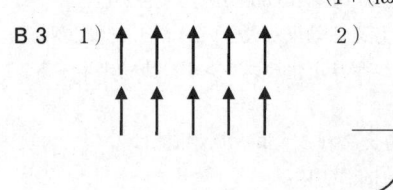

2) ヒステリシスループ図（残留分極を示す，軸は D と E）

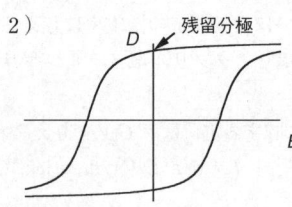

3) 電気力学的基本式より $d_{ij} = (\partial D_i/\partial T_j)_E$ となる．これは力を加える（応力が働く）と電荷が発生することを意味し，圧電性の正効果に対応する．

4) 焦電性に関する電気力学的関係式は，

$$D = \varepsilon E + pT$$

のように表される（方向は考慮の必要がないため，添字は省略）．ここから $p = (\partial D/\partial T)_E$ となり，焦電率の関係 $p = (\partial P/\partial T)_E$ が導出される．

5) 圧電性高分子はソフトアクチュエーターとして筋肉への応用が期待されている．

C1 θ 方向を向いている双極子の分布関数 $f(\theta)$ はボルツマン分布から，

$$f(\theta) = \exp(\mu E \cos\theta/k_B T) / \int_0^\pi \exp(\mu E \cos\theta/k_B T) 2\pi \sin\theta\, d\theta$$

よって，$\langle\cos\theta\rangle$ は次のように計算される．

$$\langle\cos\theta\rangle = \int_0^\pi f(\theta)\cos\theta\, 2\pi\sin\theta\, d\theta = \frac{\int_x^{-x} -2\pi y e^y/x^2 dy}{\int_x^{-x} -2\pi e^y/x\, dy} = \frac{1}{x}\frac{\int_x^{-x} y e^y dy}{\int_x^{-x} e^y dy} = \coth x - 1/x$$

ここで，$x = \mu E/k_B T$ とした．与えられた近似を用いると配向分極は次のようになる．

$$P = N\mu x/3 = N\mu^2 E/3k_B T$$

$P = \alpha E$ より，$\alpha_d = N\mu^2 E/3k_B T$ が示された．

本問では電場が小さい極限での近似を用いたが，電場が大きくなったときには，

$$P = N\mu L(\mu E/k_B T)$$

と表され，電場とともに配向が飽和する様子（Langevin 関数の特徴）がみられる．

C2 与えられたモデルの運動方程式は以下のように表される．

$$m\frac{d^2r}{dt^2} = -kr - \eta\frac{dr}{dt} + qE$$

左辺が慣性項，右辺第一項が弾性項，第二項が粘性項である．ここで，粘性の効果がきわめて大きく，慣性項が無視できると仮定すると，

となる。電場 E を代入し、位置 r を $r(t)=r^*\exp(i\omega\tau)$ とおくと、次式のようになる。

$$kr + \eta \frac{dr}{dt} = qE$$

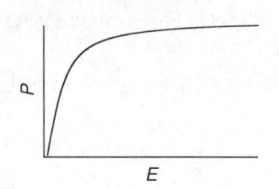

$$r^* = \frac{qE_0/k}{1+i\omega\eta/k}$$

ここで、分極は $P=qr^*$ と書けるために、(1) 式から誘電率は、

$$\varepsilon^* = \varepsilon_0 + \frac{q^2/k}{1+i\omega\eta/k}$$

となり、$\Delta\varepsilon=q^2/k$, $\tau=\eta/k$ とすれば Debye の分散式が導かれる。

　上記の解法において慣性項を無視した。この近似により緩和型の分散式が得られている。しかし、電子分極やイオン分極では粘性の効果が大きくないために、慣性項が影響する。慣性項を入れて、運動方程式を同様に解くと、共鳴型の分散式を得ることができ、慣性項の効果の有無が共鳴型と緩和型の違いとなる。

5・7　高分子の電子状態

A 1　390 nm の可視光のエネルギーは $hc/\lambda = 5.08\times 10^{-19}$ m^2 kg s^{-2} $=3.17$ eV となる。これがバンドギャップに相当するため、二次方程式、$3.17n^2 - 19.2n - 19.2 = 0$ の解より求まる。最小値は $n=6.93$ より $n=7$ となる。(1) 式より n が大きくなると、バンドギャップエネルギーが小さくなることがわかる。バンドギャップエネルギーとそれに相当する光の波長は反比例するため、吸収することのできる光の波長は長くなる。

B 1　シス形ポリアセチレンの電子状態はトランス形のものとは異なり、下図の二つの状態は異なるエネルギーをもつ（基底状態は縮退していない）。たとえば、下図の A のほうがB よりもエネルギー的に安定であるとすると、ソリトンの左側が A の状態のとき、ソリトンの右側は B の状態となり、エネルギー的に不安定である。よって、右側も A の状態となるように、両側の構造が等しいポーラロンが生成する。ポリパラフェニレンでも、ベンゾノイド構造とキノイド構造のエネルギーが異なるため同様にソリトンはできにくく、ポーラロンが生成する。

A:　　　　　　　B:

ベンゾノイド:　　　　　　キノイド:

B 2　（正）

　　　（負）

ただし，二つの電荷の距離は離れていても構わない．

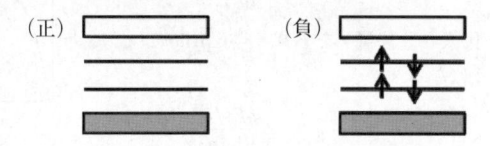

```
(正) ────    (負) ────
     ────         ──↑↓
     ────         ↑↓──
     ▓▓▓▓         ▓▓▓▓
```

C 1　1）ポテンシャルの端が節となるように立つ波が許容される電子の波である．このため，波長 λ は長いほうから順に $2L, L, 2L/3, \cdots$ であるので，$2L/i$ と表される．よって，電子系のエネルギーは次のように表される．
$$E_i = h^2/2m\lambda^2 = h^2 i^2/8mL^2$$

2）一つのエネルギー準位には二つの電子を入れることができるため，電子の詰まった HO 準位は $E_n = h^2 n^2/8mL^2$，LU 準位は $E_{n+1} = h^2(n+1)^2/8mL^2$ となる．よって，HO 準位と LU 準位のエネルギー差は次のように表される．
$$\Delta E = h^2(2n+1)^2/8mL^2$$

3）2）のエネルギー差に相当する光の波長は $hc/\lambda = h^2(2n+1)/(8mL^2)$ から，
$$\lambda = 8mcL^2/[h(2n+1)] = 190n^2/(2n+1) \quad (\text{nm})$$
$n=3$ より 2.4×10^2 nm となる．

4）次にエネルギーの小さい $m-l=$ 奇数の条件を満たす候補は，① $l=n(\text{HO}) \to m=n+3$，② $l=n-2 \to m=n+1(\text{LU})$，③ $l=n-1 \to m=n+2$ である．①における遷移にかかわる準位間のエネルギー差は $\Delta E = h^2[(n+3)^2-n^2]/8mL^2$，②における準位間のエネルギー差は $\Delta E = h^2[(n+1)^2-(n-1)^2]/8mL^2$，③における準位間のエネルギー差は $\Delta E = h^2[(n+2)^2-(n-1)^2]/8mL^2$ となる．エネルギーの低いのは②であるため，これが三つの候補の中では波長が最も長く，
$$\lambda = 8mcL^2/[h(6n-3)] = 190n^2/(6n-3) \quad (\text{nm})$$
$n=3$ より 1.1×10^2 nm となる．

5·8　高分子の導電性

A 1　抵抗 R は（電圧/電流）なので 1.0 MΩ となる．よって，導電率は $\sigma = L/RS = 1.0 \times 10^{-6}$ S cm^{-1} のようになる．

B 1　1）導電率は次式で表される．
$$\sigma = nq\mu = 2e\mu(2\pi mk_B T/h^2)^{3/2}\exp[-E_g/(k_B T)]$$
移動度が温度に依存しないことから，$d\sigma/dT$ は次式で表される．
$$d\sigma/dT = 2e\mu(2\pi mk_B/h^2)^{3/2}T^{1/2}[3/2+E_g/(k_B T)]\exp[-E_g/(k_B T)] > 0$$
符号が常に正となるため，温度を上げると導電率が上昇する．これはキャリヤー濃度が温度とともに増大することに起因している．これに対して，導体は温度上昇とともにフォノン散乱の効果が大きくなり，移動度が低下するため，導電率は温度とともに低下する傾向 $d\sigma/dT < 0$ が見られる．両者は正反対の特性である．

2）バリアブルレンジホッピングの導電率は次式で与えられる．

$$\sigma = \sigma_0 \exp[-(T_0/T)^{1/(d+1)}]$$

この表式も一種の熱活性化型であるため，温度を上げると導電率が上昇する．$d\sigma/dT$を計算してみると次式で表される．

$$d\sigma/dT = \sigma_0(T_0/T)^{1/(d+1)} T^{-1} \exp[-(T_0/T)^{1/(d+1)}]/(d+1) > 0$$

この場合は，ホッピングにかかわる移動度の温度依存性が，導電率の温度依存性に強く表れた形である．

C 1　電流密度は電気変位から次式のように求めることができる．

$$dD/dT = J$$

電気変位は $D = \varepsilon^* E$ であるので，周波数 ω の正弦波電場 $E = E_0 \exp(i\omega t)$ を加した場合には，次式のようになる．

$$J = \varepsilon^* dE/dt = i\omega \varepsilon^* E$$

よって，$\sigma^*(\omega) = i\omega \varepsilon^*(\omega)$ の関係が示された．

一つの誘電緩和（緩和強度 $\Delta\varepsilon$，緩和時間 τ）と直流導電率 σ_0 をもつ場合，その複素誘電率は以下のように表される．

$$\varepsilon^* = \frac{\Delta\varepsilon}{1 + i\omega\tau} + \frac{\sigma_0}{i\omega}$$

直流導電率に起因する第二項は複素誘電率の虚部に現れ，低周波域で発散する．したがって，誘電緩和の虚部のピークはこれに隠され，観測が困難となる．

5・9　高分子の屈折率

A 1　$n = c/v$ の関係から，ダイヤモンド中での光速は 12.4 万 km s^{-1} となり，真空中の 40 % まで減速する．また，水晶と石英はどちらも同じ酸化ケイ素（SiO$_2$）であるにもかかわらず，単結晶である水晶の密度（ρ）が 2.65 g cm^{-3} であるのに対し，非晶質ガラスである石英の ρ は約 2.2 g cm^{-3} であり，この密度の差が屈折率（n）の差となって現れる（(1) 式を参照）．高分子でも同様に，通常は結晶の密度＞非晶質の密度であるので，n(結晶)＞n(ガラス) となり，結晶部と非晶部の界面で光が散乱（乱反射）されるため，半結晶性高分子は一般に不透明となる．なお，結晶部のドメインサイズが可視光波長（0.4 ~ 0.8 μm）よりも十分に小さい（1/10 以下）場合には，光散乱が少ないため透明となる．

B 1　図 1 から高屈折率をもたらす原子団はベンゼン環や塩素（重ハロゲン），一方，低屈折率をもたらす原子団はフッ素と判断でき，また表 1 (p.115) からは，高屈折率をもたらす原子団がナフタレン環や硫黄，一方，低屈折率をもたらす原子団がフッ素や（ベンゼン環を含まない），かさ高い側基であることが推測される．ここから，高屈折率ポリマーの設計指針としては，単位体積当たりで大きな分極率をもつ，1) 芳香環，2) 硫黄原子，3) 重ハロゲン原子（塩素や臭素）を，分子中の空間（自由体積）が増えないように巧みに組合わせ，かつ可視光に対する光透過性を損なわないために着色を起こさない官能基として導入することが有効である．一方，低屈折率ポリマーの設計指針としては，分極率の小さなフッ素基や，分極率に比べてかさ高い（モル体積の大きな）構造を導入するこ

とが有効である．なお，光学材料としては，結晶化などに起因する光散乱を起こさない構造とすることも重要である．

C1 (1) 式において温度 T に依存しない部分を，

$$\kappa = \frac{4\pi}{3}\frac{N_A}{M}$$

とおき，T で偏微分すると，

$$\frac{6n}{(n^2+2)^2}\frac{dn}{dT} = \kappa\left(\alpha\frac{d\rho}{dT} + \rho\frac{d\alpha}{dT}\right) \qquad (3)$$

κ を用いて (1) 式と (3) 式を組合わせると，

$$\frac{dn}{dT} = \frac{(n^2-1)(n^2+2)}{6n}\left(\frac{1}{\rho}\frac{d\rho}{dT} + \frac{1}{\alpha}\frac{d\alpha}{dT}\right) \approx -\frac{(n^2-1)(n^2+2)}{6n}\beta \qquad (4)$$

ここで，

$$\beta = -\frac{1}{\rho}\frac{d\rho}{dT}$$

は体積膨張率である．高分子の n と β はともに正であることから，(4) 式より dn/dT は負であり，屈折率は一般に温度とともに低下することがわかる．ここで，(4) 式の最後の項の n を含む部分は n に対して単調に増加する関数なので，$|dn/dT|$ を増大させるためには，屈折率 (n) を高くするか，または体積膨張率 (β) を増加させることが有効である．$|dn/dT|$ の大きなポリマーは，屈折率の温度依存性を利用した熱光学スイッチの材料として有用である．

5・10 高分子の複屈折

A1 複屈折性を示す光学用高分子に光が入射すると，高分子の内部で屈折率の高い方向と低い方向の2種の直線偏光に分かれ，それぞれの出射位置がわずかに異なる．このため，レンズに対して光線が斜めの方向から入射すると，ものが二重に見えたりひずんだりぼけたりすることから複屈折の低減が必須の条件となっている．

B1 (2) 式から，固有複屈折 (Δn^0) に最も大きな影響を及ぼすのは分極率異方性 ($\Delta\alpha = \alpha_{//} - \alpha_\perp$) であるが，分極率と同様，これは体積の次元をもつため，複屈折において意味をもつのは1分子の専有体積 ($V_{int} = V_0/N_A$) あたりの異方性 $\Delta\alpha/V_{int}$ である．ここで $1/V_{int} = \rho N_A/M$ であり，かつ専有体積中の（自由体積を含まない）ファンデルワールス (van der Waals) 体積の分率をパッキング係数 K_p とすると，$1/V_{int} = K_p/V_{vdw}$ となることから，次式が成り立つ．

$$\Delta n^0 = \frac{n_{av}^2+2}{n_{//}^0+n_\perp^0}\left(\frac{4\pi}{3}\right)\frac{\rho N_A}{M}\Delta\alpha = \frac{n_{av}^2+2}{n_{//}^0+n_\perp^0}\left(\frac{4\pi}{3}\right)K_p\frac{\Delta\alpha}{V_{vdw}} \qquad (4)$$

上式中の屈折率 (n) を含む項は，n の増加に対して単調に増加する関数である．したがって，高分子の Δn^0 を増大させるためには，1) 単位体積当たりの分極率異方性 ($\Delta\alpha/V_{vdw}$) の大きな置換基（ベンゼン環，ナフタレン環，イミド環，エステル基）を高分子主鎖に導入する，2) 屈折率を上昇させる（屈折率向上のための分子設計指針は，5・9節

の問題B1を参照), 3) 密度 (ρ) または分子鎖の凝集状態 (K_p) を上げること, などが有効である. なお, 有機化合物の $\Delta\alpha/V_{vdw}$ の値は密度汎関数 (DFT) 法を用いれば, きわめて高い精度で計算することが可能である (Y. Terui and S. Ando, *J. Polym. Sci. Part B: Polym. Phys.*, **42**, 2354 (2004)). ポリフェニレンオキシド (PPO) (表1) やポリエーテルスルホン (PES) が大きな正の複屈折を示すことは, 1) と 2) の観点から理解できる. なお, 3) は分子鎖の凝集が密になるような分子設計 (剛直・棒状の原子団の導入) のほか, 結晶化を抑えつつプレス延伸や一軸延伸で配向時の高分子密度を高める技術が有効である.

C1 まず繰返し単位あるいはセグメント単位での分極率の異方性 ($\Delta\alpha$) がゼロとなるような高分子が合成できれば, 延伸により分子鎖が配向しても複屈折性は示さない. そこで, 正の複屈折性を示すポリカーボネートの側基に長鎖アルキル基やベンゼン環を導入し, 主鎖に垂直な方向の分極成分を増大させることによって複屈折の低減が図られた (S. Shirouzu, K. Shigematsu, S. Sakamoto, T. Nakagawa, and S. Tagami, *J. Appl. Polym. Sci.*, **28**, 801 (1989)). しかし, 実際には, 配向状態において複屈折を完全にゼロにすることは困難である. 汎用高分子のモノマーは立体的に異方的な構造をもつため, 分極率も異方的となる. そこでまず考案されたのが, 正と負の複屈折性を示す2種以上の高分子のブレンドにより配向複屈折を低減する方法である (H. Saito and T. Inoue, *J. Polym. Sci., Part B: Polym. Phys.*, **25**, 1629 (1987)). 具体的には, PMMA/PVDF=80:20, PMMA/p(VDF_{42}-$TrFE_{58}$)=90:10, PMMA/PEO=65:35, PS/PPO=65:35(wt/wt) などのポリマーブレンドが非複屈折性となることが報告されている. このような組合わせは, ホモポリマーの固有複屈折が反対符号 (正/負) であり, かつ配向複屈折がゼロとなる混合比においてポリマー成分同士が相溶であることが必要である. 次いで, 正と負の複屈折性を示す2種以上の高分子の共重合が検討され (小池康博, 光学, **20**, No. 2 (1991)), たとえばメチルメタクリレート(MMA):トリフルオロエチルメタクリレート (3FMA)=44:56, MMA:ベンジルメタクリレート(BzMA)=82:18(wt/wt) で共重合することにより, 非複屈折性となることが報告されている.

5・11 光 伝 送

A1 高分子系光ファイバーの長所としては, 1) コア径が太く, 曲げ変形に強い, 2) 光ファイバー同士の接続や光ファイバーと機器との接続が比較的容易であり, トータルコストが下げられる, 3) 比重が小さく軽量である, 4) 柔軟性や耐衝撃性が高く, 機械的な特性に優れる, 5) リサイクルやリユース, 廃棄物処理が容易, などがあげられる. 加えて, 石英系光ファイバーに比べて多くの光量 (光エネルギー) を伝送できるので, 照明用途や装飾用途, 映像用途 (ファイバースクリーンなど), 工業用途 (ライトガイドやセンサーなど) など, 多彩な応用が可能である. 一方, 高分子系光ファイバーの短所としては, a) 光伝送損失が大きいため, 長距離 (>1 km) の高速伝送には向かない, b) 低い光吸収損失を示す高分子材料は重水素化やフッ素化されているため原料が高価である, c) 耐熱性, 耐環境性, 長期耐久性に劣る, d) 公衆通信網に用いられている石英系光ファ

イバー（波長：1.55 μm）とは低伝送損失を示す波長が異なるため波長変換が必要となる，などがある．

B1 屈折率をわずかに変化させる技術として，1）分子レベルで相溶性を示す2種以上の高分子からなるポリマーブレンドにおいて，混合比をわずかに変える，2）共重合が可能な2種以上のモノマーからなる共重合体において，共重合比をわずかに変える，3）屈折率が高くかつ溶解性を示す低分子化合物をコアにドーピングする，4）屈折率が低くかつ溶解性を示す低分子化合物をクラッドにドーピングする，5）光照射や加熱により重合物の屈折率を変化させられるモノマーを用い，光の照射量や重合条件を制御することで屈折率を制御する，などが知られている．

B2 不純物のない均一な無定形高分子固体においても，重合時や成形時の不均一性により局所的に密度が異なる"密度ゆらぎ"が生じ，これが"屈折率のゆらぎ"となって散乱損失の要因となる．この散乱損失はガラス転移点以上での加熱処理により低下することがある．しかし，加熱処理などによっても散乱損失自体がゼロになることはなく，最後に残る"密度ゆらぎ"による散乱損失が高分子の本質的な散乱損失であり，これは Einstein の揺動説理論により説明できる場合が多い．

5・12 ゲ ル
5・12・1 ゲルの分類と特性
A1 多数の例があるが，水素結合による物理ゲルの一例としてポリビニルアルコールゲル，イオン結合による物理ゲルの一例としてカルシウムイオンによるポリアクリル酸ゲルを挙げておく．

A2 1）（例）モノビニルモノマーと，エチレングリコールジメタクリレートやメチレンビスアクリルアミドなどのジビニルモノマーと共重合する．
2）（例）ポリビニルアルコールのヒドロキシ基と，グルタルアルデヒドなどのアルデヒド類と縮合反応させる．

5・12・2 ゲルの構造
A1 ペンダント鎖の自由端の数は ν_{pen} と等しい．ペンダント鎖の自由端を $f=1$ の架橋点とみなせば，例題1（a）と同様の考え方により題意が示せる．

5・13 高分子ゲルの膨潤理論

A 1 $v_s = 78.1/0.879/(6.02\times10^{23}) = 1.48\times10^{-22}$ cm^3, $\phi = 1/5.8 = 0.172$ を用いて計算すると, $n_c = 6.0\times10^{19}$ chains cm^{-3}

B 1 Q が非常に大きいときは $\phi \ll 1$ なので, $\ln(1-\phi) \approx -\phi - \phi^2/2$ としてよい. これを (3) 式に用いると,

$$\phi^2(\chi - 1/2) + n_c v_s \phi^{1/3} = 0$$

これより,

$$Q = \left[\frac{n_c v_s}{(1/2 - \chi)}\right]^{-3/5}$$

■解 説■ (3) 式は ϕ の陰関数になっているため, Q が n_c や χ にどのように依存するのかわかりにくいが, この結果からは Q は n_c が小さくなるほど, または良溶媒になるほど ($\chi \to 0$) 大きくなることがわかる.

B 2 1) $\partial\Delta A_{\text{mix}}/\partial\lambda_i = (\partial\Delta A_{\text{mix}}/\partial\phi)(\partial\phi/\partial\lambda_i)$, $\partial\phi/\partial\lambda_i = -\phi/\lambda_i$, および $\lambda_i = \phi_s^{-1/3}\alpha_i$ を (4) 式に用いる.

2) $x\approx 0$ のとき $\ln(1-x)\approx -x - x^2/2$, および (5) 式を用いると,

$$\phi^2(\chi - 1/2) + \frac{v_s n_c \phi_s^{1/3}}{\alpha_x} = 0$$

(5) 式は伸長前 ($\alpha_x = 1$ および $\phi = \phi_s$) についても成立するから, 同様に,

$$\phi_s^2(\chi - 1/2) + v_s n_c \phi_s^{1/3} = 0$$

これらより, $\phi^2 = \phi_s^2/\alpha_x$, すなわち $Q = \alpha_x^{1/2} Q_s$ が得られる.

■解 説■ この結果は, 平衡状態まで膨潤したゲルを溶媒中で伸長するとさらに膨潤すること ($Q > Q_s$) を示している. この膨潤は拡散によって生じる非常に遅い過程 (1 cm 程度のゲルで数日を要する) である.

C 1 1) (4) 式より,

$$\frac{\sigma_x}{k_B T} = \frac{1}{v_s}[\ln(1-\phi) + \phi + \chi\phi^2] + n_c\phi\left(\frac{\alpha_x}{\phi_s^{1/3}}\right)^2$$

(5) 式を用いて,

$$\sigma_x = n_c k_B T\left[\frac{\phi}{\phi_s^{2/3}}\alpha_x^2 - \frac{\phi_s^{1/3}}{\alpha_x}\right]$$

この式に, 問題 B2 の 2) の結果 $\phi = \alpha_x^{-1/2}\phi_s$ を用いれば題意を示せる.

2) σ_x^0 は前問の σ_x の式に $\phi = \phi_s$ を代入することにより得られる.

$$\sigma_x^0 = n_c k_B T\phi_s^{1/3}\left(\alpha_x^2 - \frac{1}{\alpha_x}\right)$$

よって,

$$\Delta\sigma_x = n_c k_B T\phi_s^{1/3}(\alpha_x^2 - \alpha_x^{3/2})$$

3) 加えた伸長が微小であるので, $\alpha_x = 1 + \varepsilon_x$ で $\varepsilon_x \approx 0$ としてよい. $x \approx 0$ のとき, $(1+x)^b \approx 1 + bx$ であることを用いると, (b) の結果より,

$$\Delta\sigma_x/\sigma_x^0 = 1/6$$

■解　説■　2）と3）の結果は，溶媒中でゲルを伸長すると問題B2でみた伸長に誘起された再膨潤によって応力がゆっくりと減少することを示している．

6. 高分子の合成

6・1　高分子生成の基礎様式：重合の基礎

A 1　ビニル重合では，一つの二重結合が二つの単結合になる．したがって，重合前後のエンタルピー変化は次のように計算される．

$$\Delta H = 610 - 347 \times 2 = -84 \text{ kJ mol}^{-1}$$

すなわち，重合により分子は 84 kJ mol^{-1} だけの安定化エネルギーを得られることになり，これが重合を進行させる促進力となる．

A 2　ホルムアルデヒドの重合反応では，$-359 \times 2 - (-694) = -24 \text{ kJ mol}^{-1}$ の安定化エネルギーを得ることができる．モノマーの並進運動で失われるエネルギーを考えても，十分に大きな自由エネルギーを得ることができる．一方，二酸化炭素やケトンでは，得られる安定化エネルギーは $+85$ もしくは $+30 \text{ kJ mol}$ となり，分子は不安定化する．したがって，正反応が進まず，重合体は得られない．

B 1　逐次重合の化学反応式は（1s）式のようになる．

$$\text{A-R-A} + \text{B-R'-B} \longrightarrow \overline{(\text{R-ab-R'-ab})_n} + n\,\text{X} \tag{1s}$$

全重合速度は反応性基の消失速度と等しいので，

$$R = -\text{d}[\text{A}]/\text{d}t = -\text{d}[\text{B}]/\text{d}t = k_1[-\text{A}][-\text{B}] - k_{-1}[\text{ab}][\text{X}] \tag{2s}$$

今，$t=0$ において $[-\text{A}]_0 = [-\text{B}]_0 = C_0$ であるので，

$$R = k_1 C_0^2 (1-p)^2 - k_{-1} C_0^2 p^2 \tag{3s}$$

ただし p は反応性基の反応度である．逆反応が無視できるとき第二項は0になる．よって，(2s) および (3s) 式から以下の微分方程式が得られる．

$$R = k_1 C_0^2 (1-p)^2 = \text{d}C_0(1-p)/\text{d}t \tag{4s}$$

$$\therefore \quad -\int_0^p p\,\text{d}(1-p)/(1-p)^2 = \int_0^t k_1 C_0^2 \text{d}t$$

$$\therefore \quad -[(-1/(1-p) + 1/(1-0)] = k_1 C_0 t \quad (\because t=0 \longrightarrow p=0)$$

$$\therefore \quad 1/(1-p) - 1 = k_1 C_0 t \tag{5s}$$

数平均重合度 x_n は C_0/C であり，

$$p = 1 - C/C_0$$

よって，

$$p = 1 - 1/x_n$$

$$\therefore \quad 1 - p = 1/x_n$$

これを式 (5s) に代入すると下記の式が得られる．

$$x_n = k_1 C_0 t + 1 \tag{6s}$$

一方，付加重合では開始，成長，移動反応による停止，成長鎖間の再結合の速度をそれぞ

れ R_i, R_p, R_{tr}, R_{t2} とすると，

$$\text{重合したモノマーの物質量は } [\text{Mp}] = \int_0^t R_p dt$$

$$\text{重合したポリマーの物質量は } [\text{Np}] = \int_0^t R_i dt + \int_0^t R_{tr} dt - \int_0^t R_{t2}/2\, dt$$

よって，

$$x_n = [\text{Mp}]/[\text{Np}] = \frac{\int_0^t R_p dt}{\int_0^t R_i dt + \int_0^t R_{tr} dt - \int_0^t \frac{R_{t2}}{2} dt}$$

すなわち，付加重合では，重合度は時間によらず一定である．これらを図示すると右図のようになる．

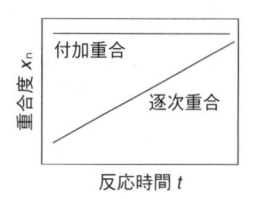

6・2 重縮合の基礎

A 1 1) 数平均重合度は (2) 式より求められる．
$$x_n = 1/(1-0.99) = 100$$

2)
$$x_n = \frac{1 + 1.00/1.02}{2 \times \frac{1.00}{1.02} \times (1-0.99) + 1 - \frac{1.00}{1.02}}$$

$$x_n = 50.5$$

B 1 $p=1$ のとき (5) 式は $x_n = X^a$ 与えられた条件より，$x_n = 1.1^a \geqq 20$

$$\therefore a = \frac{V_p}{V_c} \geqq 31.4$$

B 2 逐次重合の反応速度は一般には2次反応である．しかし，カルボン酸とアルコールからのエステル合成のように，カルボン酸が触媒として働くような場合には以下のように3次反応になる．

$$R = -d[A]/dt = -d[B]/dt$$
$$= k_1[-A]^2[-B]$$

今，$t=0$ において $[-A]_0 = [-B]_0 = C_0$ であるので，この式は以下のように変形できる．
$$R = -d[A]/dt = -d[B]/dt = k_1[-A]^3$$

これを積分して，
$$2C_0^2 kt = 1/(1-p)^2 - 1$$

(2) 式より，
$$2C_0^2 kt = x_n^2 - 1$$
$$\therefore x_n = (2C_0^2 kt + 1)^{1/2}$$

B 3 反応速度定数 k の温度変化はアレニウスの式で表される．
$$\ln k = \ln A - E_a/(RT)$$

ここで A は頻度因子，E_a は活性化エネルギー，R は気体定数，T は絶対温度である．したがって，いくつかの温度で反応度を測定し，反応速度定数を求めれば E_a と A を求め

ことができる.

　絶対温度の逆数に対して速度定数 k の対数をプロットすると直線が得られる．この傾きを最小二乗法にて求め，アレニウスの式に当てはめると，活性化エネルギー109 kJ mol^{-1} が得られる．

C1　1）アラミドの繰返し単位の分子量は330.34なので，1モノマー当たり165.17となる．したがって，各時間における数平均重合度は以下のようになる．

重合時間/min	0	12	24	60	120
x_n	1	45.77	101.4	245.0	482.0

これらのデータを最小二乗法で近似すると以下の式が得られる．

$$x_n = 4.017t + 1.504$$

重縮合では $x_n = k_1 C_0 t + 1$ の関係があるのでこの式と上記得られた式とを比較して，$C_0 = 1$ であることを考慮すると速度定数を求めることができる．

$$k_1 = 4.017 \text{ L mol}^{-1} \text{min}^{-1}$$

　2）(6) 式で，$x_n = 3$，$p = 1$ とすると，$r = 0.5$ となる．したがって，用いるジカルボン酸成分（IPC：分子量 203.02）とジアミンモノマー（ODA：200.24）の物質量の比は 1：2 である．IPC を X(g) 用いるとすると ODA は $1-X$(g) である．したがって，$X/203.02$: $(1-X)/198.22 = 1$: 2 を満たす X を求めると，$X = 0.3364$(g) である．これより，IPC と ODA の物質量はそれぞれ，1.657 mmol，3.314 mmol となる．同様にして，以下の物質量が得られる．

数平均重合度	3	6	9
r	1/2	5/7	8/10
IPC/mmol	1.657	2.069	2.206
ODA/mmol	3.314	2.897	2.757

C2　アミンとカルボン酸からアミドができる縮合反応において，平衡状態では以下の式が成り立つ．

$$k_1 C_0^2 (1-p)^2 = k_{-1} C_0^2 p^2$$
$$\therefore \quad K = k_1/k_{-1} = p^2/(1-p)^2$$
$$\therefore \quad p = K^{1/2}/(K^{1/2}+1)$$

これを (2) 式に代入して p を消去すると (4) 式が得られる．これにアミド，エステル生成反応の平衡定数を代入すると，

　　ポリアミド：$x_n = 1 + 300^{1/2} = 18.3$，ポリエステル：$X_n = 1 + 1^{1/2} = 2$

となる．これらが生成するポリマーの数平均重合度である．

　カルボン酸からのアミドやエステル合成では，脱離成分 X が水であるので，水の生成量を w とすれば以下の式が導かれる．

$$K = pw/(1-p)^2$$

ここで，$K/w = K'$ とおいて上の式を (2) 式に代入して整理すると下式が得られる．

$$x_n = 2K'/[(1+4K')^{1/2}-1]$$

　平衡反応では生成系の成分を除去することで平衡を正反応側に傾けることができる．すなわち，重合系から副成する水を除去してやればよい．この場合，K' は 1 より十分に大きな値となるため，上の式は次のように近似できる．

$$x_n \approx 2K'/(4K')^{1/2} = K'^{1/2} = (K/w)^{1/2}$$

$K=300$ として，重合度が 1 万になるための w は 3.0×10^{-6} mol である．

6・3　重縮合の方法

A 1　一般に，全芳香族ポリアミド（アラミド）はアミドの水素結合により分子間で強く相互作用するため，ある程度，重合が進行するとポリマーが凝集沈殿してしまう．したがって，ポリマー末端の反応性官能基の衝突頻度が減り，重合速度が低下する．塩化リチウムはアミドと強く相互作用するため，ポリアミドの分子間水素結合を切り，凝集を抑制，重合を円滑に進行させる作用がある．

A 2　下記の通りである．

1）芳香族求核置換重合

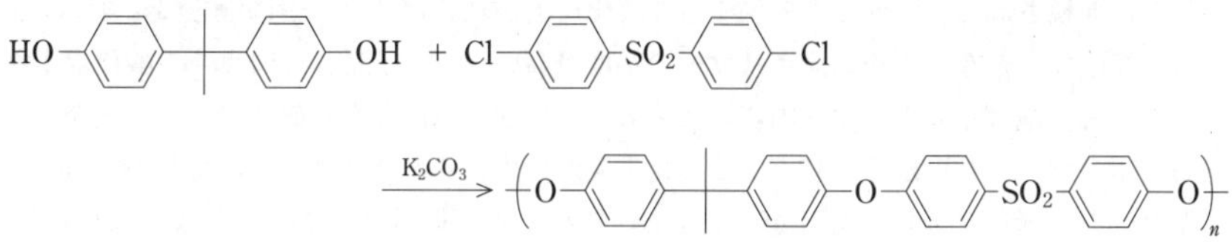

HO－〈〉－C(CH₃)₂－〈〉－OH ＋ Cl－〈〉－SO₂－〈〉－Cl

　　$\xrightarrow{K_2CO_3}$　⎡O－〈〉－C(CH₃)₂－〈〉－O－〈〉－SO₂－〈〉－O⎤ₙ

2）芳香族求電子置換重合

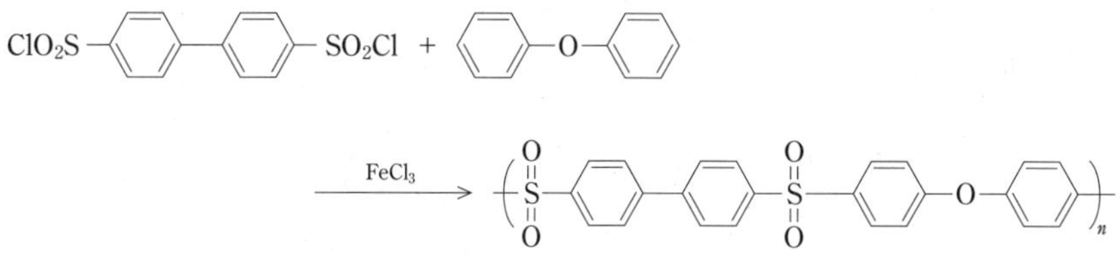

ClO₂S－〈〉－〈〉－SO₂Cl ＋ 〈〉－O－〈〉

　　$\xrightarrow{FeCl_3}$　⎡SO₂－〈〉－〈〉－SO₂－〈〉－O－〈〉⎤ₙ

6・4　重付加

A 1　1）6・2 節の（6）式において，$p \rightarrow 1$ としたとき，$x_n = (1+r)/(1-r)$ である．$x_n = 5$ として r について解くと，$r=0.67$ となる．すなわち，エピクロロヒドリンを 1 mol 使用する場合，ビスフェノール A は 0.67 mol となる．

　　2）アミンがエポキシ環を開環し，双性イオン化合物を生成する．これが別のモノマーのエポキシ環を順次開環し，高分子量体となる．さらに重合が進行すると網目構造の架橋体となる（分子量は∞）．なお，プレポリマーは重合度が低く，適度な粘性があり，接着面への塗付が容易であることから，工業的に使用されている．

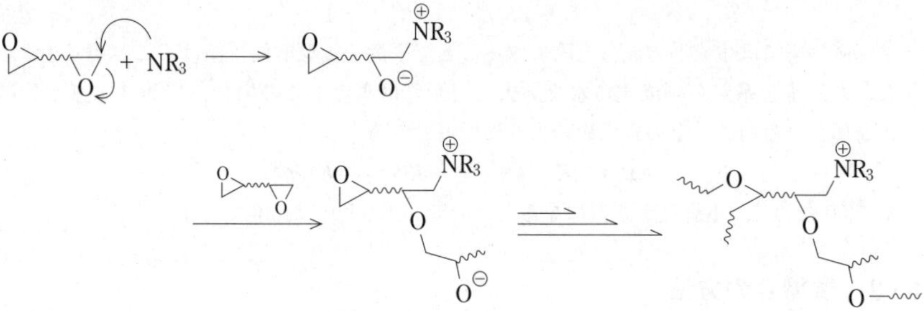

246　演習問題の解答

[反応機構図: エポキシドへのNR₃の付加、続くエポキシドとの反応によるアニオン重合開始の模式図]

A2　重付加では脱離成分がないので，反応の平衡定数は (1) 式で与えられる．これを p について解き，6・2節の (2) 式から重合度 x_n を求めると6・4節の (2) 式が得られる．

A3　ジイソシアナートとジオールを混合するとポリイソシアナートが得られる．イソシアナートとジオールは，官能基間のユニットを長鎖脂肪族や芳香族とすることで，さまざまな粘性のモノマーとなる．少量の水を加えると，イソシアナートの一部に水が付加し，カルバミン酸 (R-NHCOOH) が生成する．これは不安定であるため，脱炭酸を起こし，アミンに変換される．このとき発生する二酸化炭素が粘いポリマー中に泡をつくり，フォーム（発泡体）となる．なお，ポリマーの粘度が高い（高分子量体）時点で二酸化炭素が発生すると，泡は粘ポリマー内に閉じ込められて独立気泡となり硬質フォームとなる．一方，ポリマーの粘度が低い時点で二酸化炭素が発生すると気泡ははじけて隣の気泡とつながり，三次元的に連結した孔が生成する．このため，得られるフォームは柔らかくなり，軟質となる．

B1　1) の反応

$$HO-R_1-HO \xrightarrow[OCN-R_2-NCO]{\text{過剰の}} OCN-R_2-N(H)(C=O)\left(O-R_1-O-(C=O)-N(H)-R_2-N(H)-(C=O)\right)_x N(H)-R_2-NCO$$

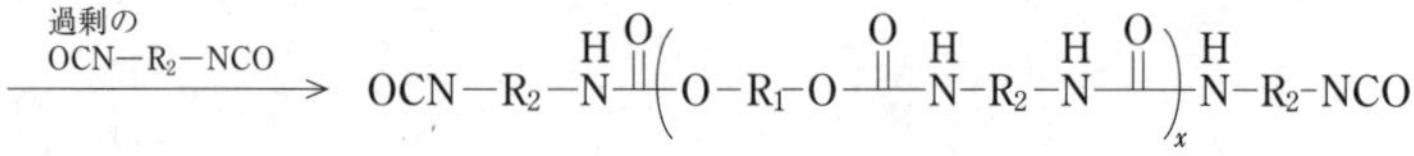

ウレタンのオリゴマー

2) の反応

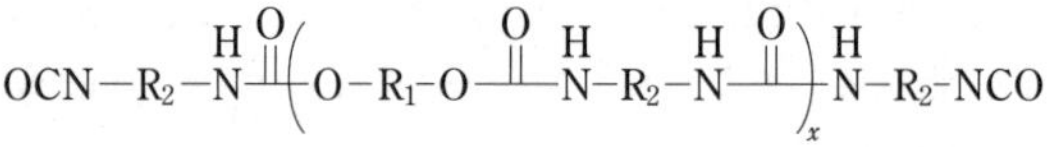

$$OCN-R_2-N(H)(C=O)\left(O-R_1-O-(C=O)-N(H)-R_2-N(H)-(C=O)\right)_x N(H)-R_2-NCO$$

ウレタンのオリゴマー

$$\xrightarrow{H_2NNH_2} OCN-R_2-N(H)\left[(C=O)\left(O-R_1-O-(C=O)-N(H)-R_2-N(H)-(C=O)\right)_x N(H)-R_2-N(H)-(C=O)-N(H)-N(H)\right]_y$$

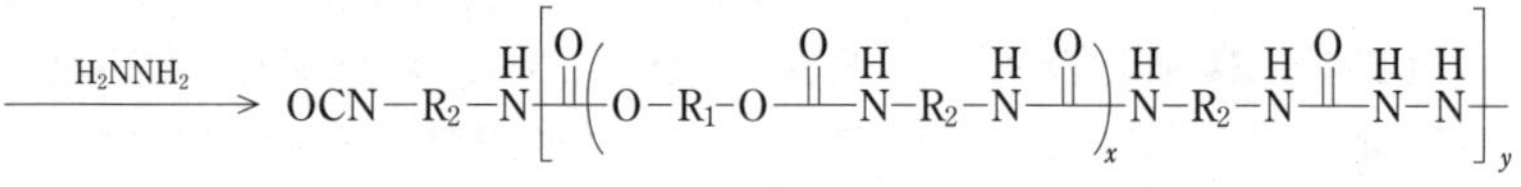

ポリ（ウレタン-ヒドラジド）

3) の反応

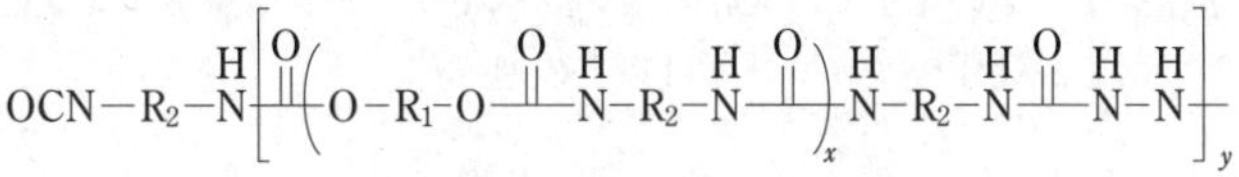

[構造式: ポリ（ウレタン-ヒドラジド）の生成反応]

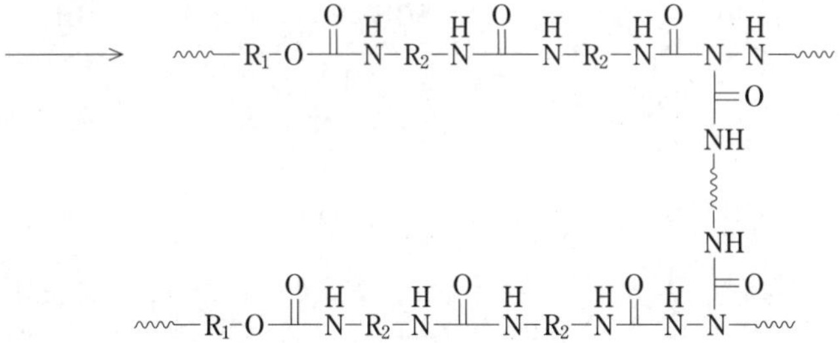

6・5 付加縮合

A1 レゾールはアルカリ性条件下で生成する付加物である．いわゆる，メチロールが多数存在する．ここで，中性条件にすることで，メチロール同士またはフェノール核のオルト位もしくはパラ位で反応し，結合して硬化する．

B1 1) [尿素 + ホルムアルデヒド → メチロール尿素の反応式]

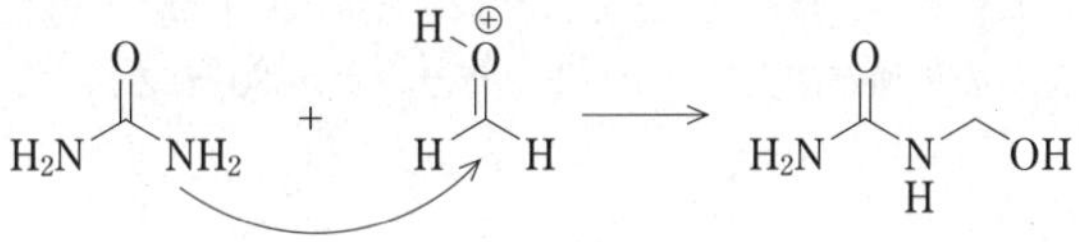

2) [メチロール尿素 + 尿素 → メチレンビス尿素の反応式]

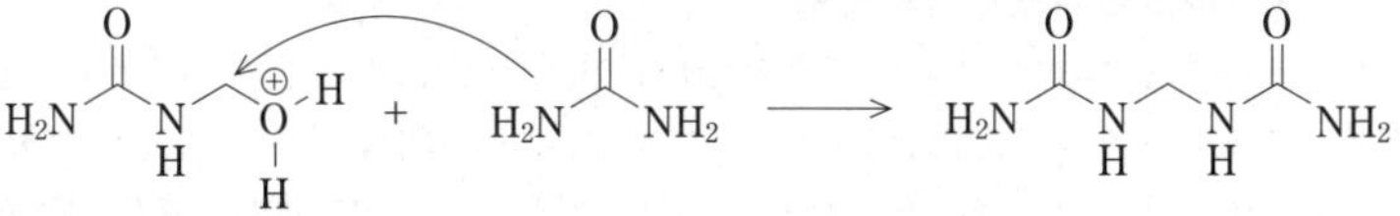

3) 酸性側： [直鎖状メチレン結合尿素の構造式]

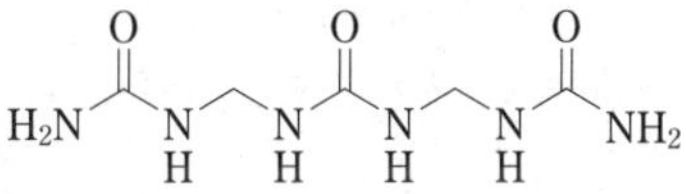

アルカリ性側： [メチロール化された尿素類の構造式]

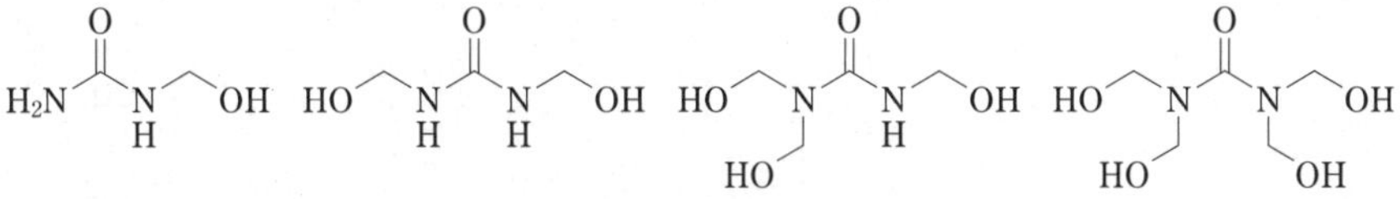

酸性側では酸がカルボニルを活性化して付加と縮合が起こる．一方，アルカリ性側ではアミドのNH水素が引抜かれ，窒素上の置換反応が進行する．

B2 ノボラック樹脂は酸性条件下で得られる樹脂であり，主として縮合反応で得られる．

したがって，ノボラックにはフェノール性ヒドロキシ基はあるものの，硬化のためのメチロールがほとんど存在せず，そのままでは硬化しない．ヘキサメチレンテトラミンは硬化助剤として使用可能である．硬化のメカニズムは以下の通り．

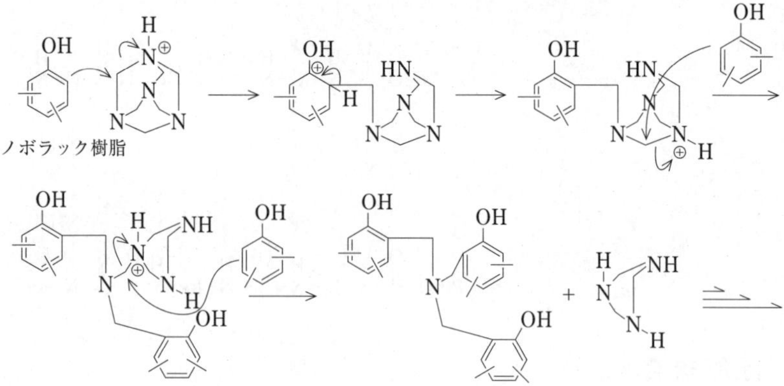

[ノボラック樹脂とヘキサメチレンテトラミンによる架橋反応機構の図]

B3 何も添加しない場合，ホルムアルデヒドはフェノールのオルト位もしくはパラ位で反応する．酸性側では特にパラ位で反応しやすい．しかし，金属イオンを添加した場合には金属イオンがフェノール性ヒドロキシ基とホルムアルデヒドのヒドロキシ基にキレート配位するため，オルト位での付加が優先し，オルトノボラックが得られる．

6・6 ラジカル重合
6・6・1 ラジカル重合の概要（素反応）

A1 1) 頭-頭構造や尾-尾構造ができる際には成長ラジカルとして $-CH_2\cdot$ が生成する．そのため，Xのラジカル安定化能が高いほど $-CH_2\cdot$ と $-CHX\cdot$ の安定性の差が大きくなり，尾-尾構造，頭-頭構造は生成しなくなる．実際，スチレンなどの共鳴安定化ラジカルを生成するモノマーからは頭-尾構造だけからなるポリマーが得られるが，酢酸ビニルなどのモノマーからは数%の頭-頭構造や尾-尾構造を含むポリマーが得られる．

2)

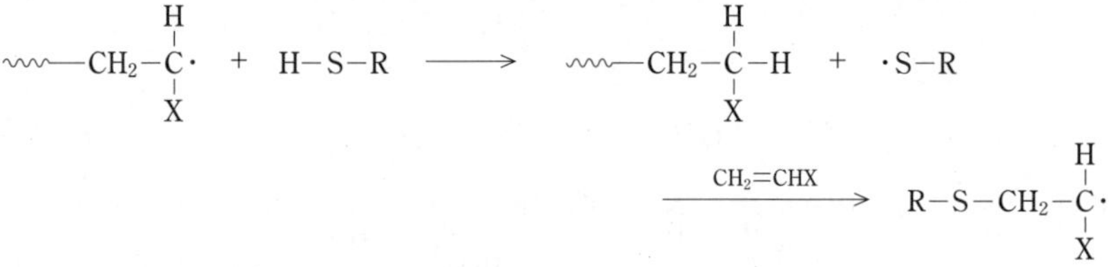

$$\sim\sim CH_2-\underset{X}{\underset{|}{\overset{H}{\overset{|}{C}}}}\cdot + H-S-R \longrightarrow \sim\sim CH_2-\underset{X}{\underset{|}{\overset{H}{\overset{|}{C}}}}-H + \cdot S-R$$

$$\xrightarrow{CH_2=CHX} R-S-CH_2-\underset{X}{\underset{|}{\overset{H}{\overset{|}{C}}}}\cdot$$

3) 分子量の調節．末端への官能基の導入．

4) ラジカルの濃度はかなり低いため，ラジカル同士の反応である停止反応は，反応速度定数が大きくても，結果的に遅くなる．

6・6・2 ラジカル重合の速度論

A 1 開始剤は一次反応で分解するので,分解速度は $R_d = -d[I]/dt = k_d[I]$ と表される. $k_d = A\exp(-E_d/RT) = 1.58 \times 10^{15} \exp(-128.9 \times 10^3/(8.315 \times T))$ に温度(K)を代入すると,それぞれ,9.7×10^{-6}(60℃),1.4×10^{-4}(80℃),1.4×10^{-3}(100℃)が求まる.

半減期 $t_{1/2}$ を求めるには,$d[I]/dt = -k_d[I]$ を積分して,$[I]_t = [I]_0 \exp(-k_d t)$ を得る. 半減期とは,時間 t の後に開始剤濃度が初期濃度の半分になる($[I]_t = [I]_0/2$ となる)時間のことなので,$[I]_0/2 = [I]_0 \exp(-k_d t)$ を整理して $t = (\ln 0.5)/(-k_d)$ とし,数値を代入するとそれぞれ19時間42分(60℃),1時間25分(80℃),8分(100℃)が得られる.

■**解 説**■ 60℃では約20時間もの長い半減期を示すのに対し,100℃ではわずか8分の半減期になっていることに注意. ラジカル重合の開始剤はそれぞれ適正な温度領域で用いる必要があり,温度が低過ぎるとラジカルが発生せず,温度が高過ぎるとラジカル濃度上昇によって停止反応が頻繁に起こるようになるため,重合度が低下するとともにモノマーが消費される前に開始剤がなくなる. 通常のラジカル重合では,半減期が数時間から数十時間になるように用いる開始剤の種類や重合温度を選ぶ.

B 1 AIBN および BPO の分解反応式を下に示す.なお,☐☐ は溶媒などによってつくられるケージ(かご)を表しており,開始剤効率に及ぼす溶媒の粘度依存性などより仮定されているものである(塊状重合では,モノマーが溶媒の役割も果たす).

AIBN の分解で生じた1次ラジカルが"かご外"に出てモノマーと反応すると重合が開始するが,"かご内"で1次ラジカル同士が反応すると開始反応を起こすことができない構造の生成物が得られるため,"かご内"反応物の生成とともに開始剤効率 f は低下するこ

とになる．一方，BPO の分解で生じた1次ラジカルは"かご内"で反応しても BPO が再生するため，f が低下することがない．つまり，両開始剤の f 値の差異は，"かご効果"と呼ばれるこのようなケージの存在および"かご内"反応物の構造変化の違いによって説明される．

C 1 1）ラジカル濃度が定常状態であることから，
$$R_i = 2k_d f[\text{I}] = k_t[\text{P}\cdot]^2 = R_t$$

$$[\text{P}\cdot] = \left(\frac{2k_d f}{k_t}\right)^{0.5}[\text{I}]^{0.5}$$

$$= \left(\frac{2 \times 4.72 \times 10^{-4} \times 0.7}{1.27 \times 10^9}\right)^{0.5} \times (6.0 \times 10^{-2})^{0.5}$$

$$= 1.77 \times 10^{-7}\ \text{mol L}^{-1}$$

2）1）で求めたラジカル濃度より，
$$R_p = k_p[\text{P}\cdot][\text{M}]$$
$$= 4.28 \times 10^4 \times 1.77 \times 10^{-7} \times 8.8$$
$$= 6.7 \times 10^{-2}\ \text{mol L}^{-1}\ \text{min}^{-1}$$

3）成長反応速度はモノマーの消費速度であることから，
$$R_p = -\frac{d[\text{M}]}{dt} = k_p[\text{P}\cdot][\text{M}]$$

$$-\frac{d[\text{M}]}{[\text{M}]} = k_p[\text{P}\cdot]dt$$

$t=0$ での M の濃度を $[\text{M}]_0$，時刻 t では $[\text{M}]_t$ とすると，

$$\int_{[\text{M}]_0}^{[\text{M}]_t} -\frac{d[\text{M}]}{[\text{M}]} = \int_0^t k_p[\text{P}\cdot]dt$$

$$-(\ln[\text{M}]_t - \ln[\text{M}]_0) = k_0[\text{P}\cdot]t$$

$$\ln\left(\frac{[\text{M}]_t}{[\text{M}]_0}\right) = -k_p[\text{P}\cdot]t$$

$$\frac{[\text{M}]_t}{[\text{M}]_0} = \exp(-k_p[\text{P}\cdot]t)$$

$$= \exp(-4.28 \times 10^4 \times 1.77 \times 10^{-7} \times 10)$$

$$= 0.927$$

モノマー転化率は $([\text{M}]_0 - [\text{M}]_t)/[\text{M}]_0 \times 100$ より，7.3 % となる．

4）生じた一つのラジカルが停止反応するまでに反応したモノマー分子の平均の数を動力学的鎖長（ν）といい，定常状態では次式で表される．
$$\nu = R_p/R_t = R_p/R_i$$

再結合停止では平均鎖長が倍になることから，2ν を求める．収率10 %以内の重合初期では，1）で求めた $[\text{P}\cdot]$ および2）で求めた R_p を適用できるので，

$$2\nu = \frac{2R_p}{k_t[\text{P}\cdot]^2} = \frac{2 \times 6.7 \times 10^{-2}}{1.27 \times 10^9 \times (1.77 \times 10^{-7})^2} = 3.4 \times 10^3$$

6・7 ラジカル重合の方法

A 1 ポリアクリロニトリルはジメチルホルムアミドに溶解するため，ジメチルホルムアミド中の重合は均一系で進行する．そのため，重合は一般的な速度論に従い，重合速度は開始剤濃度のほぼ 0.5 次に比例することになる．一方，ポリアクリロニトリルはベンゼンには溶解しないため，重合の進行とともに不均一系になる（分散重合）．このような重合では，成長ラジカルが沈殿したポリマー中に取込まれるため，重合の進行とともにラジカル濃度が上昇し，ラジカル濃度の定常状態を近似できなくなる．そのため，その重合速度は開始剤濃度の 0.7〜0.9 次に比例した．

B 1 数平均重合度 DP は，開始剤の分解もしくは連鎖移動反応によって生じた一つのラジカルが停止反応または連鎖移動反応するまでに反応したモノマー分子の平均の数であることから，下式で表せる．

$$DP = R_p/(R_t + R_{tr}) = k_p[\text{P·}][\text{M}]/(2k_t[\text{P·}]^2 + k_{trS}[\text{P·}][\text{S}] + k_{trI}[\text{P·}][\text{I}] + k_{trM}[\text{P·}][\text{M}])$$

ここで，R_{tr} は連鎖移動速度，k_{trS}，k_{trI} および k_{trM} は溶媒（S），開始剤（I）およびモノマー（M）への連鎖移動反応の速度定数である．

開始剤，モノマーおよび溶媒への連鎖移動は無視できることから，

$$DP = R_p/R_t = k_p[\text{P·}][\text{M}]/2k_t[\text{P·}]^2 = k_p[\text{M}]/2k_t[\text{P·}] = k_p^2[\text{M}]^2/2k_tR_p$$

となる．重合速度は変化させないので，モノマー濃度が $\sqrt{1/2}$ 倍になればよい．

また，重合速度は $R_p = (2k_df/k_t)^{0.5}k_p[\text{I}]^{0.5}[\text{M}]$ であることから，モノマー濃度を $\sqrt{1/2}$ 倍にするのであれば，開始剤濃度を 2 倍にする．

よって，$[\text{M}] = 1.41\ \text{mol L}^{-1}$，$[\text{I}] = 0.08\ \text{mol L}^{-1}$ にする．

C 1 スチレンの塊状重合では，再結合停止反応が優先的に起こるので，

$$R_i = 8 \times 10^{-9}\ \text{mol dm}^{-3}\ \text{s}^{-1} = 5.0 \times 10^{12}\ \text{ラジカル cm}^{-3}\ \text{s}^{-1}$$
$$[\text{P·}] = (R_i/k_t)^{0.5} = 1.5 \times 10^{-8}\ \text{mol dm}^{-3} = 8.9 \times 10^{12}\ \text{ラジカル cm}^{-3}$$
$$R_p = k_p[\text{P·}][\text{M}] = 1.3 \times 10^{-5}\ \text{mol dm}^{-3}\ \text{s}^{-1} = 7.9 \times 10^{15}\ \text{分子 cm}^{-3}\ \text{s}^{-1}$$
$$DP = 2R_p/R_i = 3.3 \times 10^3$$

となる．一方，乳化重合では，$1\ \text{cm}^3$ 当たりの重合速度および平均重合度が $R_p = k_p(N/2)[\text{M}]$ および $DP = k_pN[\text{M}]/\rho$（ただし，ρ は $1\ \text{cm}^3$ 当たりのラジカルの生成速度）で与えられることから，$\rho = 5.0 \times 10^{12}\ \text{ラジカル cm}^{-3}\ \text{s}^{-1}$ とすると，

$$R_p = 4.4 \times 10^{17}\ \text{分子 cm}^{-3}\ \text{s}^{-1}\ \text{および}\ DP = 1.8 \times 10^5$$

となる．

塊状重合での R_p および DP と比較すると，乳化重合のほうが重合速度および数平均重合度が大きくなることがわかる．

■**解 説**■ 塊状重合では重合速度を増大させるには R_i を増加させる必要があるが，その際，数平均重合度は低下する．乳化重合では単位体積当たりの粒子数を増加させれば，重合速度と数平均重合度を同時に増加させることができる．

乳化重合では成長ラジカルによる 2 分子停止ではなく 1 次ラジカル停止（開始剤の分解によって生成した 1 次ラジカルとポリマーラジカルとの反応による停止反応）が起こるため，重合速度が開始剤濃度の 0.5 次に比例しないことに注意．

6・8 ラジカル共重合
6・8・1 ラジカル共重合の概要

A 1 $r_1 = k_{11}/k_{12} = 0.04$, $r_2 = k_{22}/k_{21} = 0$ より，この共重合系では交差成長が優先的に起こっている．結果として，おもに下記のようなモノマー連鎖を有する共重合体が得られる．

$$\cdots M_1M_2M_1M_2M_1M_2M_1M_2\cdots$$

B 1 1) $r_1 = k_{11}/k_{12}$, $r_2 = k_{22}/k_{21}$ より，

$$k_{12} = 341/55 = 6.2 \text{ L mol}^{-1}\text{ s}^{-1}$$

$$k_{21} = 3{,}700/0.01 = 370{,}000 \text{ L mol}^{-1}\text{ s}^{-1}$$

2) $r_1 > 1$ および $r_2 < 1$ より，成長ラジカルの種類にかかわらずスチレンモノマーの反応が優先され，スチレンラジカルが生成しやすい．$k_{11} < k_{21}$ および $k_{12} < k_{22}$ より，酢酸ビニルラジカルによる成長反応よりもスチレンラジカルによる成長反応のほうが速度定数が小さい．よって，共重合初期の重合速度は低下する傾向を示すと考えられる．

■**解　説**　スチレンと酢酸ビニルのラジカル重合における $k_p/k_t^{0.5}$ はそれぞれ 0.021 および 0.34 であり，もし同一条件下でそれぞれの単独重合を行った場合には酢酸ビニルのほうが早く消費される．にもかかわらず，ラジカル共重合ではスチレンのほうが早く消費されることに注意．

また，スチレンと酢酸ビニルの Q, e 値はそれぞれ 1.0, −0.8 と 0.026, −0.88 であることから，共鳴効果が重要であることがわかる．

C 1 1) F_1 の逆数に共重合組成式を代入すると，

$$\frac{1}{F_1} = \frac{d[M_1] + d[M_2]}{d[M_1]}$$

$$= 1 + \frac{d[M_2]}{d[M_1]}$$

$$= 1 + \frac{[M_2]}{[M_1]}\left(\frac{[M_1] + r_2[M_2]}{r_1[M_1] + [M_2]}\right)$$

$$= \frac{[M_1](r_1[M_1] + [M_2]) + [M_2]([M_1] + r_2[M_2])}{[M_1](r_1[M_1] + [M_2])}$$

$$= \frac{r_1[M_1]^2 + 2[M_1][M_2] + r_2[M_2]^2}{r_1[M_1]^2 + [M_1][M_2]}$$

$$F_1 = \frac{r_1[M_1]^2 + [M_1][M_2]}{r_1[M_1]^2 + 2[M_1][M_2] + r_2[M_2]^2}$$

分子と分母をそれぞれ $([M_1] + [M_2])^2$ で割ると，

$$F_1 = \frac{r_1 f_1^2 + f_1 f_2}{r_1 f_1^2 + 2 f_1 f_2 + r_2 f_2^2}$$

2) $r_1 = 0.75$, $r_2 = 0.18$ および $f_1 = 0.20$, $f_2 = 0.80$ を代入すると，

$$F_1 = \frac{0.75 \times 0.20^2 + 0.20 \times 0.80}{0.75 \times 0.20^2 + 2 \times 0.20 \times 0.80 + 0.18 \times 0.80^2}$$

$$= 0.41$$

よってスチレン 41 %, アクリル酸メチル 59 %の組成になる.

6・8・2 Q-e スキーム

A 1 $r_1 = (Q_1/Q_2)\exp[-e_1(e_1-e_2)]$ および $r_2 = (Q_2/Q_1)\exp[-e_2(e_2-e_1)]$ より,

$$r_1 = 0.52 = (1/Q_2)\exp[0.8\times(-0.8-e_2)]$$
$$r_2 = 0.46 = (Q_2/1)\exp[-e_2(e_2+0.8)]$$
$$r_1 \times r_2 = 0.2392 = \exp[-(0.8+e_2)^2]$$
$$\ln(0.2392) = -1.43 = -(0.8+e_2)^2$$
$$(1.43)^{0.5} = 1.196 = 0.8 + e_2$$
$$e_2 = 0.4$$
$$Q_2 = (1/0.52)\exp[0.8\times(-0.8-0.4)] = 0.74$$

6・9 アニオン重合

A 1 1)

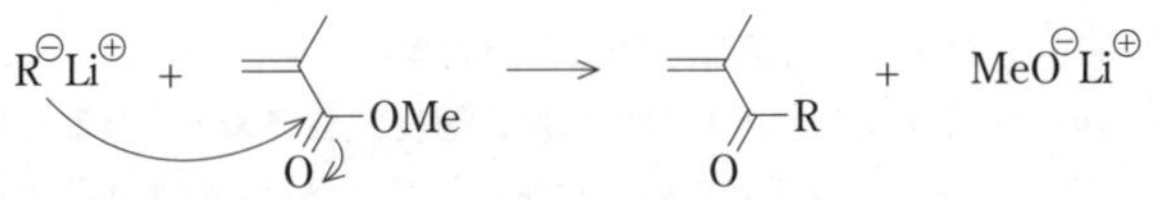

この反応で生成するビニルケトンは MMA よりも反応性が高いので, MMA の成長末端と優先的に反応する. しかし, その反応により生成する末端エノラートは MMA の成長末端よりも反応性が低いため, ビニルケトンユニットを末端に有する MMA オリゴマーを生成する. MeOLi は MMA の重合を開始できない.

2)

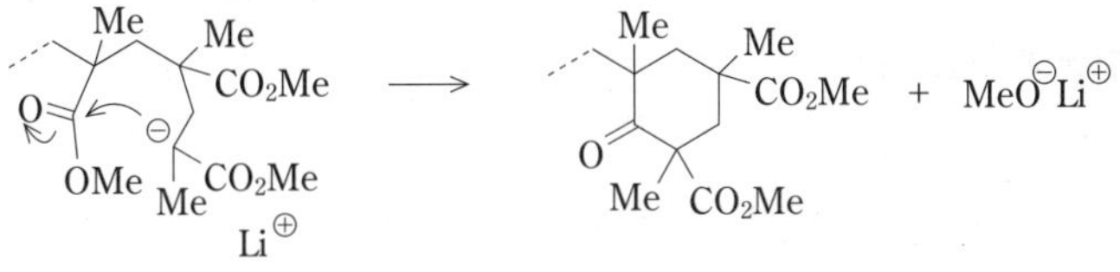

A 2

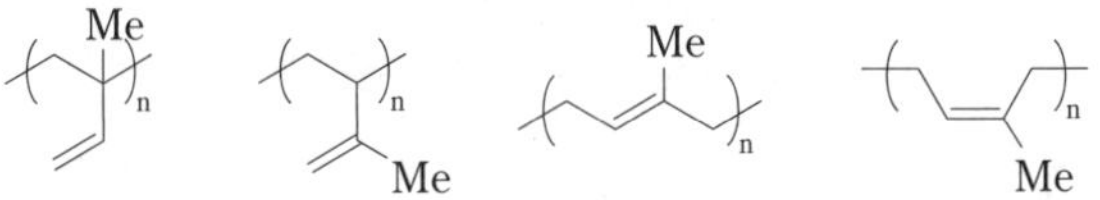

1,2-   3,4-   1,4-*trans*-   1,4-*cis*-

実際には, 有機リチウムを開始剤として用いた場合, n-ヘキサンのような非極性溶媒中でのアニオン重合では 1,4-*cis*-構造, THF のような極性溶媒中では 3,4-構造にそれぞれ富んだ主鎖骨格のポリイソプレンが生成する.

A 3 スチレンを先に加える. 電子吸引性の置換基をもつ p-シアノスチレンの成長末端は求核剤としての反応性が低下しており, その成長末端はスチレンの重合を開始することができない.

B 1

[反応スキーム: t-BuO⁻Na⁺ + アクリルアミド → -t-BuOH → アニオン中間体 → アクリルアミド付加 → 水素移動 → さらなる付加 → H⁺ によるプロトン化でポリマー生成]

C 1 一般に，アニオン重合の成長末端はイオン対と遊離イオンの平衡状態となっており，反応性のより高い遊離イオンの割合が大きいほど，反応は速くなる（見かけの反応速度定数が大きくなる）．したがって，溶媒の誘電率が大きい（極性が高い）ほど，遊離イオンの割合が増えるので，その分，見かけの成長反応速度定数が大きくなると考えられる．ただし，ベンゼンとジオキサンは誘電率の値が等しいが，酸素上の孤立電子対による配位で対カチオンを安定化できるジオキサンのほうが見かけの成長反応速度定数は大きい．また，ジメトキシエタンの場合には，分子内の二つの酸素原子によるキレート配位によるナトリウムカチオンの安定化効果が大きいため，誘電率はより大きいがキレート効果のないTHFを用いた場合よりも見かけの成長反応速度定数が大きくなっていると考えられる．

6・10 カチオン重合

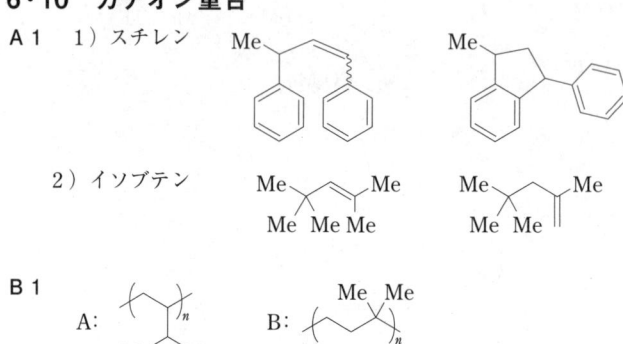

A 1 1）スチレン

[構造式: Me基とフェニル基をもつアルケンおよびインダン型構造]

2）イソブテン

[構造式: Me₂C=CMe₂ および Me₃C-C(=CH₂)Me 型構造]

B 1

A: [ポリマー構造 -[CH₂-CHMe]ₙ- 的な構造で Me, Me 置換]
B: [ポリマー構造 -[CH₂-CMe₂-CH₂-CH₂]ₙ- 的な構造]

このモノマーのカチオン重合ではC=Cへの付加で生成する第二級のカルボカチオンの一部が，隣接するメチン水素の転移によってより安定な第三級カルボカチオンへと異性化して重合する．温度が低くなるほど，成長反応よりも異性化が優先して起こるので，その異性化の割合は上昇し，−130℃では第三級カルボカチオンからの成長反応のみが進行するようになる．

B 2

$$\text{Ph-}\underset{\text{Me}}{\overset{\text{Me}}{\text{C}}}\text{-Cl} + \text{BCl}_3 \longrightarrow \boxed{\text{Ph-}\underset{\text{Me}}{\overset{\text{Me}}{\text{C}}}{}^{\oplus}\ {}^{\ominus}\text{BCl}_4} \xrightarrow[\text{開始，成長}]{n\ \diagup} \text{Ph-}\underset{\text{Me}}{\overset{\text{Me}}{\text{C}}}{-}{\left(\text{CH}_2\text{-}\underset{\text{Me}}{\overset{\text{Me}}{\text{C}}}\right)}_{n-1}\text{CH}_2\text{-}\underset{\text{Me}}{\overset{\text{Me}}{\text{C}}}{}^{\oplus}\ {}^{\ominus}\text{BCl}_4$$

$$\xrightarrow[\text{連鎖移動}]{\text{Ph-}\underset{\text{Me}}{\overset{\text{Me}}{\text{C}}}\text{-Cl}} \text{Ph-}\underset{\text{Me}}{\overset{\text{Me}}{\text{C}}}{-}{\left(\text{CH}_2\text{-}\underset{\text{Me}}{\overset{\text{Me}}{\text{C}}}\right)}_{n-1}\text{CH}_2\text{-}\underset{\text{Me}}{\overset{\text{Me}}{\text{C}}}\text{-Cl} + \boxed{\text{Ph-}\underset{\text{Me}}{\overset{\text{Me}}{\text{C}}}{}^{\oplus}\ {}^{\ominus}\text{BCl}_4}$$

連鎖移動で生じるカルボカチオンはフェニル基との共鳴により成長末端のカルボカチオンよりも安定であるために，この連鎖移動反応は起こりやすく，停止末端に C–Cl 結合をもったポリイソブテンが得られる．

C 1 この重合において生成物の分子量分布が二峰性となるのは，成長末端のイオン対と遊離イオンとの交換が成長反応よりも遅く，反応性の高い遊離イオンから高分子量部が，反応性の低いイオン対から低分子量部が生成するためである．この系に，共通イオンとしての $[n\text{-Bu}_4\text{N}]^+[\text{ClO}_4]^-$ を添加すると，その平衡がイオン対側へ偏るために，高分子量部の生成が抑えられる．

6・11 配位重合

6・11・1 不均一系触媒と均一系触媒

A 1 固体触媒である Ziegler-Natta 触媒の活性点となる TiCl_4 を，Ti(IV) とイオン半径の近い MgCl_2 の表面に担持して，固体内部で活性点として機能することのできない Ti を減らすことによる活性点濃度の飛躍的な増大．また，電気陰性度の小さな Mg に結合した Cl から Ti 中心への電子供与により，Ti に配位するオレフィンの反結合性 π^* 軌道への Ti からの逆供与の効果が高まり，これによって C=C が活性化されることも触媒活性の向上に寄与していると考えられている．

B 1
1) $\text{Cp}'_2\text{M}\underset{\text{Me}}{\overset{\text{Me}}{\diagdown}} + \text{B}(\text{C}_6\text{F}_5)_3 \longrightarrow \text{Cp}'_2\text{M}{}^{\oplus}{-}\text{Me} \quad \text{Me}{-}{}^{\ominus}\text{B}(\text{C}_6\text{F}_5)_3$

2) $\text{Cp}'_2\text{M}\underset{\text{Me}}{\overset{\text{Me}}{\diagdown}} + \text{H}{-}\overset{\oplus}{\text{N}}\underset{\text{Me}}{\overset{\text{Ph}}{\diagdown}}\text{Me} \quad {}^{\ominus}\text{B}(\text{C}_6\text{F}_5)_4 \xrightarrow{-\text{Me-H}} \text{Cp}'_2\text{M}{}^{\oplus}{-}\text{Me} \quad {}^{\ominus}\text{B}(\text{C}_6\text{F}_5)_4 + \text{PhMe}_2\text{N}$

3) $\text{Cp}'_2\text{M}\underset{\text{Me}}{\overset{\text{Me}}{\diagdown}} + \overset{\oplus}{\text{C}}\underset{\text{Ph}}{\overset{\text{Ph}}{\diagdown}}\text{Ph} \quad {}^{\ominus}\text{B}(\text{C}_6\text{F}_5)_4 \longrightarrow \text{Cp}'_2\text{M}{}^{\oplus}{-}\text{Me} \quad {}^{\ominus}\text{B}(\text{C}_6\text{F}_5)_4 + \text{Ph}_3\text{C}{-}\text{Me}$

高触媒活性を発現させるためには，カチオン性金属中心と対アニオンとのイオン的な相互作用をできる限り減少させる必要がある．そのためには，ここで対アニオンとして用いられているホウ酸塩の，ホウ素上に存在する負電荷を対アニオン部全体に分散させること

が有効であると考えられる．そこで，ホウ素に四つのペルフルオロフェニル基を結合させ，その電子吸引効果によって負電荷の分散を達成している．

上記の3種の開始剤系の中で，1) では [MeB(C$_6$F$_5$)$_3$]$^-$ の中のホウ素上の Me 基，2) の場合は系内に存在する PhMe$_2$N が，それぞれカチオン性金属中心と弱い相互作用をして活性を低下させる可能性がある．これに対して，3) の場合はカチオン性金属中心と相互作用するものが系内に存在しないので，これが最も適したホウ酸塩系助触媒であるといえる．

6・11・2 メタセシス重合

A 1 触媒の活性が高いと反応系内のモノマー量が減少したときに，2次的メタセシス (secondary metathesis) と呼ばれる分子内および分子間の連鎖移動反応が起こり始める．

・分子内連鎖移動（バックバイティング）

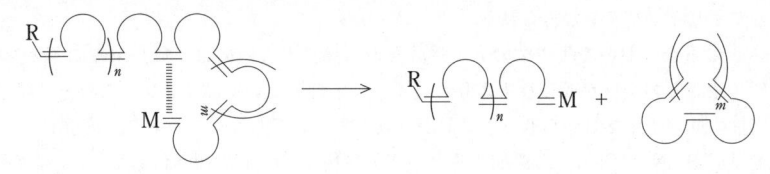

・分子間連鎖移動

B 1

(B) = AcO―――OAc

1,4-ジアセトキシ-2-ブテン (B) は連鎖移動剤として働くが，成長末端と (B) との反応よりもノルボルネンモノマーの成長反応のほうがかなり速いために，反応系内にモノマーが存在する限りは成長反応が優先して進行する．モノマーが完全に消費された段階で，最初から系中に存在する (B) との連鎖移動反応が起こり，重合開始剤であるルテニウムカルベン錯体が再生する．したがって，各モノマーを添加する5時間の間に，毎回100当量のモノマーのリビング重合と連鎖移動による開始剤の再生が起こるので，最終的には重合度約100の分子量の揃ったテレケリックポリマーのみが生成する．(*Macromolecules*, **33**, 655～656 (2000) を参照).

6・12 開環重合

A 1 五員環である γ-ブチロラクトンは，重合に伴うエンタルピー変化が正であり（吸熱反応），重合性が低いことがわかる．また，エントロピー変化は，いずれも負であるが，環員数が増えるに従って減少する．このため，環ひずみの比較的小さい七員環でも重合は可能となる．

A2 ε-カプロラクトンは，金属アルコキシドなどによりアニオン開環重合する．開始反応は，アルコキシドによるアシル炭素の求核攻撃であり，アシル-酸素結合が開裂することで，再びアルコキシド末端が再生する．これが成長末端となり，次々にモノマーを攻撃することでポリ(ε-カプロラクトン)が得られる．この場合，高分子鎖中にもエステル結合が含まれるため，アルコキシド末端がすぐ隣のエステル結合を攻撃すれば解重合となり，末端から遠く離れたエステル結合を攻撃すれば大環状オリゴマーが副生し，他の高分子鎖中の官能基と反応すると分子量分布が広がることになる．一方，四員環のβ-プロピオラクトンは，酢酸カリウムなどを開始剤に用いると，アルキル-酸素結合が開裂し，成長末端はカルボキシラートとなる．

A3 デルリンは，ホルムアルデヒドの環状三量体である1,3,5-トリオキサンに三フッ化ホウ素などのカチオン開始剤を加えて重合させる．系中に微量に存在する水との反応でプロトンが発生し，これが重合を開始する．モノマーの酸素原子が末端のオキソニウムイオンの隣の炭素原子を連続的に求核攻撃することで，成長反応が起こる．一方，ジュラコンは，数％のエチレンオキシド，あるいは1,3-ジオキソランを共重合させて得られる共重合体(コポリマー)である．

ただし，このままの構造では，加熱により，ヒドロキシ開始末端からホルムアルデヒドが脱離する解重合が起こってしまい (a)，材料としての性能は低い．そこで，無水酢酸との反応で末端をアセチル化し (b)，解重合を抑制する方法がとられている．

(a)

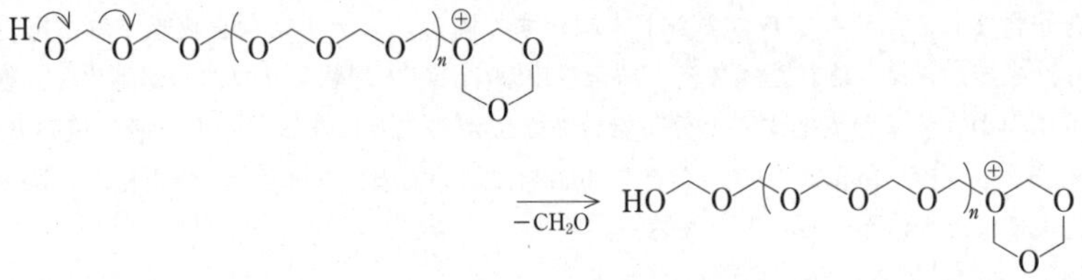

(b)

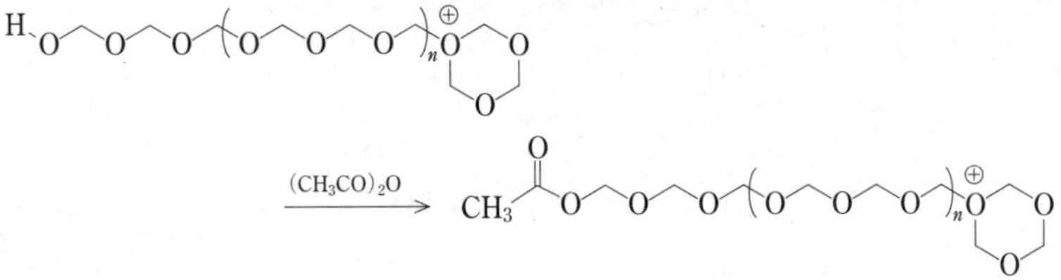

B1 まず，p-トルエンスルホン酸メチルから発生したメチルカチオンに2-メチル-2-オキサゾリンのイミノ窒素が求核攻撃することで開始反応が起こる (a)．ここで生成するオキサゾリニウム塩は，非共有電子対をもつ酸素と窒素に挟まれた炭素カチオンであり，かなり安定なものである．対アニオンであるp-トルエンスルホン酸アニオン（式中には書かれていない）は，求核性が低いので，成長末端は共有結合種ではなくイオン種である．次に，モノマーが先ほどのオキサゾリニウム塩の酸素原子の隣のメチレン炭素を求核攻撃し，開環することで成長反応が起こる (b)．選択的な異性化反応によってアミド基をもつ高分子が得られる．また，生成した高分子鎖中のアミド窒素原子はモノマー中の窒素原子に比べて求核性が小さく，活性種との副反応が起こりにくいので，リビング重合となることがわかっている．

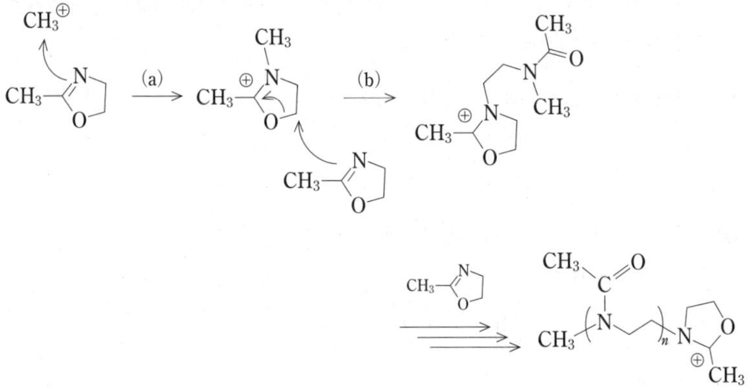

B2 1) アミノ酸 NCA はホスゲンを利用して合成されるが，ホスゲンは毒性が高く，取扱いには十分注意する必要がある．最近になって，トリホスゲン（ホスゲン三量体）と称される炭酸ビス（トリクロロメチル）が NCA の合成試薬として優れていることがわかった．この場合は，化学量論量のトリホスゲンで NCA をほぼ定量的に得ることができる上，試薬が固体であることから取扱いが容易である．

2) まず，1-ヘキシルアミンによる重合 (A) では，ウレタンのカルボニル炭素ではなく，エステルのカルボニル炭素を求核攻撃し，開環によってカルバミン酸を与える (a)．これは，前者がともに非共有電子対をもつ窒素と酸素に挟まれているのに対し，後者は酸素と炭素に挟まれており，カルボニル炭素の電子密度が低いためである．カルバミン酸は不安定で，ただちに脱炭酸を起こし，第一級アミンを再生する (b)．これが同様の反応を繰返し，開始末端に 1-ヘキシルアミン由来の構造をもつホモポリペプチドが得られる．

(A)

一方，トリエチルアミンによる重合 (B) では，"活性化モノマー"による機構で進行する．まず，アミンがモノマーからアミド水素を引抜き，モノマーアニオン（活性化モノマー）を生成する (a)．このモノマーアニオンは，別のモノマーのエステルカルボニル炭素を求核攻撃し，攻撃を受けた側のモノマーが二酸化炭素を失いながら開環し，アミニルアニオンを与える (b)．これが再びモノマーのアミド水素を引抜き，モノマーアニオンを生成する (c)．したがって，開始末端は L-アラニン由来のアミノ基であり，成長末端は N-アシル NCA ということになる．

(B)

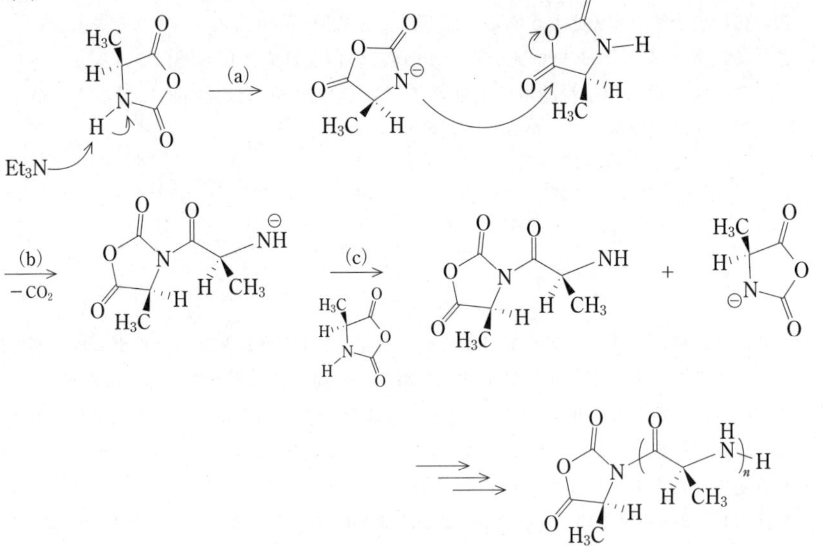

[反応機構図式]

B3 1) 開始反応では，活性化モノマーがモノマー（*X*）のアミドカルボニル基を求核攻撃する．一方，成長反応では，ラクタムモノマーよりも反応性の高い *N*-アシルラクタム（*Y*）が関与する．（*Y*）の場合，環外にもカルボニル基があり，窒素からの電子の流れ込みにより，ラクタム環のカルボニル基の電子密度が相対的に（*X*）よりも低い．よって，活性化モノマーの求核攻撃が速やかに起こる．また，開環によって生成するアニオンを比較することでも説明できる．すなわち，（*X*）からできるのは単純なアミニルアニオンであるのに対し，（*Y*）からできるのは共鳴安定化されたアミドアニオンである．以上の理由から，活性化モノマー機構では，成長反応のほうが開始反応よりも速く，分子量分布が広い高分子が得られる．

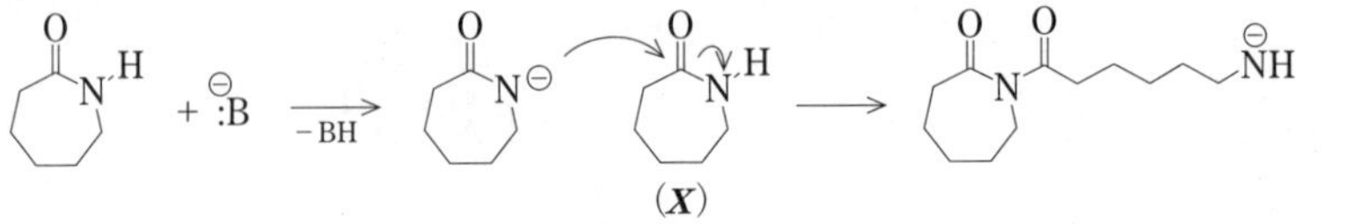

[反応機構図式：(*X*), (*Y*)]

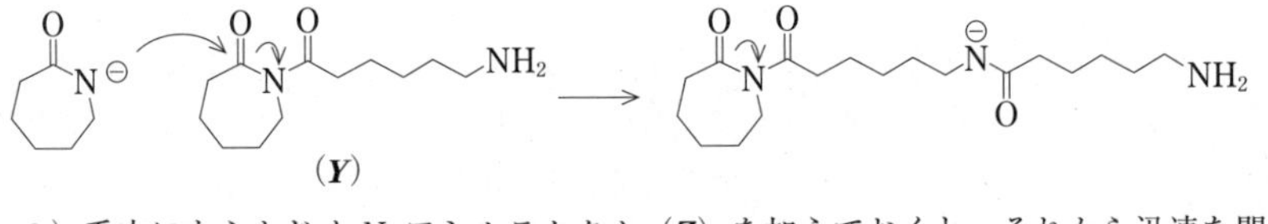

2) 系内にあらかじめ *N*-アシルラクタム（*Z*）を加えておくと，それから迅速な開始反応が起こる．この場合，開始反応ののちに生成するのも（*Z*）に類似の *N*-アシルラクタム（*W*）なので，開始反応と成長反応の速度が同程度になり，生成する高分子の分子量分布を狭くできる．また，Rの部分に官能基をもつ *N*-アシルラクタムを加えることで，

末端官能基化ポリアミドを得ることも可能である．

C1 1) エチレンオキシドのカチオン開環重合では，成長末端カチオンに対するエーテル酸素の求核攻撃が成長反応になる．エチレンオキシドの酸素がもつ非共有電子対は，鎖状のエーテル酸素（あるいは，1,4-ジオキサンのエーテル酸素）のそれよりも s 軌道性が高く原子核に近い位置に存在するため，求核性が低い．よって，熱力学的に不利な方向へと反応が進行するステップ A は進行が遅い．これと逆に，ステップ B は速い反応となる．

2) 最初の段階では，加えたプロトン酸がエチレンオキシドの酸素に結合し，オキソニウムイオン（活性化モノマー）を与える．これに対してアルコールが求核攻撃し，開環することによって開始反応が起こる (a)．次に，プロトンがモノマーのエチレンオキシドに移動し，再びモノマーを活性化する (b)．したがって，成長反応は，活性化モノマーと高分子末端のヒドロキシ基との反応となる．この場合は，成長末端に電荷がないので，バックバイティング反応などによる環状オリゴマーの副生は抑制される．

6・13 リビング重合

A1 Na-ナフタレンは，緑色のアニオンラジカル錯体である．ここにスチレンを加えると電子移動が起き，スチレンのアニオンラジカルが新たに生成する (a)．これは容易に二量化して，真の重合開始剤であるジアニオン種（濃赤色）を与える (b)．重合によって得られるポリスチレンは，両末端成長のリビングポリマーであり，二酸化炭素に求電子反応を起こし，カルボキシラートとなる．これを希塩酸で中和すると，カルボン酸を官能基にもつテレケリックポリマーが得られる．

スチレンに代表される炭化水素系のモノマーは，重合性のビニル基と共役可能な基（ベンゼン環や炭素-炭素二重結合）が置換しており，おもに共鳴効果によってカルボアニオンが安定化される．しかし，これらの置換基はむしろ電子供与性であり，重合にかかわるビニル基の電子密度は低くない．したがって，アルコキシドではなく，アルキルリチウムのような求核性が高い開始剤を用いる必要がある．

A2 問題にある開始剤は，熱により炭素-酸素結合が均等開裂し，単一分子でありながら，重合開始能をもつ反応性ラジカルと，重合を制御する安定ニトロキシドラジカルを両方供給可能な試薬として知られている．実際の重合では，重合成長末端の炭素ラジカルをよりエンドキャップしやすくするために，数％程度の対応するニトロキシドを添加することもある．

B1 たとえば，n-BuLi を開始剤に用いた場合，重合の初期にブチルアニオンがメタクリル酸メチルのカルボニル基に求核置換反応を起こし，ブチルイソプロペニルケトン（BIPK）とリチウムメトキシドが生成する（a）．BIPK は，MMA よりも二重結合の電子密度が低く，カルボアニオンの求核攻撃を受けやすい（b）．これにより生成するアニオン（**X**）は，反応性が低いので，重合停止反応の一因になってしまう．

かさ高い 1,1-ジフェニルヘキシルリチウムを開始剤に用いた THF 中でのアニオン重合は，上記のような副反応がないリビング重合となることが報告されている．

B 2 電子豊富なビニル基にヨウ化水素が付加して，炭素-ヨウ素結合ができる (a)．しかし，得られる付加体は重合開始能力がないので，これにルイス酸として塩化亜鉛を添加すると，炭素-ヨウ素結合が弱まり，重合活性な状態となる (b)．ここにモノマーが連続的に反応することで成長反応が起こる (c)．

$$CH_2=CH \atop i\text{-BuO} \quad \xrightarrow{HI \atop (a)} \quad CH_3-CH-I \atop i\text{-BuO} \quad \xrightarrow{ZnI_2 \atop (b)} \quad CH_3-CH\cdots I\cdots ZnI_2 \atop i\text{-BuO}$$

$$\xrightarrow[\text{(c)}]{CH_2=CH \atop Oi\text{-Bu}} \quad H(CH_2-CH)_n CH_2-CH\cdots I\cdots ZnI_2 \atop i\text{-BuO}i\text{-BuO}$$

これ以外にも，種々のプロトン酸と塩化亜鉛を組合わせても，同様なリビング重合が進行することが報告されている．

C 1 まず，触媒量の求核性（アニオン性）試薬（:Nu）がケイ素に作用して重合の引き金となる五配位ケイ酸塩を与える (a)．代表的な例として，トリス（ジメチルアミノ）スルホニウム塩 $(Me_2N)_3S^+F_2SiMe_3^-$（TASF）などが使用される．次に，負電荷を帯びた開始剤がメタクリル酸メチルの β 炭素に求核攻撃し (b)，生成したアニオンが分子内のケイ素を攻撃する (c)．結果として，開始剤に含まれていたトリメチルシリル基がモノマーに伝搬したことになる．成長反応も同様に，末端に生成するケテンシリルアセタールが連続的にモノマーと反応して起こる．

GTPに応用できる反応は，反応後に同じ官能基が再生しなければならないという制約から，(1) ケテンシリルアセタールと α, β-不飽和エステル間のマイケル付加反応，(2) アルデヒドとシリルエノールエーテル間のアルドール縮合反応が主である．重合を常温付近で行うことができ，実験技術の難易度が高くない点もGTPの特徴である．

C2 1) 低原子価の臭化銅(I)から1-フェニルエチルブロミド（PEB）に一電子移動が起こり，臭化銅(I)はカチオン，PEBはアニオンラジカルとなる．アニオンラジカルとなったPEBの炭素-臭素結合が開裂し，1-フェニルエチルラジカルと臭素アニオンになり，臭素アニオンはカチオン状態にある臭化銅(I)と結合して臭化銅(II)となる (a)．ここで生成する1-フェニルエチルラジカルが重合の開始種となり，スチレンモノマーと反応する．成長反応が始まって間もなく，今度は成長末端ラジカルと臭化銅(II)とが反応し，炭素-臭素結合ができるとともに，臭化銅(I)が再生する (b, 左向き矢印)．このように，重合の成長末端では，ベンジル位炭素と銅錯体との間で臭素が可逆的かつ迅速に移動する平衡状態が存在する (c)．この平衡が大きくドーマント種側（左辺）に偏っており，系中に存在するラジカル濃度が低いので，一般的なラジカル重合に見られる不均化や再結合といった二分子停止反応が抑制される．なお，2,2′-ビピリジン配位子（式ではLで表記）は，銅錯体の酸化還元電位の調節，ひいては平衡の偏りを左右するので，ATRPにおいて重要な役割を果たす．

PEB $+$ CuBr/L $\underset{k_d}{\overset{k_a}{\rightleftarrows}}$ (1-フェニルエチルラジカル) $+$ CuBr$_2$/L   (a)

$\downarrow k_p$ （スチレン）

(二量体-Br) $+$ CuBr/L $\underset{k_d}{\overset{k_a}{\rightleftarrows}}$ (二量体ラジカル) $+$ CuBr$_2$/L   (b)

$\Downarrow$ （スチレン）

(ポリマー-Br) $+$ CuBr/L $\underset{k_d}{\overset{k_a}{\rightleftarrows}}$ (ポリマーラジカル) $+$ CuBr$_2$/L   (c)

2) 高酸化状態にある臭化銅(II)を加えると，先に述べた平衡がいっそうドーマント種側に偏る．これにより，系中のラジカル濃度はさらに低下し，副反応を減らすことができる．このような臭化銅(II)の特徴を使い，通常のラジカル開始剤と臭化銅(II)を組合わせた"Reverse ATRP"と呼ばれる重合法も開発されている．

6・14 ブロック共重合体

A 1 1) Na-ナフタレンと問題のビニルモノマーの反応は，ナフタレンアニオンラジカルからビニルモノマーへの電子移動から始まる（6・13節 問題A1参照）．生じたモノマーのアニオンラジカルはただちに再結合し，両末端にカルボアニオンをもつ二量体となる．したがって，両端よりアニオン重合が起こる．こうして生じたSのカルボアニオンはMを重合するが，逆にMより生じたカルボアニオンはSを重合しえない．以上の事実より，Sセグメントを内側，Mセグメントを外側にもつABAトリブロック共重合体を与える(a) が正しい．

2) ブロック共重合を行わせるモノマーの重合順序は，モノマー反応性の低いものから高いものへと行う必要がある．一般に，高反応性のモノマーからは低反応性のカルボアニオンを生じ，より反応性の低いモノマーのブロック重合の開始ができないか，ブロック効率が低くなる可能性がある．この意味では，Sを先に重合させるのは正しい選択肢といえる．しかし，Sのリビング成長末端アニオンの反応性が高すぎるため，Mのエステルカルボニル基への副反応によりブロック効率が低くなることもある．よって，いったんDPEを加えて，アニオンの反応性を電子的および立体的に抑えてから低温（−78℃）でMのブロック共重合を行わせる工夫が必要である．

A 2 例題1と同様，まずはスチレン (A) セグメントとイソプレン (B) セグメントが繋がったABジブロック共重合体が得られる．次に，クロロシランは，求電子置換を非常に受けやすい官能基であるので，二つのポリマーのリビング成長末端が反応することにより，ABAトリブロック共重合体が生成する．

B 1 まず，スチレンと 1,3-ブタジエンを順番にリビングアニオン重合させて，AB ジブロック共重合体を合成，単離する (a)．続いて，白金触媒と加圧水素により，1,4-重合したブタジエンセグメントの炭素-炭素二重結合を接触還元する (b) と，スチレンセグメントとエチレンセグメントからなるジブロック共重合体が得られる．このとき，ベンゼン環の炭素-炭素二重結合は還元されない．

なお，1,3-ブタジエンを重合させる際，エーテル系溶媒（THF など）では，ビニル構造をもつ高分子が得られるのに対し，炭化水素系溶媒（ヘキサンなど）では，1,4-重合によってできたビニレン構造が優先する．したがって，今回の目的からいえば，ヘキサン中などでリビングアニオン重合を行うことが望ましい．

B 2 まずは，低原子価の塩化銅（I）と 2,2'-ビピリジン（bpy）を使ってスチレンの原子移動ラジカル重合を行う (a)．沈殿操作によって成長末端に塩素原子をもつポリスチレンを単離精製したのち，モノマー兼溶媒として THF を加える．ここにトリフルオロメタンスルホン酸銀（AgOTf）を加えると，塩化銀の沈殿とともにベンジルカチオンが発生し，ここから THF のリビング開環重合が起こり，スチレンセグメントと THF セグメントからなるジブロック共重合体が得られる (b)．

C 1 1)(**A**) に当てはまるのは，p-フルオロベンゼンスルホン酸クロリドである．これに含まれる塩素原子もベンジルクロリド同様に活性であり，銅錯体から電子移動を受けて硫黄-塩素結合が開裂し，スチレンの原子移動ラジカル重合を開始することができる．(**B**) に当てはまるのは，ポリスチレンとポリフェニレンエーテルからなる AB ジブロック共重合体である．

2）モノマーについて考えると，フェノキシドアニオン部位の強い電子供与性のため，共鳴効果によってパラ位にある求電子部位の炭素−フッ素結合が不活性化されている．一方，第一段階のATRPで得られたポリスチレン末端の炭素−フッ素結合は，パラ位にあるスルホン基の強い電子求引性のため，求電子置換に対して活性化されている．いったんモノマーが付加すると，成長末端のフッ素原子のパラ位にはエーテル結合が存在することになるが，これもモノマーのフェノキシドアニオンよりは電子供与性が弱く，求電子置換を受けることができる．以上の点から，2段階目の重縮合においても，ポリフェニレンエーテル単独重合体は与えず，効率よくブロック共重合体が得られる．

6・15 非線状高分子

A1 スターポリマーは，多官能性開始剤からリビング重合を行う方法（次式），リビングポリマーの成長末端と反応可能な官能基を多数もつ停止剤をカップリングさせる方法により合成される．2種類のリビング重合を組合わせると，長さや種類の異なる枝が導入されたヘテロアームスターポリマーが合成できる．また，リビングポリマーと2官能性モノマーとの反応による架橋ミクロゲルを核としたマルチアームスターポリマーも合成されている．多官能性開始剤や停止剤の設計に制約されることなく，非常に多数の腕をもつスターポリマーが合成できる．

A2 塩基性条件下，アルコールとハロゲン化アルキルからウィリアムソンエーテル合成を行う反応である．塩基性の弱い炭酸カリウムを用いているため，酸性度の高いフェノール性ヒドロキシ基のみが脱プロトン化されてアルコキシドとなる．したがって，Xの部分でのみ反応が起こる．以上のように合成されるデンドロンを多官能性試薬と反応させて，目的とするベンジルエーテルデンドリマーが合成される（次式）．線状高分子の大きさが重合度で表現されるのに対し，デンドリマーは枝分かれした回数を示す"世代"という言葉を使う．世代に応じて形態（円盤状，偏球状，球状）を変化させること，修飾可能な箇所（中心，内部，末端）が複数あることから，次世代機能材料として大きな期待が寄せられている．

B 1 チオールの水素は引抜かれやすいので、ラジカル重合の連鎖移動剤として四塩化炭素同様に古くから用いられてきた。まず、AIBN が熱分解してできた炭素ラジカルが (**A**) の活性水素を引抜き、チイルラジカルを生成する (a)。ここでできたチイルラジカルは、十分な求核性をもっており、メタクリル酸メチルの重合を開始する (b)。ある程度重合が進んだところで、再度成長末端ラジカルが再び (**A**) から水素を引抜く (c)。以降、これらの反応が繰返し起こることで、末端にジカルボンをもつマクロモノマーが得られる。

B 2 枝となる部分にポリエチレンオキシドをもっているので、まずはナトリウムメトキシドを開始剤としたエチレンオキシドのリビングアニオン重合を行う (a)。次に、成長末端のアルコキシドと p-ビニルベンジルクロリドとを求核置換反応させ (b)、目的とするマクロモノマーを合成する。このように、リビングアニオン重合の成長末端を官能基化停止剤によりエンドキャップする方法 (A) が一つである。あるいは、p-ビニルベンジルアル

コールと水素化ナトリウムを反応させてアルコキシドとし (c)，これを開始剤としてエチレンオキシドのリビングアニオン重合 (d) を行ったあとに，ヨウ化メチルと求核置換反応させる (e) 方法 (B) も有効である．

(A) の反応式

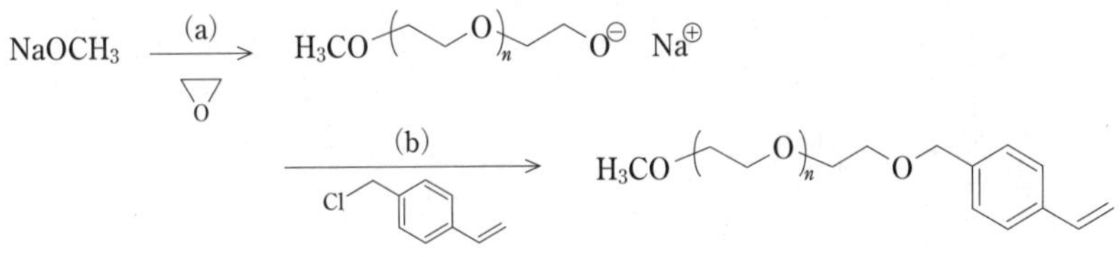

(B) の反応式

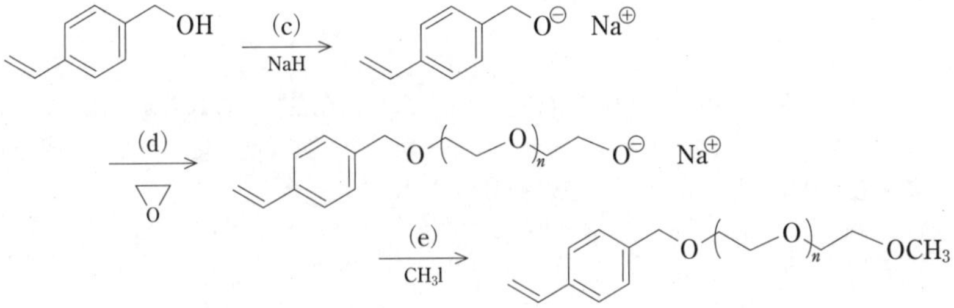

このようにして得られた末端にスチレンをもつマクロモノマーとスチレンをラジカル共重合させると，主鎖がポリスチレン，側鎖がポリエチレンオキシドからなるグラフトポリマーが合成できる．これ以外にも，次式に示すような (A) graft-from 法，(B) graft-onto 法によっても，主鎖をポリスチレンとするさまざまなグラフトポリマーが入手可能である．

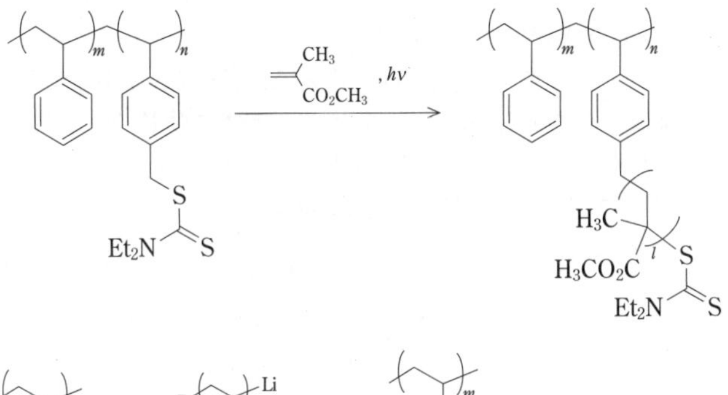

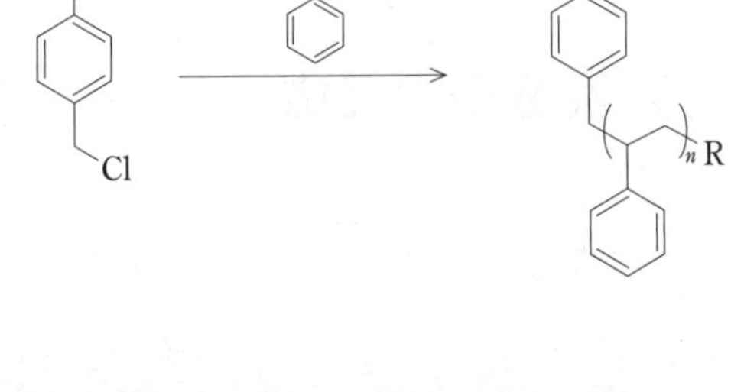

C1 1) 無置換アジリジンのプロトン酸による重合反応では，次に示すプロトン移動が頻繁に起こっている．

$$H-N\triangleleft + H^{\oplus} \longrightarrow \overset{H}{\underset{H}{N^{\oplus}}}\triangleleft$$

$$\overset{H}{\underset{H}{N^{\oplus}}}\triangleleft \quad H-N\triangleleft$$

$$\longrightarrow H_2N\text{—}\overset{H}{\underset{\oplus}{N}}\triangleleft \rightleftharpoons H_2N\text{—}N\triangleleft + H^{\oplus}$$

このため (A) に示した多種の求核反応種が系中に存在し，これらが (B) に示す求電子反応種とランダムに反応することから，第一級，第二級，第三級，および第四級のアミノ基をもつ高度に枝分かれした生成物が得られる．

(A) $H-N\triangleleft \quad \sim\sim N\triangleleft \quad \sim\sim NH_2 \quad \sim\sim NH\sim\sim \quad \sim\sim N(\sim\sim)\sim\sim$

(B) $\overset{H}{\underset{H}{N^{\oplus}}}\triangleleft \quad \sim\sim\overset{\oplus}{\underset{H}{N}}\triangleleft \quad \sim\sim\overset{\oplus}{N}(\sim\sim)\triangleleft$

2) 2-オキサゾリンを酸やハロゲン化アルキルを開始剤としてカチオン開環重合すると，重合の際に異性化を伴い，ポリ(N-アシルエチレンイミン) が生成する (a) (6・12節 問題B1参照)．これをアルカリ条件下，高分子反応で加水分解すると，線状のポリエチレンイミンを得ることができる (b)．また，1-(テトラヒドロピラニル)アジリジンをハロゲン化アルキルで開環重合したのち，希塩酸中，室温という穏やかな条件でテトラヒドロピラニル基を脱離させることによっても合成できる．

7. 高分子の反応

7・1 官能基変換

A1 1) ポリビニルアルコール (PVA) のモノマー単位となるはずのビニルアルコール

は，次式のようなケト–エノール互変異性によって平衡がアルデヒド側に偏っているため，ビニルアルコールを重合モノマーとして扱うことができない．そのため，PVA はポリ酢酸ビニルをけん化することによって合成されている．

$$CH_2=CH \rightleftarrows CH_3-CH$$
$$\quad\; | \qquad\qquad\quad\; \|$$
$$\;\, OH \qquad\qquad\quad O$$

2) ポリ酢酸ビニルのモノマー単位の分子量は 86 なので，3 g のポリ酢酸ビニルに含まれるモノマー単位の物質量は次のようになる．

$$\frac{3}{86} = 3.49 \times 10^{-2}\,\mathrm{mol}$$

一方，反応により消費された水酸化ナトリウムの量は，使用した水酸化ナトリウムの量と中和滴定によって塩酸で中和される水酸化ナトリウムの量との差なので次のようになる．

$$2 \times 0.020 - 1 \times 0.015 = 2.5 \times 10^{-2}\,\mathrm{mol}$$

この値はけん化されたモノマー単位の物質量に等しいので，得られた PVA のけん化度は次のように求めることができる．

$$\frac{2.5 \times 10^{-2}}{3.49 \times 10^{-2}} \times 100 = 71.6\,\%$$

したがって，PVA のけん化度は 71.6 % となる．

3) HCHO による PVA のアセタール化は次のような反応である．

$$-CH_2-CH-CH_2-CH-CH_2- \xrightarrow{H-\overset{\overset{O}{\|}}{C}-H} -CH_2-CH-CH_2-CH-CH_2-$$
$$\qquad\quad\;|\qquad\qquad\;|\qquad\qquad\qquad\qquad\qquad\qquad|\qquad\qquad\;|$$
$$\quad\;\;OH\qquad\;\;OH\qquad\qquad\qquad\qquad\qquad\;O\qquad\quad\;O$$
$$\qquad\qquad\qquad\qquad\qquad\qquad\qquad\qquad\qquad\qquad\quad\searrow\;\;\swarrow$$
$$\qquad\qquad\qquad\qquad\qquad\qquad\qquad\qquad\qquad\qquad\quad\;\;CH_2$$

求めるホルムアルデヒド水溶液の質量を $x\,(\mathrm{g})$ とすると，一つの HCHO（分子量 30）が二つの OH 基と反応するので，

$$\frac{13.2}{44} \times \frac{40}{100} = x \times \frac{30}{100} \times \frac{1}{30} \times 2$$
$$x = 6$$

したがって，ホルムアルデヒド水溶液 6 g が必要である．

また，13.2 g のうち 60 % はそのままで，残りの 40 % に含まれる OH 基が反応している．OH 基が反応した部分では繰返し構造の式量が 72×2 から $72 \times 2 + 12$ に増加する．したがって，

$$13.2 \times \frac{60}{100} + 13.2 \times \frac{40}{100} \times \frac{44 \times 2 + 12}{44 \times 2} = 13.92$$

となり，得られるアセタール化 PVA は 13.92 g である．

A 2 ポリアクリルアミドが加水分解されて部分的に生成した $-COOH$ が，隣接の $-CONH_2$ と反応し，酸無水物構造を形成する．これが急速な加水分解を受けるので，反応が加速される．

[反応式: アミド基を持つ化合物が環状中間体を経て加水分解され、2つのカルボン酸になる反応]

A3 1) 水酸化ナトリウム水溶液中で，セルロースをモノクロロ酢酸ナトリウムと反応させることによってカルボキシメチルセルロースを合成できる．

セルロース–OH + NaOH + Cl–CH$_2$COONa
$\longrightarrow$ セルロース–O–CH$_2$COONa + NaCl + H$_2$O

また，セルロースと塩化エチルとを反応させるとエチルセルロースが得られる．

セルロース–OH + NaOH + Cl–CH$_2$CH$_3$
$\longrightarrow$ セルロース–O–CH$_2$CH$_3$ + NaCl + H$_2$O

2) セルロースには繰返し単位当たり3個のヒドロキシ基が存在するので，重合度500のセルロースには合計1,500個のヒドロキシ基が存在する．カルボキシメチルセルロースの置換度は2.1なので，1,500×2.1/3個のヒドロキシ基が置換されている．また，2,3,6位のヒドロキシ基の反応性比が4：3：7であるので，その比率で置換されているとすると，各ヒドロキシ基の反応数は以下のようになる．

2位　$1{,}500 \times \dfrac{2.1}{3} \times \dfrac{4}{4+3+7} = 450$ 個

3位　$1{,}500 \times \dfrac{2.1}{3} \times \dfrac{3}{4+3+7} = 337.5$ 個

6位　$1{,}500 \times \dfrac{2.1}{3} \times \dfrac{7}{4+3+7} = 787.5$ 個

A4 低密度ポリエチレンを製造する過程において，下の反応式のように成長末端ラジカルのバックバイティング（back biting）による水素引抜きが起こり，新たに生成したラジカルから重合が開始されることによってC$_4$分岐が生じる．

[反応式: ポリエチレンの成長末端 → Hの引抜き → ラジカル移動 → CH$_2$=CH$_2$ 重合 → C$_4$分岐]

このようにしてポリエチレンに導入される分岐鎖が増すとその物性に大きく影響する．たとえば，分岐鎖の増加に伴って，ポリエチレンの融点や結晶化度，密度は次第に低下する．

A5 1) セルロースとセリウム(IV)イオン（Ce^{4+}）との間のレドックス反応を利用し，

OH 基が結合した炭素にラジカルを生成させることができる．ここを開始点としてスチレンやメタクリル酸メチルなどのグラフト重合を行うことができる．

また，$Na_2S_2O_8$ を水溶液中で加熱すると，分解してイオンラジカルを生成し，さらに $SO_4^-\cdot$ が水と反応して $HO\cdot$ を生成する．

$$S_2O_8^{2-} \longrightarrow 2SO_4^-\cdot$$
$$2SO_4^-\cdot + H_2O \longrightarrow HSO_4^- + HO\cdot$$

$SO_4^-\cdot$ または $HO\cdot$ とセルロースとの反応で $H\cdot$ の引抜きが起こり，生じたラジカルからグラフト重合反応を行うことができる．このほかに，γ線などの高エネルギー放射線の照射によって，セルロース上にラジカルを生成させ，そこから同様にグラフト重合する方法などがある．

2）ポリブタジエンは多くの二重結合をもつのでラジカルによってアリル位の水素が引抜かれてポリマーラジカルを生じやすい．ここを開始点としてアクリロニトリルとスチレンをラジカル共重合すると，ポリブタジエンからアクリロニトリルとスチレンの鎖が伸びたグラフト共重合体が得られる．これは ABS 樹脂とよばれ，剛性や耐衝撃性などの機械的特性のバランスに優れた材料として自動車などに利用されている．

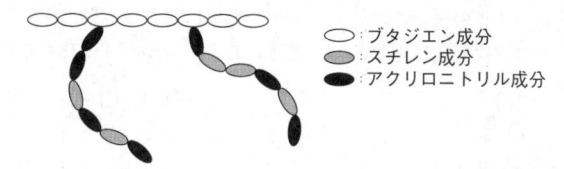

3）架橋ポリスチレンのフェニル基をクロロメチル化した樹脂（Merrifield 樹脂）を支持体として用い，これに N 末端保護したアミノ基を結合させ，保護基をはずした後に，次のアミノ酸を脱水縮合させる反応を繰返すことにより，アミノ酸配列を制御した純度の高いポリペプチドを合成することができる．この方法を固相合成法とよび，この方法を開発した R. H. Merrifield は 1984 年ノーベル化学賞を受賞した．

$$\sim\!\!\diagdown\!\!\diagup\!\!-CH_2Cl \xrightarrow{\underset{HOOC-CH-NH-Y}{R_1}} \sim\!\!\diagdown\!\!\diagup\!\!-CH_2-O-\underset{O}{\overset{\|}{C}}-\underset{}{\overset{R_1}{CH}}-NH-Y \xrightarrow{-Y}$$

$$\sim\!\!\diagdown\!\!\diagup\!\!-CH_2-O-\underset{O}{\overset{\|}{C}}-\underset{}{\overset{R_1}{CH}}-NH_2$$

$$\xrightarrow[\text{〈 〉-N=C=N-〈 〉}]{\underset{HOOC-CH-NH-Y}{R_2}} \sim\!\!\diagdown\!\!\diagup\!\!-CH_2-O-\underset{O}{\overset{\|}{C}}-\underset{}{\overset{R_1}{CH}}-NH-\underset{O}{\overset{\|}{C}}-\underset{}{\overset{R_2}{CH}}-NH-Y$$

$$\xrightarrow{\underset{HBr}{CF_3COOH}} HO-\underset{O}{\overset{\|}{C}}-\underset{}{\overset{R_1}{CH}}-NH-\underset{O}{\overset{\|}{C}}-\underset{}{\overset{R_2}{CH}}-NH-\cdots-\underset{O}{\overset{\|}{C}}-\underset{}{\overset{R_n}{CH}}-NH_2$$

7・2 架橋形成

A1 1) 表より,フタル酸ジアリルの時間-重合率(収率)の関係は次図のようになる.ゲルの生成開始時間におけるポリマー分率は 21.6 % なので,ゲル化点は重合率 21.6 % となる.

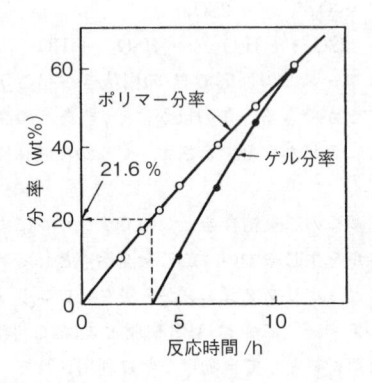

[グラフ: 横軸 反応時間/h, 縦軸 分率(wt%), ポリマー分率とゲル分率の曲線, 21.6 % の点を表示]

2) フタル酸ジアリルの重合においては,ゲル形成に対して有効に作用しない分子内環化反応のため,その三次元化は理論的に予想されるよりもかなり遅れてくる.

A2 1)

$$\begin{array}{c} -\!\!\!\!(CH_2-CH)\!\!\!\!-_m \\ | \\ O \\ | \\ O\!\!=\!\!C-CH\!\!=\!\!CH-C_6H_5 \\ \\ C_6H_5-CH\!\!=\!\!CH-C\!\!=\!\!O \\ | \\ O \\ | \\ -\!\!\!\!(CH-CH_2)\!\!\!\!-_n \end{array} \xrightarrow{h\nu} \begin{array}{c} -\!\!\!\!(CH_2-CH)\!\!\!\!-_m \\ | \\ O \\ | \\ O\!\!=\!\!C-CH-CH-C_6H_5 \\ | \quad\;\; | \\ C_6H_5-CH-CH-C\!\!=\!\!O \\ | \\ O \\ | \\ -\!\!\!\!(CH-CH_2)\!\!\!\!-_n \end{array}$$

2) ネガ型

3）感度を上げるためには，以下の方法が考えられる．
①ケイ皮酸の導入率を高くし，高分子鎖に均一に導入する．
②高い分子量をもつポリマーを用いる．
③架橋に都合のよい配置を連鎖がとりやすいように，ガラス転移温度（T_g）の低いポリマーを用いる．

A 3 1）架橋分だけ塩化ナトリウムが生じるので，架橋度は次のようになる．

$$\frac{0.0091}{0.01} \times 100 = 91\%$$

2）ポリカチオン（C），ポリアニオン（A），ポリイオンコンプレックス（Comp）について次のような関係が得られる．

	C	+	A	⇔	Comp
$t=0$	0.01		0.01		0 （mol dm^{-3}）
$t=t$	0.01 − 0.0091		0.01 − 0.0091		0.0091 （mol dm^{-3}）

したがって，安定度定数 K は次のように求めることができる．

$$K = \frac{0.0091}{(0.01-0.0091)(0.01-0.0091)} = 1.1 \times 10^4 \text{ mol}^{-1}\text{ dm}^3$$

3）連鎖同士の架橋反応では，連鎖の1箇所で架橋が起こるとジッパーのように容易に隣接位置で架橋反応が進行する．しかし，連鎖の分子量がある程度以上に大きくなると，立体的な障害や連鎖の絡み合いのため架橋反応はむしろ起こりにくくなってくる．

A 4 フェノールとホルムアルデヒドを酸性触媒あるいは塩基性触媒とともに加熱すると，次式のように付加反応と縮合反応が繰返し起きる付加縮合によってポリマーが得られる．

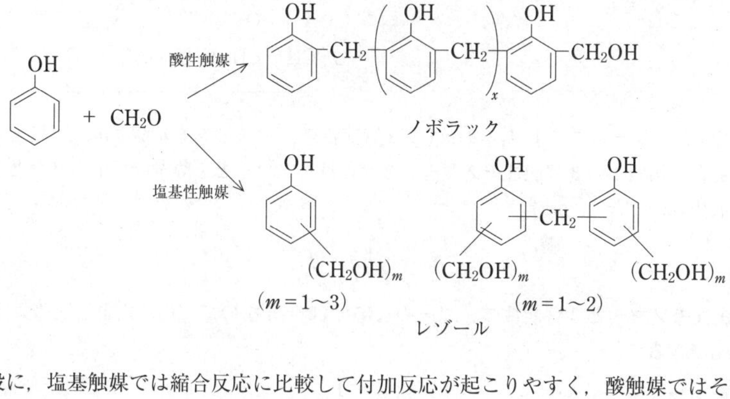

一般に，塩基触媒では縮合反応に比較して付加反応が起こりやすく，酸触媒ではその逆になるので，前者の反応からはメチロール（−CH$_2$OH 基）の多いレゾールが，後者の反応からはメチロールの少ないノボラックが生成する．メチロールの多いレゾールは加熱すると脱水縮合によって三次元ポリマーを形成して硬化する．しかし，メチロールの少ないノボラックの場合には加熱だけでは硬化せず，ヘキサメチレンテトラミンのような硬化剤を

加えることによって硬化される.

B1 f 官能性モノマーが単独で重縮合するとき, 反応前の全分子数を N_0, 反応開始後の全分子数を N とすると, 反応した分子数は (N_0-N) となる. また, 反応前の官能基数は $N_0 f$ であり, 結合1個当たり2個の官能基が消費されるので, 反応した官能基数は $2(N_0-N)$ となる. したがって, 反応度 p は次式のようになる.

$$p = \frac{2(N_0-N)}{N_0 f} \tag{8}$$

また, 数平均重合度 x_n は (9) 式で定義される.

$$x_n = \frac{N_0}{N} \tag{9}$$

したがって, (8) 式と (9) 式より, 次式が求まる.

$$p = \frac{2}{f} - \frac{2}{x_n f} \tag{10}$$

これを整理すると, 次のように (1) 式が得られる.

$$x_n = \frac{1}{1-(fp/2)}$$

B2 グリセリンとフタル酸の反応は次式のようになる.

3官能性モノマーのグリセリン 2 mol と 2 官能性モノマーのフタル酸 3 mol が完全に反応する場合, 例題1の3官能性モノマーと2官能性モノマーとを等量で反応させたときと同様の取扱いができる.

$$\alpha_c = \frac{1}{f-1} = p_c^2 \tag{3}$$

2官能性モノマーと3官能性モノマーの反応では $f=3$ なので, (3) 式より次のように P_c を算出できる.

$$P_c^2 = \frac{1}{2}$$

$$P_c = \frac{1}{\sqrt{2}} = 0.707$$

したがって, ゲル化点では官能基の 70.7 % が反応している (消失している).

7.3 高分子触媒

A 1 担体結合法：酵素の非活性部位と担体を共有結合，イオン結合，物理吸着などを介して結合する．

架橋法：多官能性試薬により酵素間を架橋し，不溶化させる．

包括法：架橋ゲルの分子網目やマイクロカプセル中に閉じ込める．

A 2 1) K_m：$K_m=(k_{-1}+k_{cat})/k_1$ で定義された定数で，酵素の半分が酵素基質複合体を形成するとき（＝反応速度が $V_{max}/2$ となるとき）の基質濃度．

V_{max}：$V_{max}=k_{cat}[E]_0$ で定義された定数で，反応速度の最大値．

2) K_m は増加し，V_{max} は変化しない．

■解 説■ 競争阻害剤とは酵素の活性部位に結合することにより，酵素と基質の複合体形成を阻害する物質である．基質濃度が十分に高いとすべての酵素は基質と複合体を形成するため競争阻害剤は V_{max} には影響を与えない．

3) V_{max} は低下し，K_m は変化しない．

■解 説■ 非競争阻害剤とは，基質-酵素複合体形成には影響を与えないが，酵素の基質結合部位以外に結合し，酵素の回転数を下げる物質である．

B 1 合成法：目的反応の基質分子（または基質に類似する分子）を鋳型として共存させた状態で，モノマーの重合あるいは高分子の架橋を行うことにより，鋳型分子と相補的な空孔をもつ高分子を得る手法である．多種類の機能性モノマーを共重合させることにより，酵素のように活性部位に複数の官能基を配置させることも比較的容易である．

利点：分子インプリント法は，化学的な相互作用部位の空間配置も含めて，基質に対して相補性の高い空孔をもつ高分子を比較的簡単に合成する手法であるため，酵素のもつ高い触媒活性と，合成高分子がもつ生産性や安定性を兼ね備えた触媒が得やすい．

B 2 触媒抗体は，化学反応の遷移状態類似体を免疫することにより作製される抗体であり，反応の遷移状態に結合することにより遷移状態を安定化し，その結果，活性化エネルギーを低下させるために反応を加速する．

C 1 反応系の pH を変えると変化するのは，ポリ(4-ビニルピリジン)のプロトン化によって生じるピリジニウムイオンの割合である．低い pH では，ポリ(4-ビニルピリジン)はプロトン化を受け，α は小さくなる．$\alpha<0.1$ では $k_{obs}\approx 0$ であるので，ピリジニウム基は触媒活性をもたないことを示す．一方，$\alpha=1$ ということはすべてのピリジル基が中性（非プロトン化型）であることを示し，$\alpha=1$ での k_{obs} はポリ(4-ビニルピリジン)の本来の求核の反応速度定数 k_N を示すと考えられる．中間の α においては中性ピリジル基とピリジニウムイオン基とが共存しており，この領域で k_{obs} が最大になるということは，2種の官能基の間の協同作用によって説明できる．すなわち，基質 NABA はこの pH 領域において電離し，アニオン型であるので，これがポリマー触媒中のピリジニウムイオン基に静電吸着され，吸着基質に同じポリマー触媒中の中性ピリジル基が分子内攻撃を受けることによって，反応が容易に進行すると考えられる．

以上の考察から，ポリ(4-ビニルピリジン)による加水分解の擬一次速度定数 k_c は次式で与えられる．

$$k_c = k\alpha(1-\alpha)f(\alpha)\alpha_s + k_N$$

式中，α_s はアニオン型で存在する NABA の分率，α は中性ピリジル基の分率を表す．単純に考えれば，k_c は $\alpha(1-\alpha)$ が最大値をとる pH，すなわち $\alpha=0.5$ で最大になるはずであるが，上図で k_{obs} は $\alpha=0.5$ では最大になっていない．これは pH に応じてポリマー触媒がコンホメーションを変化させ，それが分子内協同作用に影響するためと考えられる．この項を $f(\alpha)$ として考慮した．別の実験から $k=0.221\,\mathrm{min}^{-1}$，$f(\alpha)$ は $1/(1-0.86\alpha)$ で与えられることがわかっており，Brønsted の式 $pK_a = pH + \log(1-\alpha_s)/\alpha_s$ を用いて NABA の $pK_a = 3.60$ から α_s を計算することができる．これらの値を上式に代入して，k_c と α の関係を求めると，上図に示す曲線が得られた．曲線は実測の k_{obs}（○印）とよく一致しており，上記の取扱いが妥当であることが示された．

7・4 分解とリサイクル

A 1 1）グリコール酸　2）テレフタル酸ジメチル，エチレングリコール
　　3）α-メチルスチレン　4）ポリエン，水

A 2 1）イソブチレン　2）α-メチルスチレン
　■解　説■　多置換アルケンの安定性の比較から推測されるように，α 位の置換基が多いモノマーほど重合熱 ΔH_p（<0）の絶対値が小さい．また，立体障害の大きなモノマーは重合のエンタルピー変化 ΔS_p（<0）の絶対値が大きい．このため，α 位の置換基が多く立体障害の大きなモノマーほど天井温度が低くなる．

A 3 3）ポリメタクリル酸メチル，4）ポリアミド 6
　■解　説■　ポリプロピレンの熱分解では，ランダム分解が進行し，さまざまな低分子炭化水素が生成する．ポリビニルアルコールの熱分解では側鎖から水が脱離し，ポリエンが生成する．ポリプロピレン，ポリビニルアルコール，いずれの場合も，熱分解以外の反応を用いてもモノマーへの選択的な分解はきわめて困難であるため，モノマー還元型のリサイクルには向かない．
　ポリメタクリル酸メチルの熱分解では解重合が進行する．このためモノマー還元型のリサイクルが可能である．
　ポリアミド 6 は加熱により環状モノマーである ε-カプロラクタムが生成するため，モノマー還元型のリサイクルが可能である．
　一般的に，ポリエステル，ポリアミドは加水分解，加アルコール分解などにより，容易に鎖状モノマーに解重合される．加えて，五，六，七員環の環状モノマーから合成されるポリエステル，ポリアミド，ポリエーテルは加熱により環状モノマーに変換される．いずれもモノマー還元型のリサイクルに適した高分子である．

A 4 ポリ乳酸のモノマーユニットの分子式は $C_3H_4O_2$ であるので，
$$C_3H_4O_2 + 3\,O_2 \longrightarrow 3\,CO_2 + 2\,H_2O$$
より，1.0 g のポリ乳酸の生分解により発生する理論二酸化炭素量は，
　　理論二酸化炭素量 $= 1.0 \times 3 \times (12+16\times2)/(12\times3+1.0\times4+16\times2) = 1.83\,\mathrm{g}$
となり，生分解度 $=(0.72-0.08)/1.83=0.349$　より　35 %（有効数字 2 桁）．

B1 末端基のキャップ，天井温度の高いモノマーとの共重合

■**解　説**■　末端基のキャップ：高分子鎖を加熱すると分子運動性が向上するが，その効果は高分子鎖末端で最も高いため，一般に高分子の熱分解は分子鎖末端から開始する．このため，分子鎖末端をキャップして分解の開始を防止することにより，高分子の熱安定性を向上することができる．

　天井温度の高いモノマーと共重合：たとえば，メタクリル酸メチルなど天井温度の低い1,1-置換ビニルモノマーを，天井温度の高いアクリル酸メチルなど1-置換ビニルモノマーと共重合することにより耐熱性を向上できる．

B2

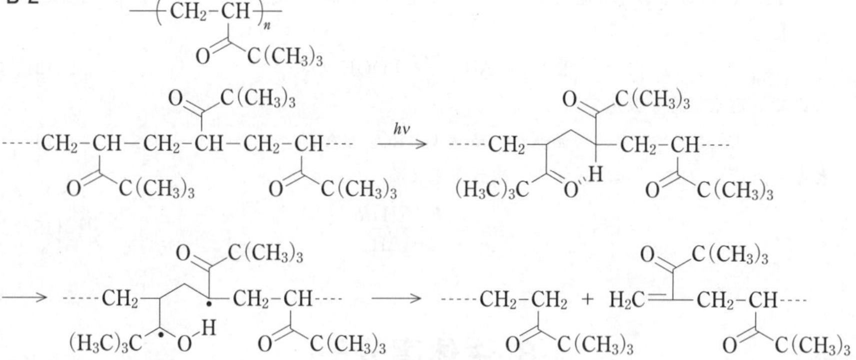

[Reaction scheme of poly(vinyl pivalate) photodegradation]

C1　1) 添加剤のない場合：酸化速度（酸素吸収速度）は，

$$R_{ox} = -\frac{d[O_2]}{dt} = k_p[R\cdot][O_2] \quad (7)$$

で表される．また，反応の連鎖長が比較的長い場合は，

$$k_p[R\cdot][O_2] = k_{p'}[RO_2\cdot][RH] \quad (8)$$

となる．ここで，停止反応（(4)〜(6)式）の割合は酸素濃度（圧）によって異なるため（下図参照），酸素圧の比較的高い場合と低い場合に分けて考える．

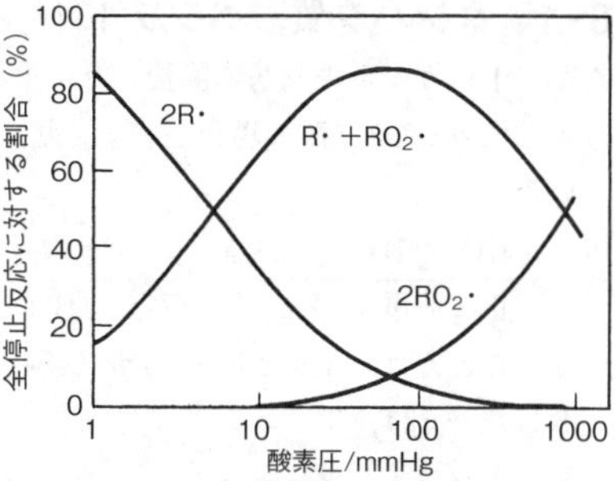

酸素圧が比較的高い場合（>100 mmHg）は，[$RO_2\cdot$]≫[$R\cdot$]のため，(4)，(5)式は無視できる．ここで，定常状態を仮定すると，

$$k_i[X] = R_i = k_{t'}[RO_2\cdot]^2 \quad (9)$$

となり，(7)〜(9)式から次式が求まる．

$$R_{ox} = \frac{k_{p'}[RH]R_i^{1/2}}{k_{t'}^{1/2}} \quad (10)$$

種々の酸素圧における2,6-ジメチルヘプタ-2,5-ジエンの酸化の停止反応（25℃）[L.Bateman, A, L, Morris, *Trans. Faraday Soc.*, **49**, 1026 (1953)；L. Reich, S.S. Stivala, "Autoxidation of Hydrocarbons and Polyolefins", Marcel Dekker (1969) を参考に作成]

一方，酸素圧が低い場合（≪100 mmHg）は，[$RO_2\cdot$]≪[$R\cdot$] のため，(5), (6) 式は無視できる．したがって，先の場合と同様に，

$$k_i[X] = R_i = k_t[R\cdot]^2 \tag{11}$$

となり，(7), (8), (11) 式から次式が求まる．

$$R_{ox} = \frac{k_p[O_2]R_i^{1/2}}{k_t^{1/2}} \tag{12}$$

2）酸化防止剤が存在する場合：2,6-ジ-t-ブチルフェノールのような酸化防止剤 (AH) は，ラジカルと反応して連鎖反応を停止する．いま，常圧の空気中（酸素分圧 ≈ 200 hPa）における酸化反応を考えると，反応 (4)〜(6) は無視でき，停止反応は次式で表される．

$$RO_2\cdot + AH \xrightarrow{k_{tA}} ROOH + A\cdot \tag{13}$$

ここで，定常状態を仮定すると，

$$k_i[X] = R_i = k_{tA}[RO_2\cdot][AH] \tag{14}$$

となり，(7), (8), (14) 式から，次式が求まる．

$$R_{ox} = \frac{k_p[RH]R_i}{k_{tA}[AH]} \tag{15}$$

8. 生体高分子

8・1 タンパク質，ペプチド

A1 1) カルボキシ基に隣接した 1 番目の炭素の位置を示し，その炭素を α 炭素と呼ぶ．よって α-アミノ酸の場合，アミノ基，カルボキシ基および側鎖 R 基が α 炭素に結合している．

2) (A), (D)

3) 正に荷電：(A)，負に荷電：(B)，中性：(C) および (D)

4) たとえば，Asn と Tyr, Thr と Ser

5) たとえば，アラニン

6) イソロイシン，トレオニン

A2 代表的な二次構造：α ヘリックス，β シート，β ターン．二次構造形成に寄与する水素結合は，おもに主鎖のカルボニル基とアミノ基の間で形成されるのに対し，三次構造形成に寄与する水素結合は，アミノ酸側鎖間の水素結合による．

A3 A：フォールディング，B：イオン，C：水素，D：疎水性，E：酸化，F：ジスルフィド

A4 A：DNA, B：酵素，C：メッセンジャーRNA (mRNA), D：転写，E：リボソーム，F：翻訳

B1 1) Ala–Arg–Ser 2) Met–Ile–His 3) Leu–Thr–Trp 4) Phe–Lys–Tyr

B2 低 pH：(B)，高 pH：(A)

B 3

1) 低 pH

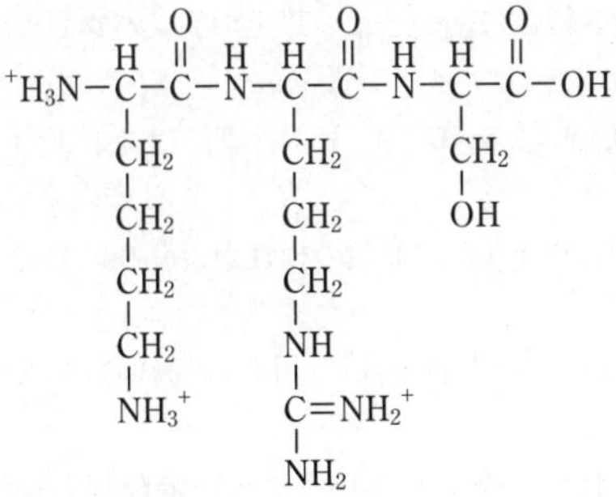

$^+H_3N-\underset{\underset{\underset{\underset{NH_3^+}{|}}{\underset{CH_2}{|}}}{\underset{CH_2}{|}}}{\underset{CH_2}{\underset{|}{C}}}\underset{H}{\overset{O}{\|}}\underset{}{C}-N-\underset{\underset{\underset{\underset{NH_2}{|}}{\underset{C=NH_2^+}{|}}}{\underset{NH}{|}}}{\underset{CH_2}{\underset{|}{C}}}H-\overset{O}{\overset{\|}{C}}-N-\underset{\underset{OH}{|}}{\underset{CH_2}{\underset{|}{C}}}H-\overset{O}{\overset{\|}{C}}-OH$

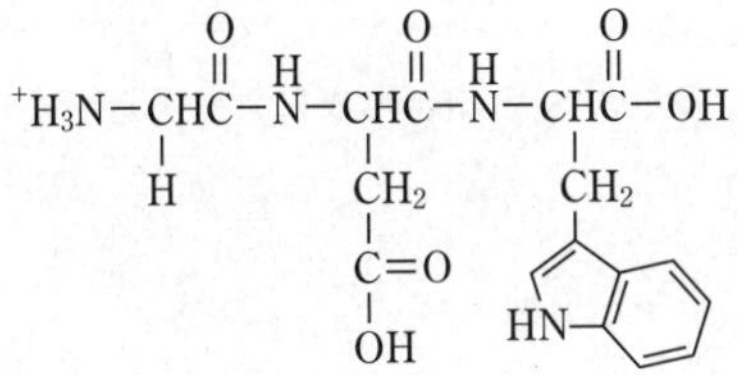

高 pH: same structure but N末端は H_2N- 、C末端は $-C-O^-$

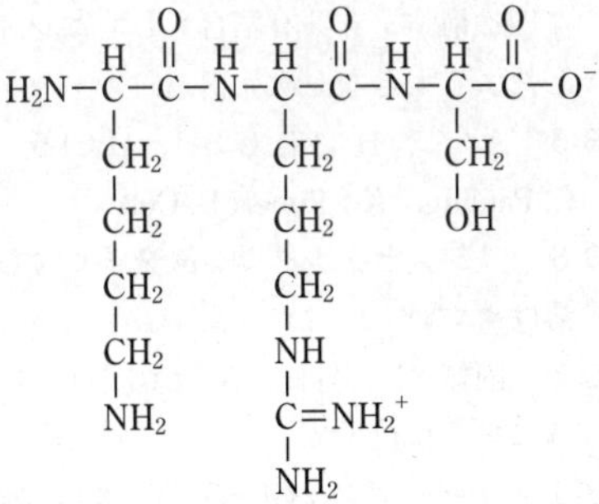

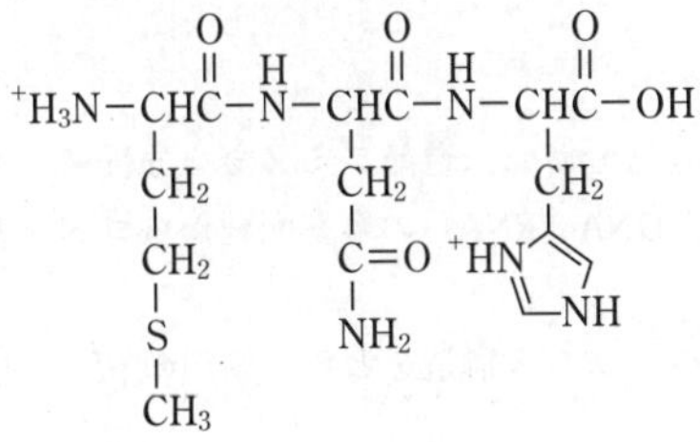

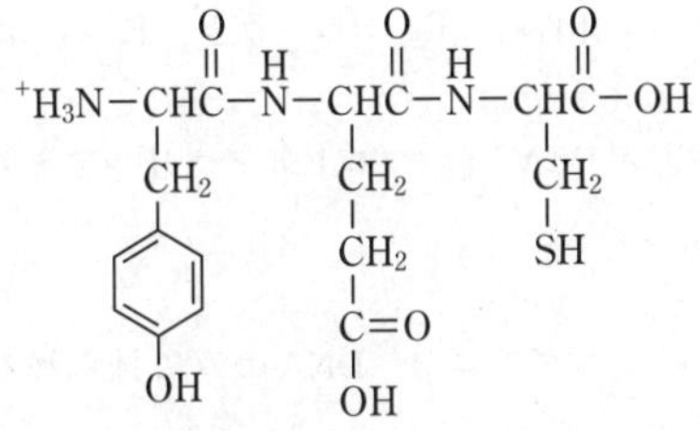

2) 低 pH: Gly-Glu(COOH)-Trp に相当する構造、N末端 $^+H_3N-$、C末端 $-COOH$

高 pH: N末端 H_2N-、側鎖 $-COO^-$、C末端 $-COO^-$

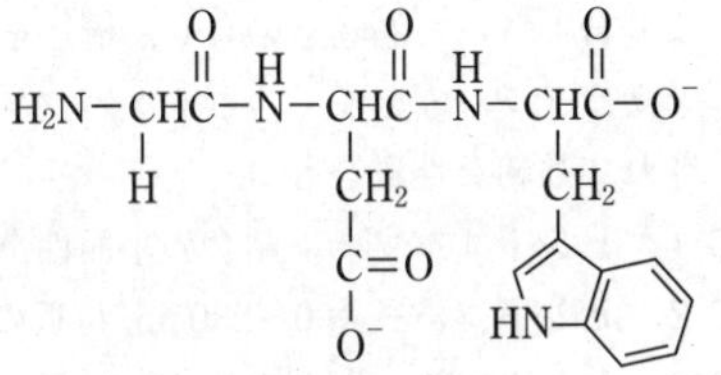

3) 低 pH: Met-Asn-His(イミダゾリウム ^+HN)、N末端 $^+H_3N-$、C末端 $-COOH$

高 pH: N末端 H_2N-、His 側鎖中性、C末端 $-COO^-$

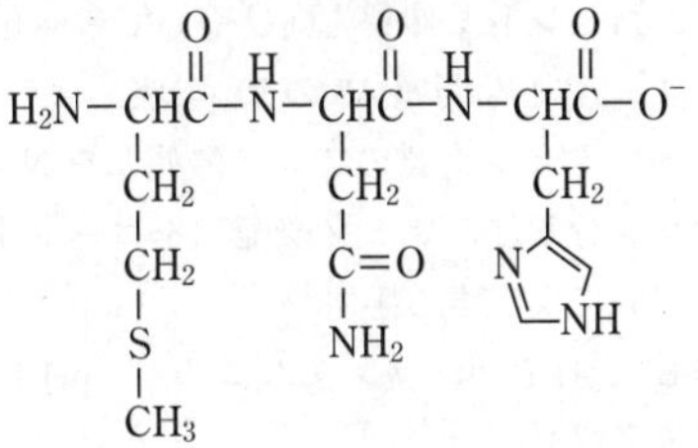

4) 低 pH: Tyr(-OH)-Glu(-COOH)-Cys(-SH)、N末端 $^+H_3N-$、C末端 $-COOH$

高 pH: Tyr $-O^-$、Glu $-COO^-$、Cys $-S^-$、N末端 H_2N-、C末端 $-COO^-$

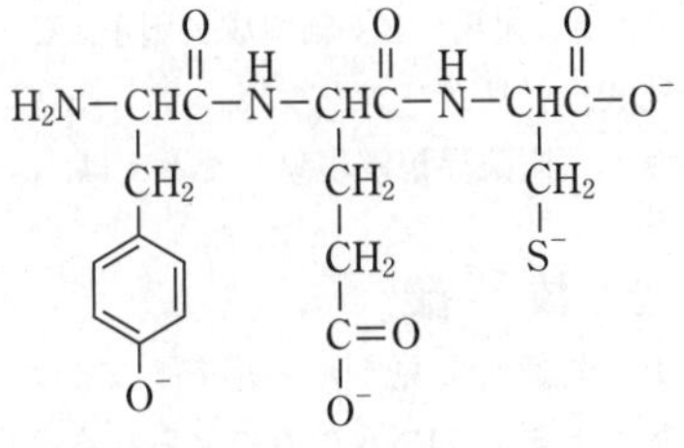

B 4 一次構造：共有結合であるペプチド（アミド）結合によって形成されるアミノ酸の配列．

二次構造：隣り合うセグメントの主鎖間で形成される水素結合に基づくポリペプチド鎖の空間的配置．

三次構造：アミノ酸側鎖間で形成される非共有結合もしくはジスルフィド結合に基づき，一つのタンパク質鎖が折りたたまれた三次元構造．
四次構造：非共有結合もしくはジスルフィド結合に基づき二つ以上のタンパク質が集合したより大きな三次元構造．

B5　A：二，B：内，C：外，D：1.5，E：100，F：3.6，G：4，H：水素，I：右，J：Linus C. Pauling，K：Robert B. Corey

B6　リシンとグルタミン酸を多く含むペプチドのほうが，側鎖の極性がより高いので水に溶けやすい．

B7　内側：B，外側：A．疎水性のロイシンはタンパク質内部に，極性の高いリシンは外側に多く存在する．

B8　コラーゲン：Gly-X-Y（XはPro，YはHypが多い）というアミノ酸配列の繰返し構造をもつ．1,000残基程度の長さをもつ鎖は左巻きらせんを形成し，されにこれが3本より合わさって右巻きのらせん構造を形成している．
ケラチン：Sを多く含むタンパク質であり，多量のS-S結合形成により構造が安定化されて強靭な性質をもつ．

C1　ヒント：ペプチド結合の平面性を考察せよ．

C2　ヒント：波長190〜230 nm付近の光の吸収．アミド帯．

C3　ヒント：1）問題B2, B3参照　2）5通り示せ．　3）答は省略　4）6.0．

C4　1）R. H. Merrifield　2）ヒント：Fmoc基，Boc基．
3）ヒント：伸長方向について考察せよ．
4）7・1節問題A5の3）参照．

C5　タンパク質のアミノ酸残基をN末端から逐次分解し，遊離アミノ酸を分析するエドマン分解法．アミノ酸配列をコードする遺伝子DNA（RNA）の塩基配列からコドン表を用いて決定する手法．

C6　pH 7ではランダムコイル，pH 12ではαヘリックス構造をとる．側鎖のpK_aに基づき考察せよ．

C7　ヒント：グルタミン酸のpK_aに基づき考察せよ．

C8　A：足場，B：細胞成長因子，C：胚性幹，D：体性幹，E：コラーゲン，F, G：ポリ乳酸，ポリグリコール酸．

C9　下限臨界溶解現象．たとえば，エラスチン，ポリ(N-イソプロピルアクリルアミド)

8・2　核　酸

A1　共通して見られる塩基：アデニン，シトシン，グアニン．DNAのみに見られる塩基：チミン．RNAのみに見られる塩基：ウラシル．

A2　1）N-グリコシド結合　2）プリン塩基9位窒素とペントース1′位．ピリミジン塩基1位窒素とペントース1′位　3）DNAの糖骨格は2′-D-デオキシリボースであり，RNAの糖骨格はD-リボースである　4）直径2 nm，らせん1回転分のピッチ3.4 nm．

A 3 1) ポリメラーゼ, リガーゼ, トポイソメラーゼ, ヌクレアーゼ   2) 5′→3′方向   3) 複製フォーク   4) (A) リーディング (B) ラギング

A 4 (A) 多孔質ガラスビーズ (CPC: controlled pore glass) (B) ジメトキシトリチル (DMTr) (C) ホスホロアミダイト (phosphoramidite) (D) ヨウ素

B 1 1) ウラシル   2) チミン   3) D-リボース   4) 2′-D-デオキシリボース   5) シチジン   6) デオキシチミジン 5′-一リン酸

B 2 コドン

B 3 1) A: DNA, B: RNA, C: 転写, D: リボソーム, E: 翻訳
2) mRNA, tRNA, rRNA

B 4 1) (1塩基目から) PFPGTSTRKK, (2塩基目から) LSQGLLQGK, (3塩基目から) FPRDFYKEK
2) (1塩基目から) LFPCRSPWER, (2塩基目から) FFLVEVPGK, (3塩基目から) FSL

B 5 1) DNA と異なり, RNA は同一分子内に異なる三次元構造をもつ部位の形成が可能であり, 触媒活性を示すような官能基の立体配置も可能なため.
2) RNA 干渉

B 6 カチオン性のポリマーやリポソームと複合化することで負電荷を減少させることで, 細胞への取込み効率を上げる例がある.

C 1 答は省略

C 2 1) ヒント: 塩基配列に関し考察せよ. 2) 水素結合, π-π スタッキング.
3) たとえば, 加熱処理やアルカリ処理.
4) ヒント: 芳香族性の塩基は 260 nm 付近の紫外光を吸収する. 塩基対を形成している状態とそうでない状態ではモル吸光係数が違うことを利用すればよい.

C 3 ヒント: 複製フォーク

C 4 耐熱性 DNA ポリメラーゼ

C 5 ヒント: 遺伝情報の流れを次の用語 (DNA, RNA, タンパク質, 複製, 転写, 翻訳) を用いて記せ.

C 6 1) $4^3=64$ 通り. 2) 20 種類のアミノ酸すべてに, 同数のコドンが割当てられてはいないため. 3) ヒント: 翻訳開始複合体を構成する因子を考えよ.

8・3 糖

A 1 1) アミロースはグルコースが α1,4-グリコシド結合でつながったゆるやかならせん状ポリマーである. これに対して, セルロースは β1,4-グリコシド結合でつながったポリマーである. β1,4-グリコシド結合でつながっているために堅固な伸びた立体構造をとる.
2) アミロースにヨウ素ヨウ化カリウム溶液を添加することにより, アミロースのらせんの中にヨウ素分子が包接され着色する. これがヨウ素デンプン反応である. セルロースは堅固な伸びきった立体構造をとっているためにヨウ素分子を包接することができず, そのために着色しない.
3) 繊維や紙として利用されるほか, セルロースを化学修飾することにより, 逆浸透

膜，限外沪過膜，精密沪過膜，透析膜，気体分離膜などの物質分離膜や生体物質のイオン交換処理材として用いられている．

A 2 グルコースやマルトースは還元末端をもっており，反応性のあるカルボニル基が残っているために酸化されやすい．そのため，銀イオンを還元して沈殿が生じる．しかし，トレハロースやスクロースは，ヘミアセタール性ヒドロキシ基同士の脱水により結合した二糖であるために還元末端をもっていない．したがって，これらは銀イオンを還元することができず，沈殿が生じない．

A 3 1) シクロデキストリンは，グルコースが $\alpha 1,4-$グリコシド結合により結合した環状オリゴマーである．グルコースの数が6，7，8のものをそれぞれ，$\alpha-$シクロデキストリン，$\beta-$シクロデキストリン，$\gamma-$シクロデキストリンと呼ぶ．シクロデキストリンは環の内側が疎水性，外側が親水性になっており，環の内側に疎水性化合物を包接できる．

2) シクロデキストリンに包接された化合物は，耐酸化性や，難気化性を示すため，食品や医薬品の分野で広く利用されている．たとえば，食品や化粧品分野における香料の安定化などに用いられている．

B 1 立体的に最も安定であるのは，かさ高い置換基がエクアトリアルになっているときである．α体とβ体のいす形配置を比較すると，アノマー炭素に隣接したヒドロキシ基がα体はアキシアルにあるのに対し，β体はエクアトリアルにある．したがって，β体のほうが多くなる．

B 2 バイオマスエタノールは植物バイオマスから生産したエタノールである．具体的には，トウモロコシなどの植物バイオマスからデンプンやセルロースなどを抽出し，これらを酸，アルカリもしくは酵素を用いて，グルコースまで分解する．得られたグルコースを酵母などにより，アルコール発酵することでエタノールを生産する．

「基礎高分子科学 演習編」編集委員会

委員長
　彌田　智一　　東京工業大学資源化学研究所 教授，工学博士

委　員
　上田　　充　　東京工業大学大学院理工学研究科 教授，工学博士
　佐藤　尚弘　　大阪大学大学院理学研究科 教授，理学博士
　芹澤　　武　　東京大学先端科学技術研究センター 准教授，博士（工学）
　田中　敬二　　九州大学大学院工学研究院 教授，博士（工学）
　中　　建介　　京都工芸繊維大学大学院工芸科学研究科 教授，工学博士

執　筆　者

安　藤　慎　治	東京工業大学大学院理工学研究科 教授，工学博士
井　原　栄　治	愛媛大学大学院理工学研究科 教授，博士（工学）
上　田　　　充	東京工業大学大学院理工学研究科 教授，工学博士
浦　山　健　治	京都大学大学院工学研究科 准教授，博士（工学）
梶　　　弘　典	京都大学化学研究所 教授，博士（工学）
北　山　辰　樹	大阪大学大学院基礎工学研究科 教授，工学博士
佐　藤　尚　弘	大阪大学大学院理学研究科 教授，理学博士
芝　崎　祐　二	岩手大学工学部 准教授，博士（工学）
下　村　武　史	東京農工大学大学院生物システム応用科学府 准教授，博士（工学）
高　木　幸　治	名古屋工業大学大学院工学研究科 准教授，博士（工学）
田　中　敬　二	九州大学大学院工学研究院 教授，博士（工学）
寺　尾　　　憲	大阪大学大学院理学研究科 助教，博士（理学）
中　村　　　洋	京都大学大学院工学研究科 准教授，博士（理学）
原　田　敦　史	大阪府立大学大学院工学研究科 准教授，博士（工学）
平　野　朋　広	徳島大学大学院ソシオテクノサイエンス研究部 准教授，博士（理学）
増　渕　雄　一	京都大学化学研究所 准教授，博士（工学）
松　野　寿　生	九州大学大学院工学研究院 准教授，博士（工学）
松　葉　　　豪	山形大学大学院理工学研究科 准教授，博士（工学）
宮　田　隆　志	関西大学化学生命工学部 教授，博士（工学）
横　山　英　明	東京大学大学院新領域創成科学研究科 准教授，Ph. D.
吉　江　尚　子	東京大学生産技術研究所 教授，博士（工学）
吉　﨑　武　尚	京都大学大学院工学研究科 教授，工学博士

第 1 版 第 1 刷 2011 年 7 月 10 日 発行

基礎高分子科学 演習編

© 2 0 1 1

編　集　社団法人　高 分 子 学 会
発 行 者　　　小 澤 美 奈 子
発　　行　株式会社 東京化学同人
東京都文京区千石 3-36-7（〒112-0011）
電話 03-3946-5311・FAX 03-3946-5316
URL：http://www.tkd-pbl.com/

印刷・製本　　株式会社 シ ナ ノ

ISBN 978-4-8079-0754-0
Printed in Japan
無断複写, 転載を禁じます.

基礎高分子科学

高分子学会 編

A5判　2色刷　464ページ　本体4300円＋税

これから高分子科学を学ぼうとする人たちのために，高分子学会によって編集された教科書．最新の高分子科学の全体像を把握できるよう，章立ては現代の高分子科学に則したものにし，第一線の研究者によって執筆されている．学習者が理解を深め高分子の魅力に触れられるよう，身近な話題や最新の話題は「コラム」の形で挿入し，また，章によっては基礎から一歩踏み込んだ内容を「ノート」と名付けた囲み記事などで載せ，本書が大学院や社会でも役立つように工夫されている．

主要目次：高分子－歴史と展望／高分子の化学構造／高分子鎖の特性と高分子溶液の性質／高分子の構造／高分子の物性／高分子の生成／高分子の反応／生体高分子

2011年7月現在